高等职业教育"互联网+"新形态一体化教材

电工技术与技能训练

主　编　胡　慧　魏作余　崔培雪
副主编　龙珊珊　梁晓明　黄红兵
参　编　张　蕊　李　坤　张　磊　于正航
　　　　张建忠　高　倩　洪耀杰　程心妍
　　　　闫华莉　龚承汉

机械工业出版社

本书根据全国教材工作会议精神编写，全面介绍了电工技术的基本知识、理论以及之相关的基础技能，介绍了与课程知识体系相关的国家新政策、行业新动态和专业新知识。

本书为新形态一体化教材，是电工、电气设备装调等职业技能等级考试"1+X"证书配套教材。教材分为"基础理论"和"实训工作页"两部分，全书主要内容包括了电路与电路分析基础、正弦交流电路分析、三相交流电路分析、电力系统与安全用电、磁路与变压器、电动机、常用低压电器识别拆装与检测、电动机典型控制电路分析、岗位技能竞赛与电工考证必备知识以及岗课赛证实训工作页等内容，精选了与教材内容相关的26个实训工单。

本书可作为高职电气自动化类、机电设备类和智能制造类等专业师生电工技术课程的教材，也可以作为企业工作岗位培训教材。

为了方便教学，本书配有与教材内容相关的电子课件PPT、模拟试卷、习题答案、仿真软件和微课教学视频等。

图书在版编目（CIP）数据

电工技术与技能训练/胡慧，魏作余，崔培雪主编. —北京：机械工业出版社，2023.8（2025.1重印）

高等职业教育"互联网+"新形态一体化教材

ISBN 978-7-111-73429-1

Ⅰ.①电… Ⅱ.①胡…②魏…③崔… Ⅲ.①电工技术-高等职业教育-教材 Ⅳ.①TM

中国国家版本馆CIP数据核字（2023）第116094号

机械工业出版社（北京市百万庄大街22号 邮政编码100037）
策划编辑：于 宁　　　　　　责任编辑：于 宁 赵晓峰
责任校对：张晓蓉 李 婷　　封面设计：鞠 杨
责任印制：单爱军
保定市中画美凯印刷有限公司印刷
2025年1月第1版第2次印刷
184mm×260mm · 16印张 · 437千字
标准书号：ISBN 978-7-111-73429-1
定价：49.80元

电话服务　　　　　　　　网络服务
客服电话：010-88361066　机 工 官 网：www.cmpbook.com
　　　　　010-88379833　机 工 官 博：weibo.com/cmp1952
　　　　　010-68326294　金 书 网：www.golden-book.com
封底无防伪标均为盗版　　机工教育服务网：www.cmpedu.com

前　言

本书根据党的二十大精神和全国教材工作会议精神编写。为了响应党的二十大关于"深入实施科教兴国战略、人才强国战略、创新驱动发展战略"的号召，本书的编写以增强学生的创造力为出发点，理论联系实际，将新知识在实践中进行创造性的转化，促进学生创新思维的发展。

本书全面介绍了电工技术的基本知识、理论以及与之相关的基础技能，突出对知识与技能的掌握，内容丰富，视野开阔，体现了现代高等职业技术教育的特点。本书以"情境教学"的模式来组织教学内容和结构，全面对接电工、电气设备装调等职业技能等级"1+X"证书考试。本书可作为高职电气自动化类、机电设备类和智能制造类等专业师生电工课程的教材，也可以作为岗位培训教材。

本书的编写特色如下：

1. 本书为新形态一体化教材，教材分为"基础理论"和"实训工作页"两部分。本书在保持传统教材优秀风格的基础上，以更为开阔的视野，引入了许多新颖、前沿和实用的知识点。

2. 本书为"岗课赛证"融通教材，全面对接电工、电气设备装调等职业技能等级"1+X"证书考试，精选了与岗位技能大赛、电工考证等对应的知识点和综合实训项目。

3. 本书在"学习情境"中的适当位置插入"情境链接"和"知识拓展"版块，增加了素质教育内容，介绍了与课程知识体系相关的国家新政策、行业新动态和专业新知识。

4. 本书以实用知识和技能为核心，进一步简化了烦琐的理论计算、特性分析和公式推导。

5. 本书为校企合作开发教材，突出教、学、做一体化，体现工学结合。

6. 本书置入了微课视频，可读性强、图文并茂、版面生动美观。

本书由胡慧、魏作余和崔培雪任主编，龙珊珊、梁晓明和黄红兵任副主编，张蕊、李坤、张磊、于正航、张建忠、高倩、洪耀杰、程心妍、闫华莉和龚承汉参加了编写工作。武汉华中数控股份有限公司高级工程师龚承汉对本书的编写和课程建设提出了很多合理化建议，并参与了部分章节的编写工作。

本书在编写过程中得到了行业一线专家和高校教师的关心、帮助，他们也提出了许多宝贵的意见和建议，编者在此表示衷心的感谢。由于编者水平所限，书中难免会出现疏漏和不妥之处，欢迎广大读者提出宝贵意见。

编　者

目 录

前言

学习情境1 电路与电路分析基础 ········· 1

情境链接 电路设计与未来智慧生活 ····· 1
1.1 电路及电路模型 ························ 2
   1.1.1 电路及组成 ······················ 2
   1.1.2 电路模型 ·························· 2
1.2 电路的基本物理量 ···················· 3
   1.2.1 电流 ································ 3
   1.2.2 电压 ································ 3
   1.2.3 电动势 ···························· 4
情境链接 锂电池与燃料电池 ············· 4
   1.2.4 电流、电压的参考方向 ······ 5
1.3 电路中的电阻 ···························· 6
   1.3.1 电阻元件 ·························· 6
   1.3.2 欧姆定律与电阻的串并联 ···· 7
   1.3.3 导体材料及电阻 ··············· 8
   1.3.4 远距离输电及线路功率损耗 ··· 8
情境链接 超导现象及超导材料研发 ····· 9
1.4 电路的工作状态 ························ 10
   1.4.1 有载 ······························· 10
   1.4.2 短路 ······························· 11
   1.4.3 开路 ······························· 11
1.5 电流源和电压源及其等效变换 ····· 12
   1.5.1 电压源与电流源 ··············· 12
   1.5.2 电压源与电流源的等效变换 ··· 13
1.6 基尔霍夫定律 ··························· 14
   1.6.1 几个基本概念 ·················· 15
   1.6.2 基尔霍夫电流定律 ············ 15
   1.6.3 基尔霍夫电压定律 ············ 15
1.7 电路的基本分析方法 ·················· 16
   1.7.1 支路电流法 ······················ 16
   1.7.2 叠加定理 ························· 17
   1.7.3 节点电压法 ······················ 18
   1.7.4 戴维南定理 ······················ 19
情境总结 ······································· 21

习题与思考题 ································· 22

学习情境2 正弦交流电路分析 ········· 24

情境链接 交流电与直流电 ················ 24
2.1 正弦交流电基础 ························ 25
   2.1.1 正弦交流电的基本概念 ······ 25
   2.1.2 正弦量的三要素 ················ 25
2.2 正弦交流电的相量表示 ··············· 27
   2.2.1 复数基本知识 ··················· 27
   2.2.2 相量和相量图 ··················· 27
2.3 单一元件交流电路 ····················· 29
   2.3.1 纯电阻电路 ······················ 29
   2.3.2 纯电感电路 ······················ 30
   2.3.3 纯电容电路 ······················ 31
情境链接 微型大容量记忆电容器 ········ 33
2.4 R、L、C 串联电路 ······················ 33
2.5 阻抗的串联与并联 ····················· 36
2.6 功率因数的提高 ························ 38
2.7 谐振电路 ·································· 39
情境链接 谐振现象与无线电波的接收 ··· 39
情境总结 ······································· 40
习题与思考题 ································· 41

学习情境3 三相交流电路分析 ········· 43

情境链接 大国工匠：以凡人之躯，守护祖国
         光明 ·································· 43
3.1 三相交流电源 ··························· 44
3.2 三相电源的连接 ························ 45
   3.2.1 三相电源的星形联结 ········· 45
   3.2.2 三相电源的三角形联结 ······ 46
3.3 三相负载的连接 ························ 47
   3.3.1 三相负载的星形联结 ········· 47
   3.3.2 三相负载的三角形联结 ······ 49
3.4 三相交流电路的功率 ·················· 50
   3.4.1 三相交流电路功率计算 ······ 50
   3.4.2 三相负载的功率测量 ········· 51

情境总结 …………………………………… 51
习题与思考题 ……………………………… 52

学习情境 4　电力系统与安全用电 …… 53

情境链接　举世瞩目的大型水利电力工程——
　　　　　三峡水电站 ………………… 53
4.1　电力系统概述 ……………………………… 54
　4.1.1　电力系统的组成 ……………………… 54
情境链接　国家新能源发展战略 ……………… 55
　4.1.2　电力网与电力传输 …………………… 57
　4.1.3　电力系统的发展历程 ………………… 58
　4.1.4　工业企业配电 ………………………… 58
情境链接　电力装备与中国制造2025 ………… 59
4.2　安全用电常识 ……………………………… 60
　4.2.1　触电的有关知识 ……………………… 60
　4.2.2　保护接地与保护接零 ………………… 61
　4.2.3　安全操作规程 ………………………… 62
情境总结 ………………………………………… 63
习题与思考题 …………………………………… 64

学习情境 5　磁路与变压器 …………… 65

情境链接　硬盘存储器中的磁记录技术 ……… 65
5.1　磁场的基本物理量 ………………………… 66
5.2　磁路 ………………………………………… 67
5.3　铁磁材料 …………………………………… 67
　5.3.1　铁磁物质的磁化 ……………………… 67
情境链接　麦斯纳效应与磁悬浮列车 ………… 68
　5.3.2　磁化曲线 ……………………………… 69
　5.3.3　铁磁材料的分类 ……………………… 69
　5.3.4　涡流与趋肤效应 ……………………… 70
情境链接　电磁炉的工作原理 ………………… 71
情境链接　金属表面感应淬火 ………………… 71
5.4　变压器 ……………………………………… 72
　5.4.1　变压器的结构 ………………………… 72
　5.4.2　变压器的工作原理 …………………… 72
　5.4.3　三相变压器 …………………………… 74
5.5　特殊变压器 ………………………………… 75
　5.5.1　自耦变压器 …………………………… 75
　5.5.2　仪用互感器 …………………………… 75
　5.5.3　电焊变压器 …………………………… 77
情境总结 ………………………………………… 77
习题与思考题 …………………………………… 77

学习情境 6　电动机 …………………… 79

情境链接　中国制造：高速动车组永磁
　　　　　同步牵引电机 ………………… 79

6.1　三相异步电动机 …………………………… 80
　6.1.1　三相异步电动机的结构 ……………… 80
　6.1.2　三相异步电动机的工作原理 ………… 81
　6.1.3　三相异步电动机的铭牌 ……………… 84
6.2　三相异步电动机的起动、
　　　调速和制动 ………………………………… 85
　6.2.1　三相异步电动机的起动 ……………… 85
　6.2.2　三相异步电动机的调速 ……………… 86
　6.2.3　三相异步电动机的制动 ……………… 87
6.3　单相异步电动机 …………………………… 88
　6.3.1　电容分相式单相异步电动机 ………… 88
　6.3.2　罩极式单相异步电动机 ……………… 89
6.4　同步电动机 ………………………………… 90
情境链接　中国创造：同步发电机和同步
　　　　　电动机 …………………………… 91
6.5　直流电动机 ………………………………… 92
　6.5.1　直流电动机的工作原理 ……………… 92
　6.5.2　直流电动机的励磁方式 ……………… 93
6.6　步进电动机 ………………………………… 93
6.7　常用的电动工具 …………………………… 94
　6.7.1　电动工具的基本结构 ………………… 94
　6.7.2　常用电动工具简介 …………………… 95
情境链接　电动工具维修实例：单相电钻
　　　　　绕组重绕 ………………………… 96
情境总结 ………………………………………… 98
习题与思考题 …………………………………… 98

学习情境 7　常用低压电器识别拆装
　　　　　　 与检测 ………………… 100

7.1　刀开关 ……………………………………… 100
7.2　低压断路器 ………………………………… 101
7.3　熔断器 ……………………………………… 102
7.4　接触器 ……………………………………… 103
7.5　中间继电器 ………………………………… 104
7.6　时间继电器 ………………………………… 105
7.7　热继电器 …………………………………… 106
7.8　控制按钮 …………………………………… 107
7.9　万能转换开关 ……………………………… 108
7.10　行程开关 ………………………………… 109
情境链接　固态继电器与智能控制 …………… 110
情境总结 ………………………………………… 111
习题与思考题 …………………………………… 111

学习情境 8　电动机典型控制电路
　　　　　　 分析 …………………… 112

8.1　单向控制电路 ……………………………… 113

8.2 点动控制电路 ………………………… 113
8.3 正、反转控制电路 …………………… 114
情境链接 混凝土搅拌机正、反转控制 …… 115
8.4 位置控制 ……………………………… 115
8.5 顺序控制电路 ………………………… 116
8.6 时间控制电路 ………………………… 116
8.7 多地联锁控制 ………………………… 117
8.8 Y-△联结减压起动控制电路 ………… 117
情境链接 电气控制系统的主要保护
环节 ……………………………… 118
情境总结 …………………………………… 119
习题与思考题 ……………………………… 120

学习情境9 岗位技能竞赛与电工考证必备知识 ……………………………… 121

『必备知识1』电阻标称阻值和偏差的
标注 …………………………… 121
『必备知识2』电感标注及识别方法 …… 124
『必备知识3』电容标注及识别方法 …… 125
『必备知识4』单相电度表的结构原理与
接线安装 ……………………… 127
『必备知识5』功率表的结构原理与使用 … 130
『必备知识6』三相电度表、电流互感器
原理与接线 …………………… 132
『必备知识7』接地电阻测量仪的使用 … 134
『必备知识8』常用电工工具的使用 …… 137
『必备知识9』常用导线的连接 ………… 139
『必备知识10』电工安全防护用具 …… 143
『必备知识11』三相异步电动机常见故障
检修 …………………………… 148

岗课赛证实训工作页 …………………… 152

项目1 电路与电路分析基础 ……………… 152
　实训工单1 万用表测电流、电压 …… 152
　实训工单2 电阻的识别与检测 ……… 154
项目2 正弦交流电路分析 ………………… 156
　实训工单1 电感的识别与检测 ……… 156
　实训工单2 电容的识别与检测 ……… 158
　实训工单3 单相电度表的安装与
　　　　　　 调试 ……………………… 161
　实训工单4 照明电路的安装与调试 … 164
项目3 三相交流电路分析 ………………… 169
　实训工单1 功率表的使用 …………… 169

　实训工单2 三相电度表的安装 ……… 172
　实训工单3 接地电阻测量仪的使用 … 176
项目4 电力系统与安全用电 ……………… 178
　实训工单1 常用电工工具的使用 …… 178
　实训工单2 常用导线的连接 ………… 182
　实训工单3 高、低压验电器的使用 … 184
　实训工单4 常用安全防护用具的
　　　　　　 使用 ……………………… 187
　实训工单5 触电急救模拟训练 ……… 189
项目5 磁路与变压器 ……………………… 191
　实训工单1 小型变压器的检查 ……… 191
项目6 电动机 ……………………………… 194
　实训工单1 使用绝缘电阻表测量电动机
　　　　　　 绕组绝缘电阻 …………… 194
　实训工单2 使用钳形电流表测量电动机
　　　　　　 起动电流和空载电流 …… 197
　实训工单3 三相异步电动机的拆装
　　　　　　 与检查 …………………… 199
项目7 常用低压电器的识别拆装
　　　 与检测 …………………………… 202
　实训工单1 接触器的检测与调试 …… 202
　实训工单2 主令电器（按钮、转换开关）
　　　　　　 的检测与调试 …………… 205
　实训工单3 继电器的检测与调试 …… 207
项目8 电动机典型控制电路分析 ………… 210
　实训工单1 三相交流异步电动机典型
　　　　　　 起动控制电路装调 ……… 210
　实训工单2 三相交流异步电动机典型
　　　　　　 正反转控制电路装调 …… 217
　实训工单3 三相交流异步电动机典型
　　　　　　 行程原则控制电路装调 … 221
　实训工单4 三相交流异步电动机减压
　　　　　　 起动控制电路装调 ……… 227
　实训工单5 三相异步电动机能耗制动
　　　　　　 控制电路的装调 ………… 230

附　录 ……………………………………… 236

附录A 国家职业技能鉴定维修电工
　　　 （中级）理论模拟试卷 …………… 236
附录B 国家职业技能鉴定维修电工
　　　 （中级）理论模拟试卷答案及
　　　 评分标准 …………………………… 239
附录C 国家职业技能鉴定模拟试卷 …… 241
附录D 常用电气图形符号 ……………… 248

参考文献 …………………………………… 250

学习情境1
电路与电路分析基础

教学目标

知识目标：
- ◆ 理解电路的基本概念。
- ◆ 掌握分析复杂电路的基本理论依据和常用方法。
- ◆ 了解电源的输出特性、电路的工作状态。
- ◆ 了解电路电阻的特点和电能传输的功率损耗。

技能目标：
- ◆ 学会使用万用表测电流、电压。
- ◆ 学会电阻的识别与检测。

素质目标：
- ◆ 加强中华优秀传统文化知识教育和社会主义核心价值观教育，了解祖国电力建设现状。
- ◆ 弘扬精益求精的专业精神、职业精神和工匠精神，促进学生德技并修。

 情境链接

▶电路设计与未来智慧生活◀

电路是由电源、负载、电气元器件和金属导线组成的导电回路。按照流过的电流性质，一般把它分为直流电路和交流电路。根据所处理信号的不同，电子电路可以分为模拟电路和数字电路。

电路是电力系统、控制系统、通信系统和计算机硬件等电系统的主要组成部分，起着电能和电信号的产生、传输、转换、控制、处理和储存等作用。电路的规模相差很大，小到硅片上的集成电路，大到高低压输电网，如图1-1所示。

电路设计及规模大小极大地影响着集成电路产业的发展，影响着未来智慧生活。

国家相关政策及规划发布后，智慧生产和智慧生活的建设已然成为一种趋势。在这种大环境之下，集成电路也必将会迎来产业大爆发。在技术层面，智慧生产和智慧生活与大数据技术关系密切，与大数据相比，未来智慧生活的关键技术在于集成电路和控制系统。

中国集成电路市场在2016年占全球市场的53%，已经成为全球第一大集成电路市场，2020

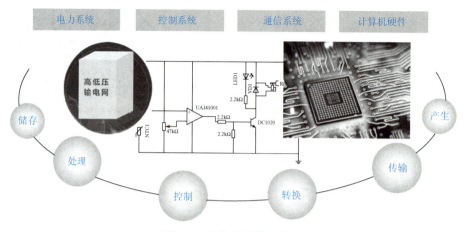

图 1-1　电路的规模与作用

年上升至 60%，而到 2030 年将占全球市场的 70%。

集成电路产业是关系国民经济和社会发展全局的基础性、先导性和战略性产业，是信息产业的核心和基础。

1.1　电路及电路模型

1.1.1　电路及组成

把一些元器件或电气设备按一定的方式，通过中间线路连接起来构成的电流的通路称为电路。从结构上看，电路基本由电源、负载、中间电气元器件和导线四部分组成。

电源是将其他形式的能量转换为电能的装置。例如，电池是把化学能转变成电能，发电机是把机械能转变成电能。由于非电能的种类很多，转变成电能的方式也很多。电源分为电压源与电流源两种，只允许同等大小的电压源并联，同样也只允许同等大小的电流源串联，电压源不能短路，电流源不能断路。

在电路中使用电能的各种设备统称为负载。负载的功能是把电能转变为其他形式的能量。例如，电炉把电能转变为热能、电动机把电能转变为机械能等。通常使用的照明器具、家用电器和机床等都可称为负载。

中间电气元器件是连接电源和负载的部分，用来传输、分配、控制电能或处理信号，对电路进行有效控制，如熔断器、放大器和开关等。

导线将各部分连接起来，构成闭合电路。

1.1.2　电路模型

电路中的元器件所表现的电磁特性和能量转换特征一般比较复杂，工程上常采用"理想化"的方法，即突出电气元器件主要的电磁特性，抽象为只含一个参数的理想电路元器件。例如，用金属丝一圈一圈绕制而成的电阻，既有电感量也有电阻值，但往往忽略其电感性质，而主要考虑电阻性质，理想化为一个纯电阻元件。

由理想电路元器件组成的电路称为理想电路模型，简称电路模型。用规定的图形符号代表实际电路中的各种元器件，并将其连接后的图称为电路图。根据不同的需要，电路图具有不同的形式，如原理图、印制电路图和安装接线图等。图 1-2 为晶体管放大电路，其中图 1-2a 为实际电路，图 1-2b 为电路原理图。

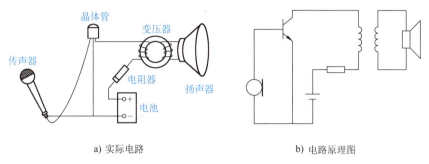

a) 实际电路　　　　　　　　　b) 电路原理图

图 1-2　晶体管放大电路

1.2　电路的基本物理量

1.2.1　电流

在电场力的作用下，电荷有规则地定向移动形成了电流。习惯上规定正电荷移动的方向为电流的实际方向。电流的定义是：单位时间内流过导体横截面的电荷量。在国际单位制（SI）中，电流的单位为安［培］（A）。随时间而变化的电流用 i 表示，随时间 t 变化的电荷量用 q 表示，则有

$$i = \frac{dq}{dt} \tag{1-1}$$

式(1-1) 表明电流是电荷量随时间的变化率。当变化率为常数时，电流的大小和方向都不随时间变化，称作直流电流，简称直流，用大写字母"I"表示。

电流的方向可用箭头表示，如图 1-3 所示，也可用双下角标字母的顺序表示，如 i_{ab}。

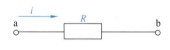

图 1-3　电流的方向

知识拓展

电流的效应

热效应、磁效应和化学效应称为电流的三大效应。

电阻是导体本身的一种性质，不同的导体，其电阻一般不同。导体的电阻越大，表示导体对电流的阻碍作用越大。当电流通过电阻时，消耗电能产生了热，这种现象称为电流的热效应。通电导线周围产生磁场的现象，称为电流的磁效应。电流的化学效应主要是电流中的带电粒子（电子或离子）参与而使物质发生了化学变化。例如电镀，就是利用电极通过电流，使金属的电离子沉积附着在物体表面上。

1.2.2　电压

电压是反映电场力做功能力的物理量。电场力把单位正电荷从电场中的 a 点移到 b 点所做的

功称为 a、b 间的电压，用 u_{ab} 表示。在国际单位制（SI）中，电压的单位为伏［特］（V）。

$$u_{ab} = \frac{\mathrm{d}w}{\mathrm{d}q} \tag{1-2}$$

分析电路时，常将电路中某点与参考点之间的电压称为该点的电位。参考点可以是电路中的任意一点。参考点也称零电位点，如选 b 点为参考点，则 $U_b = 0$。电位的单位为伏［特］（V）。

原则上，参考点任意选取，但实际应用中，电力电路习惯上选大地为参考点，用符号"⏚"表示，在电子电路中常以多数支路汇集的公共点为参考点，也称为"地"，用符号"⊥"表示。

电路中某点的电位随参考点选择的不同而不同。但任意两点之间的电压是不变的。因此，电路中两点之间的电压也可用两点间的电位差来表示。即

$$U_{ab} = U_a - U_b \tag{1-3}$$

由定义可知，电压的实际方向是电位降低的方向，即由高电位点指向低电位点，可用双下角标字母的顺序表示，如 U_{ab} 表示电压的实际方向是由高电位点 a 指向低电位点 b。在电路图中，电压的实际方向可用箭头表示；也可以用正负极性（+，-）表示，"+"表示高电位点，"-"表示低电位点，如图 1-4 所示。

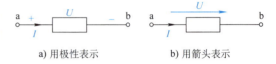

图 1-4 电压的方向

确定电路中某一点的电位一般遵循下列步骤：首先标明电路各元件中电流的方向，然后根据电流的方向确定各元件两端的极性，电位高的一端记为"+"，电位低的一端记为"-"，最后从电路的待求点出发，沿任意路径到参考点，沿途遇电位降记为正，遇电位升记为负，累计其代数和即为该点的电位。

从待求点到参考点的路径往往不止一条，但对同一参考点而言，某一点的电位值具有唯一性。一般尽量选择简单的路径进行计算。

1.2.3 电动势

电动势反映了电源把其他形式的能量转换为电能的本领大小，在数值上等于把单位正电荷由电源负极经电源内部移到正极时非静电力所做的功，用符号 E 或 U_s 表示，单位是伏（V）。习惯上规定电动势的实际方向为由电源负极经电源内部到电源正极，即电源内部电位升高的方向。

电源可以提供电能，维持电路中电流的稳定。从不同的角度，可以将电源分为电压源和电流源、直流电源和交流电源。电压源向电路提供电压，电流源向电路提供电流，常用的电源一般为电压源。

直流电源（DC power）是维持电路中形成稳恒电流的装置，主要向各种电子仪器以及电解、电镀、直流电力拖动等方面的设备提供能量，具体设备的类型很多，如直流发电机、直流稳压电源和电池等，不同类型的直流电源，非静电力的性质不同，能量转换的过程也不同，应用范围因而存在差异。

锂电池与燃料电池

新型电池作为直流电源的一种，正日渐受到人们的青睐。现在新型电池一般包括锂电池、燃料电池等。

锂电池是一类由锂金属或锂合金为负极材料、使用非水电解质溶液的电池。习惯上，人们把锂离子电池也称为锂电池。锂电池通常有圆柱形和方形两种外形，如图1-5所示。

锂电池优点很多，如储存能量密度高、质量小、使用寿命长、自放电率很低和高低温适应性强，尤其绿色环保，不论生产、使用和报废，都不含有也不产生任何铅、汞、镉等有毒、有害重金属元素和物质，而且生产基本不消耗水，对缺水的我国来说，十分有利。随着微电子技术的发展，锂电池正广泛应用在手机、计算器、手表、计算机、电动车和路灯备用电源等方面。

燃料电池是通过氢和氧的化学反应产生电能和热能，因为是通过化学反应而产生电能，所以称为"电池"，实际是一种发电装置。图1-6是一种典型的质子交换膜结构燃料电池。燃料电池由燃料电极（正极）、电解液、空气/氧气电极（负极）三个主要部分组成，不会燃烧出火焰，也没有旋转发电机，可以将能源利用效率由单纯发电系统的30%～40%提高到70%甚至80%以上。

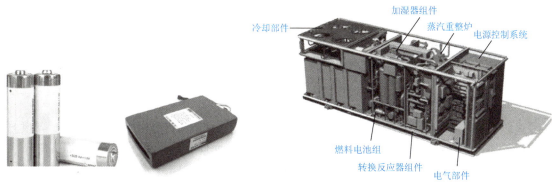

图1-5 锂电池　　　　　　图1-6 质子交换膜结构燃料电池

1.2.4 电流、电压的参考方向

在分析和计算较复杂的电路时，对于某一段电路或某一元件，流过其中的电流的实际方向或其两端电压的实际方向往往很难判断，因此引入了参考方向。电压、电流的参考方向是任意假定的，可能与实际方向一致，也可能与实际方向相反。

若计算结果为 $I>0$（或已知 $I>0$），则电流的实际方向与参考方向一致；若 $I<0$，则电流的实际方向与参考方向相反，如图1-7所示。

同样，如果 $U>0$，则电压的实际方向与参考方向一致；若 $U<0$，则电压的实际方向与参考方向相反，如图1-8所示。

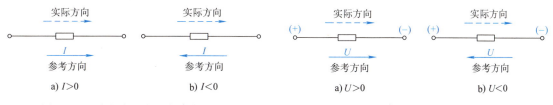

图1-7 电流的实际方向与参考方向　　　　图1-8 电压的实际方向与参考方向

一般电流、电压的参考方向可以任意选定，一经选定，在整个分析过程中保持不变。在对电路进行分析计算的电路图中如不做说明，一般都是指参考方向。为了分析方便，通常选电压的参考方向与电流的参考方向一致。

例 1-1 电路如图 1-9 所示，已知 $E_1 = 6V$，$E_2 = 4V$，$R_1 = 4\Omega$，$R_2 = 2\Omega$。如果以 B 点为参考点，求 A、C 点电位。

解： 各电阻中电流的参考方向如图 1-9 所示。通过观察，R_1、R_2、E_1 形成一个简单的串联回路，R_3 没有形成回路。以 B 点为参考点，则有

$$U_B = 0, I_3 = 0$$

$$I_1 = I_2 = \frac{E_1}{R_1 + R_2} = \frac{6V}{4\Omega + 2\Omega} = 1A$$

从 C 点到 B 点有两条路径

$$U_C = I_2 R_2 = 1A \times 2\Omega = 2V$$

或

$$U_C = -I_1 R_1 + E_1 = -1A \times 4\Omega + 6V = 2V$$

$$U_A = I_3 R_3 - E_2 + U_C = 0V - 4V + 2V = -2V$$

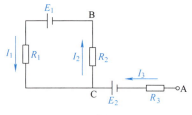

图 1-9　例 1-1 图

1.3　电路中的电阻

1.3.1　电阻元件

电阻表示导体对电流阻碍作用的大小。在电子电路中，电阻元件是使用最多的元件，习惯上把电阻元件（电阻器）简称为电阻，"电阻"既表示电路元件又表示元件的参数，通常用 R 表示，单位有欧姆（Ω）、千欧（kΩ）和兆欧（MΩ）等。

电阻的倒数称为电导，用 G 表示，单位是西［门子］（S），即

$$G = \frac{1}{R} \tag{1-4}$$

电阻按制造材料不同可分为碳膜电阻、金属电阻、线绕电阻和薄膜电阻等，按阻值特性可分为固定电阻、可调电阻和特种电阻（敏感电阻）等，图 1-10 为常用电阻实物图。

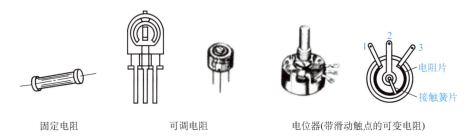

图 1-10　常用电阻实物图

不同种类的电阻在电路图中的图形符号也不同。图 1-11 为常用电阻的图形符号。

图 1-11　常用电阻的图形符号

电阻的主要物理特征是电流的热效应。可以利用此特点制成电炉、电饭煲和电烙铁等，但此效应会引起电气设备温度的升高，加速绝缘材料的老化，降低使用寿命。

知识拓展

NTC 功率热敏电阻

热敏电阻的特点是对温度极为敏感。NTC 功率热敏电阻是一种通过强电流时会产生负温度系数的热敏元件，当通过大电流（一般为 1~10A）时，电阻发热，电阻值迅速减小，其外形如图 1-12 所示。

NTC 功率热敏电阻广泛应用于电视机、音响设备和显示器等家用电器，以及仪器仪表等。这些电子设备电源电路中大容量的电解电容在开机瞬间，几乎呈短路状态，冲击电流很大，容易造成熔断器、整流管等电子元件的瞬时烧毁，如果有 NTC 功率热敏电阻在整流电路中串联，即可实现安全启动。

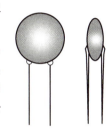

图 1-12　热敏电阻外形

1.3.2　欧姆定律与电阻的串并联

1. 一段电路的欧姆定律

图 1-13 是一段含有电阻的电路。欧姆定律数学表达式为

$$I = \frac{U}{R}$$

引入电导后，欧姆定律还可以写成：

$$I = GU \tag{1-5}$$

通常所说的欧姆定律是指一段电路的欧姆定律。元件的电压与电流的关系曲线称为伏安特性曲线。线性电阻的伏安特性曲线是一条过原点的直线，如图 1-14 所示。由线性元件构成的电路称为线性电路，含有非线性元件的电路称为非线性电路。

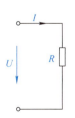　　　　　　　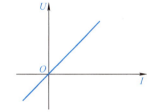

图 1-13　一段含有电阻的电路　　　图 1-14　线性电阻的伏安特性曲线

2. 全电路欧姆定律

电源的内电路与带有负载的外电路共同组成的闭合电路，称为全电路。全电路欧姆定律表述为：闭合电路中的电流等于电源的电动势与电路总电阻之比。数学表达式为

$$I = \frac{E}{R + R_0}$$

还可以改写为

$$E = IR + IR_0 = U + IR_0$$

式中，R 为外电路电阻；R_0 为电源内阻。

3. 电阻的串联、并联

在电路中，电阻可根据不同的需要按不同的方式连接起来。一般有串联、并联和混联。

1）电阻串联的基本特点：电路中流经各电阻的电流都相等；电路两端的总电压等于各电阻两端的电压之和；电阻串联后的总电阻等于各串联电阻的阻值之和。数学表达式为

$$I = I_1 = I_2 = \cdots = I_n, \quad U = U_1 + U_2 + \cdots + U_n, \quad R = R_1 + R_2 + \cdots + R_n$$

如果两个电阻串联，所分配的电压与电阻的关系为

$$U_1 = R_1 I = \frac{R_1}{R_1 + R_2} U \qquad U_2 = R_2 I = \frac{R_2}{R_1 + R_2} U \tag{1-6}$$

2）电阻并联的基本特点：电路中各并联电阻的电压相等；电路中的总电流等于流经各并联电阻的电流之和；电阻并联后总电阻的倒数等于各并联电阻阻值的倒数之和。数学表达式为

$$U_1 = U_2 = \cdots = U_n = U, \quad I = I_1 + I_2 + \cdots + I_n, \quad \frac{1}{R} = \frac{1}{R_1} + \frac{1}{R_2} + \cdots + \frac{1}{R_n}$$

用电导表示则为

$$G = G_1 + G_2 + \cdots + G_n \tag{1-7}$$

如果两个电阻并联，则电流与电阻的关系为

$$I_1 = \frac{U}{R_1} = \frac{R_2}{R_1 + R_2} I \qquad I_2 = \frac{U}{R_2} = \frac{R_1}{R_1 + R_2} I \tag{1-8}$$

用电导表示则为

$$I_1 = UG_1, \quad I_2 = UG_2 \tag{1-9}$$

1.3.3 导体材料及电阻

在一定的温度下，导体材料本身的性质决定了导体的电阻值的大小，电阻定律反映了这个特点，即

$$R = \rho \frac{L}{A} \tag{1-10}$$

式中，L 是导线长度，单位为 m；A 是导线横截面积，单位为 mm^2；ρ 是导线所用材料的电阻率，单位为 $\Omega \cdot mm^2/m$；R 是导线的电阻，单位为 Ω。

实际上，一段金属电阻线的电阻由长度、横截面积、材料和温度四个因素决定。在温度变化不大时，其阻值可近似认为不变。电阻定律反映了三个自身因素的影响，温度是影响电阻的外界因素，其影响程度通过电阻率温度系数来反映。当温度每升高 1℃ 时，导体电阻的增加值与原来电阻的比值，称为电阻温度系数，用 α 表示，数学表达式为

$$\alpha = \frac{R_2 - R_1}{R_1 (t_2 - t_1)} \tag{1-11}$$

式中，R_1 是起始温度 t_1 时的导体电阻；R_2 是温度增加到 t_2 时的导体电阻。式（1-11）还可以改写为

$$R_2 = R_1 [1 + \alpha(t_2 - t_1)] \tag{1-12}$$

实验证明，绝大多数金属材料的电阻率温度系数都约等于千分之四，少数金属材料如康铜、锰铜等，电阻率温度系数极小，这就成为制造精密电阻的选材；具有较大的温度系数的金属铂、铜等，常用于制作电阻温度计，测量电动机、变压器内部温度的变化。

1.3.4 远距离输电及线路功率损耗

我国的远距离输电一般采用铝线，长距离架空线路用强度高、质量轻的钢芯铝绞线。导线规格以其横截面积（单位为 mm^2）作为标称值，规格不同，允许通过的额定电流值（又称安全载流量）不同。在线路很短时，连接导线常被看成电阻为零的理想导体，不会产生很大的线路电压降和造成很大的功率损耗，但是只要线路稍微加长，为了降低电阻，导线横截面积就需要增

大，尽管如此，线路电压降和功率损耗依然很大。

例 1-2 一组额定电压为 220V 的照明负载，额定总功率为 10kW，负载距电源 1km。考虑距离较远，线路电压降增大，应适当增大导线横截面积，所以选用了横截面积为 50mm² 的铝芯双芯电缆，求线路电压降和功率损耗（铝的电阻率是 $0.0265\Omega \cdot mm^2/m$）。

解： 线路电阻为

$$R_L = 2\rho \frac{L}{A} = 2 \times 0.0265 \times \frac{1000}{50}\Omega = 1.06\Omega$$

负载电阻为

$$R = \frac{U_N^2}{P_N} = \frac{220^2}{10 \times 10^3}\Omega = 4.84\Omega$$

若电源端电压为 220V，那么负载端电压为

$$U_{负载} = \frac{R}{R + R_L}U = \frac{4.84}{4.84 + 1.06} \times 220V = 180.5V$$

线路的电压降为

$$\Delta U = U - U_{负载} = 220V - 180.5V = 39.5V$$

线路的功率损耗为

$$\Delta P = \Delta U \times I = \Delta U \times \frac{U}{R_总} = 39.5 \times \frac{220}{4.84 \times 1.06}W = 1.47kW$$

通过以上计算说明，线路长度仅仅为 1km，导线横截面积已增大到 50mm²，线路上仍然有 39.5V 的电压降，功率损耗达到 1.47kW，造成了电能的大量浪费。同时，负载端电压降低到 180.5V，若不相应提高电源电压，负载将无法正常工作，如图 1-15 所示。

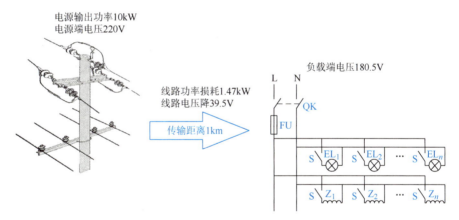

图 1-15 线路的功率损耗

据统计，目前的铜或铝导线输电系统，约有 15% 的电能损耗在输电线路上，仅在我国，每年的电力损失超过 1000 亿千瓦时。超导材料的研究和应用有望解决困扰人类的能源问题。

超导现象及超导材料研发

实验研究中发现，金属的电阻率随温度的降低而减小。有些物质当温度降低到临界零度时，电阻率会突然减小到零，这种现象称为超导现象，能够发生超导现象的物质称为超导体。材料由正常状态转变为超导状态的温度，称为超导材料的转变温度或临界温度。

最早发现超导现象的是荷兰物理学家卡末林·昂内斯（Kamerlingh Onnes），昂内斯因此获得

了 1913 年度的诺贝尔物理学奖。超导材料有着优异的特性，零电阻意味着节能、高效和环保，这使得超导材料从被发现之日起，就向人类展示了诱人的应用前景。

超导材料诱人的应用是发电、输电和储能。由于超导材料在超导状态下具有零电阻，因此只需消耗极少的电能，就可获得发电所需的 10T 以上稳态强磁场，而用常规导体做磁体，要产生同样强度的磁场，需要消耗 3.5MW 的电能及大量的冷却水，投资巨大。若改为超导输电，节省的电能相当于新建数十个大型发电厂，同时将会显著地提高电力设备的效率，减小设备体积和重量，减少燃烧对自然环境的破坏。

革命性新材料的发明、应用一直引领全球的技术革新，推动着高新技术制造业的转型升级。在发挥前沿新材料引领产业发展方面，我国迫切需要在超导材料等新材料前沿方向加大创新力度，掌握强磁场用高性能超导线材结构设计及批量化加工控制技术，掌握高电压等级超导限流器等应用产品的电磁设计、超高压绝缘和装配结构与挂网运行等关键技术；加快布局自主知识产权，抢占发展先机和战略制高点。

我们期望着，通过科研人员坚持不懈的努力，高温超导材料必将改变全球的能源、环保和生活等各个方面的现状，创造一个全新的世界。

1.4 电路的工作状态

当导线将电源、负载和中间电气元件连接成电路后，电路的工作状态有开路、有载和短路三种。下面以图 1-16 所示的简单直流电路为例，分别讨论三种工作状态下电路的特征。图中 E 为电源电动势，U 为电源输出电压，R_0 为电源的内阻，R_L 为负载电阻。

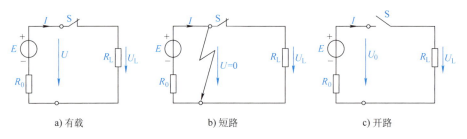

图 1-16 简单直流电路的工作状态

1.4.1 有载

在图 1-16a 中，当开关 S 闭合时，电源与负载形成通路，负载中有电流流过，电源向负载提供能量，此时就称电路处于有载工作状态，简称有载。根据全电路欧姆定律，有

$$E = U + IR_0 = IR_L + IR_0 \tag{1-13}$$

电流为

$$I = \frac{E}{R_0 + R_L} \tag{1-14}$$

式(1-13) 两端同乘以 I，即

$$IU_L = IU_L = IE - I^2 R_0$$
$$P_E = P_L + P_{R_0} = P + P_{R_0} \tag{1-15}$$

因此，在电路有载状态下，电源电动势等于负载的端电压与电源的内压降之和；负载消耗的功率就是电源的输出功率；电源向电路提供的总功率等于负载消耗的功率与电源内部消耗的功率之和，它符合能量守恒定律。

1.4.2 短路

在图 1-16b 中，由于某种原因，电源两端或负载两端出现了直接接触，负载电阻为零，此时就称电路处于短路工作状态，简称短路。此时电路中的电流又称为短路电流。

短路电流为
$$I_S = \frac{E}{R_0} \tag{1-16}$$

电源输出电压为
$$U = 0 \tag{1-17}$$

由于导线电阻很小，电源的电动势全部降在内阻上，短路电流远大于电源的额定电流（$I_S \gg I_N$），过大的电流会损坏甚至烧毁电源及电路中的电气设备，所以常在电路中接入熔断器或其他保护设备，一旦发生短路，即刻切断电路起到保护作用。

电源短路是一种危险的事故状态，严格来讲，不能称为工作状态。在实际工作中，为了某种需要，常人为地将电路的某一部分或某一元件的两端用导线连接起来，称为"短接"，如用万用表欧姆调零时，将红、黑两表笔短接。因此，要把短路与短接严格区分。

1.4.3 开路

在图 1-16c 中，当开关 S 断开时，负载中没有电流流过，电源不向负载提供能量，此时就称电路处于开路工作状态，简称开路，也称断路或空载。电源的输出电压 U 称为开路电压或空载电压（U_0）。

开路电流为
$$I = 0 \tag{1-18}$$

开路电压等于电源的电动势，即
$$U = E = U_0 \tag{1-19}$$

实际应用中，常用实验方法测定电源的电动势，如图 1-17 所示。将开关 S 断开，用内阻很大的电压表直接测量电路的开路电压，所测结果可以近似表示电源的电动势。

如果开关 S 闭合，电路处于有载状态，当电路电流增大时，内阻上的压降增大，电源的端电压反而会随着电流的增大而减小。电源的端电压随电路中电流变化的规律称为电源的外特性，也称电源的伏安特性，如图 1-18 所示。

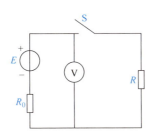

图 1-17　实验方法测定电源电动势

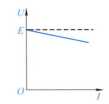

图 1-18　电源的外特性

实际上，电源的端电压 $U = E - R_0 I$，内阻 R_0 越小，外特性越平坦，电源的质量也越好。

例 1-3　如图 1-19 所示，电源的电动势 $E = 6\text{V}$，电源的内阻 $R_0 = 0.2\Omega$，闭合开关 S，当负载电阻分别为 $R_L = 11.8\Omega$、$R_L = 0$、$R_L = \infty$ 时，电流表的电流 I、负载电阻两端的电压 U、电源的内压降 U_0 各为多大？

解：根据全电路欧姆定律可知：

（1）当 $R_L = 11.8\Omega$ 时，电路处于有载状态，此时有：

$$I = \frac{E}{R_L + R_0} = \frac{6V}{11.8\Omega + 0.2\Omega} = 0.5A$$
$$U = IR_L = 0.5A \times 11.8\Omega = 5.9V$$
$$U_0 = IR_0 = 0.5A \times 0.2\Omega = 0.1V$$

（2）当 $R_L = 0$ 时，电源内阻一般比较小，电路处于短路状态，此时有：

$$I = \frac{E}{R_L + R_0} = \frac{E}{R_0} = \frac{6V}{0.2\Omega} = 30A$$
$$U = IR_L = 0$$
$$U_0 = IR_0 = 30A \times 0.2\Omega = 6V$$

（3）当 $R_L = \infty$ 时，电路处于开路状态，此时有：

$$I = 0$$
$$U = E = 6V$$
$$U_0 = 0$$

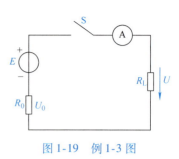

图 1-19　例 1-3 图

1.5　电流源和电压源及其等效变换

1.5.1　电压源与电流源

一个实际的电源可以建立不同的电源模型。不考虑电源的内阻而建立的模型，称为理想电压源和理想电流源。理想电压源输出恒定的电压，又称为恒压源，即 $U = U_S$ 或 $U = E$，其外特性如图 1-20a 所示；理想电流源输出幅值固定的电流，又称为恒流源，即 $I = I_S$，其端电压的大小取决于外电路，其外特性如图 1-20b 所示。

考虑电源的内阻而建立的模型与实际电源更为接近，称为实际电压源和实际电流源，简称电压源和电流源。可以用一个理想电压源 U_S 与内阻的串联来表示电压源，如图 1-21a 点画线框所示；可以用一个理想电流源 I_S 与内阻的并联来表示电流源，如图 1-21b 点画线框所示。

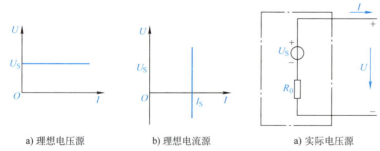

a) 理想电压源　　b) 理想电流源

图 1-20　理想电压源和理想电流源的外特性

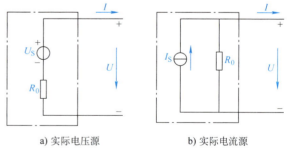

a) 实际电压源　　b) 实际电流源

图 1-21　实际电源的电压源模型和电流源模型

电压源的外特性可以表示为

$$U = U_S - IR_0 \tag{1-20}$$

电压源的外特性曲线如图 1-22a 所示。当电路处于开路状态时，负载电阻可以视为无穷（即 $R_L = \infty$），电路电流 $I = 0$，电压源的端电压 $U = U_S$；当电路处于短路状态时，负载电阻可以视为零（$R_L = 0$），电路电流 $I = \frac{E}{R_0}$；当电路处于有载状态且负载中电流增大时，电压源内阻 R_0 上的压降也随之增大，电源的端电压会有所下降。电压源内阻 R_0 越小，内阻上的压降越小，电压源就越接近于理想电压源。

电流源的外特性可以表示为

$$I = I_S - \frac{U}{R_0} \tag{1-21}$$

电流源的外特性曲线如图 1-22b 所示。当电路处于开路状态时，负载电阻 $R_L = \infty$，电路电流 $I = 0$，电流源的端电压 $U = I_S R_0$；当电路处于短路状态时，负载电阻 $R_L = 0$，电路电流 $I = I_S$，电流源的端电压 $U = 0$；当电路处于有载状态，随着负载电阻的增大，负载电阻和内阻并联的电阻值（$R_L \mathbin{/\mkern-6mu/} R_0$）增大，电流源的端电压 U 会随之增大。电流源内阻 R_0 越大（电导 G 越小），内阻 R_0 的分流越小，电流源的输出电流 I 越大，越接近理想电流源。

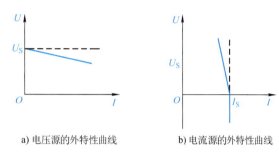

a) 电压源的外特性曲线　　b) 电流源的外特性曲线

图 1-22　电压源和电流源的外特性曲线

1.5.2　电压源与电流源的等效变换

一个实际电源可以用电压源或电流源表示，对于同一个负载而言，如果提供的电压、电流和能量都相同，则两种电源模型对此负载的作用是等效的，电压源和电流源互为等效电源。

为了便于研究，不妨设电压源的内阻为 R_0'，式（1-20）可以改写为

$$U = U_S - IR_0' \tag{1-22}$$

式（1-21）可以改写为

$$U = I_S R_0 - IR_0 \tag{1-23}$$

比较式（1-22）和式（1-23），显然，如果满足条件：

$$I_S = \frac{U_S}{R_0},\ R_0' = R_0 \tag{1-24}$$

则两式相等，两种电源模型等效。

> **知识拓展**
>
> 电压源与电流源的等效变换只对外电路而言，内部是不等效的；在变换前后，电压源的极性与电流源电流的方向应使外电路的工作状态保持不变；与恒流源相串联的电阻或电压源，因不影响电流源输出稳定的电流，而视为短路；与恒压源相并联的电阻或电流源，因不影响电压源输出恒定的电压，而视为断路。

例 1-4　画出图 1-23 所示电路的等效电源模型。

解：（1）图 1-23a 为一电压源，可以等效为一电流源。由式（1-24）可得

$$R_0 = R_0' = 2\Omega \qquad I_S = \frac{U_S}{R_S} = \frac{8\mathrm{V}}{2\Omega} = 4\mathrm{A}$$

等效的电流源内阻 $R_0 = 2\Omega$，输出的恒流 $I_S = 4\mathrm{A}$，电路如图 1-24a 所示。

（2）图 1-23b 为一电流源，可以等效为一电压源。由式（1-24）可得

$$R_0' = R_0 = 1\Omega \qquad U_S = I_S R_0 = 3\mathrm{A} \times 1\Omega = 3\mathrm{V}$$

等效的电压源内阻 $R_0 = 1\Omega$，电动势 $U_S = 3\mathrm{V}$，电路如图 1-24b 所示。

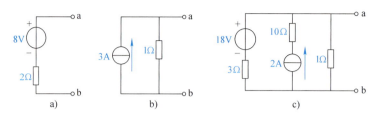

图 1-23　例 1-4 图

（3）图 1-23c 为一个电压源和一个电流源的并联。可以先将电压源变换为电流源，与 2A 恒流源相串联的 10Ω 电阻视为短路，如图 1-25b 所示；两个并联的电流源，可以等效为一个电流源，如果电流方向一致，则电流相加；如果电流方向相反，则电流相减，如图 1-25c 所示。还可以将电流源变换为电压源，如图 1-25d 所示。

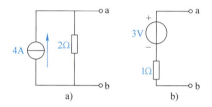

图 1-24　图 1-23a、b 题解图

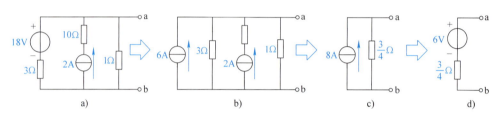

图 1-25　图 1-23c 的等效变换过程

例 1-5　用电压源与电流源的等效变换，求图 1-26a 中负载电阻 R_L 中的电流。

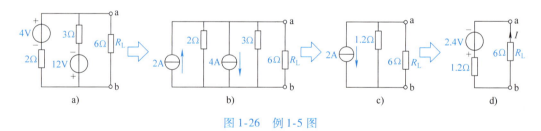

图 1-26　例 1-5 图

解：经过电压源与电流源的多次变换，图 1-26a 可以简化为图 1-26d，根据全电路欧姆定律，R_L 中的电流为

$$I = \frac{2.4\text{V}}{1.2\Omega + 6\Omega} = 0.33\text{A}$$

一般情况下，如果有多个电压源并联，等效变换为电流源后再进行简化比较方便，如果有多个电流源串联，等效变换为电压源后再进行简化比较方便。

1.6　基尔霍夫定律

电路分析过程中一般先用电阻的串、并联把电路简化，然后应用欧姆定律解决问题。通常把不能用上述方法解决问题的电路称为复杂电路。复杂电路又称网络。分析复杂电路最基本的定律是基尔霍夫定律，该定律对于线性电路和非线性电路同样适用。

1.6.1 几个基本概念

支路：电路中的每一个分支都叫支路。一条支路中只流过同一个电流，称为支路电流。图 1-27 所示电路有 acb、adb 和 ab 三条支路，I_1、I_2、I_3 为三个支路电流。

节点：电路中三条或三条以上支路的连接点称为节点，图 1-27 所示电路有 a、b 两节点。

回路：电路中任一闭合路径称为回路。图 1-27 所示电路有 abca、adba、cbdac 三个回路。

网孔：内部不含有其他支路的回路称为网孔。图 1-27 所示电路有 abca、adba 两个网孔。

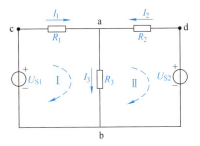

图 1-27 电路结构举例

1.6.2 基尔霍夫电流定律

基尔霍夫电流定律（KCL）反映的是与任一节点相关联的所有支路电流之间的关系。表述为：任一时刻，电路中任一节点上，所有支路电流的代数和等于零。即在任一时刻流入该节点的电流总和等于流出该节点的电流总和，其数学表达式为

$$\sum I = 0 \tag{1-25}$$

假设流入节点的电流为正值，流出节点的电流为负值，对图 1-27 所示电路的节点 a 列节点电流方程，有

$$I_1 + I_2 - I_3 = 0 \quad \text{或} \quad I_1 + I_2 = I_3$$

KCL 不仅适用于电路中的节点，也可推广应用于电路中任意假设的封闭面，如图 1-28 所示，对闭合面内 A、B、C 三个节点应用 KCL，则对节点 A 有 $I_1 = I_{AB} - I_{CA}$；对节点 B 有 $I_2 = I_{BC} - I_{AB}$；对节点 C 有 $I_3 = I_{CA} - I_{BC}$。

将三式相加可得

$$I_1 + I_2 + I_3 = 0 \tag{1-26}$$

可见，流入该封闭面的电流等于流出该封闭面的电流，该封闭面就称为广义节点，体现了电流的连续性原理。

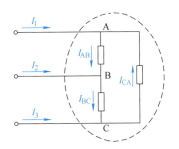

图 1-28 KCL 的推广应用——广义节点

1.6.3 基尔霍夫电压定律

基尔霍夫电压定律（KVL）反映的是电路回路中的各部分电压之间的关系。表述为：任一时刻，从任一点以顺时针或逆时针方向沿回路绕行一周，回路中各部分电压的代数和等于零。即整个回路升高的电压总和等于降低的电压总和，其数学表达式为

$$\sum U = 0 \tag{1-27}$$

应用 KVL 时，首先要选定回路的绕行方向。如果某部分电压的参考方向与绕行方向一致，该部分电压取 "+" 号，否则取 "-" 号；如果回路中有电动势，则按它的端电压方向来考虑。这样规定的实质是规定绕行方向为电位降低的方向。

图 1-27 中所示回路 cadbc，顺时针绕行回路，可列出回路电压方程：

$$U_{bc} + U_{ca} + U_{ad} + U_{db} = 0$$
$$-U_{S1} + I_1 R_1 - I_2 R_2 + U_{S2} = 0$$

KVL 不仅适用于闭合回路，也可推广应用于某一开口电路。如图 1-29 所示，该电路不是闭

合回路，但在电路 a、b 两端存在电压 U_{ab}，如按顺时针方向绕行该假想回路一周，则有

$$-U_{ab} + IR + U_S = 0$$

则

$$U_{ab} = IR + U_S \tag{1-28}$$

可见，a、b 两端电压降等于 a、b 两端之间支路上的各段电压之和。逆时针方向绕行可以得到相同的结论。此开口回路就称为广义回路。

例 1-6 如图 1-30 所示，已知 $R_1 = 2\Omega$，$R_2 = 4\Omega$，$R_3 = 3\Omega$，$R_4 = 6\Omega$，$U_{S1} = 12V$，$U_{S2} = 18V$，求回路 acdb 的开路电压 U_{ab}。

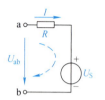
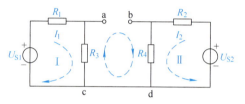

图 1-29 KVL 的推广应用——广义回路　　　　图 1-30 例 1-6 图

解：回路 Ⅰ 和回路 Ⅱ 各自形成回路，设回路电流分别为 I_1、I_2。

$$I_1 = \frac{U_{S1}}{R_1 + R_3} = \frac{12V}{2\Omega + 3\Omega} = 2.4A \quad I_2 = \frac{U_{S2}}{R_2 + R_4} = \frac{18V}{4\Omega + 6\Omega} = 1.8A$$

方法一：回路 acdb 是开路，因而电路的 cd 段内没有电流流过，c、d 两点电位相同，a、b 两点间的电压就是 R_3、R_4 两电阻的端电压之差。

$$U_{ab} = U_a - U_b = I_1 R_3 - I_2 R_4 = 2.4A \times 3\Omega - 1.8A \times 6\Omega = -3.6V$$

方法二：可将部分电路 acdb 看成广义回路，直接应用基尔霍夫电压定律求回路的开路电压 U_{ab}。

$$U_{ab} + I_2 R_4 - I_1 R_3 = 0$$
$$U_{ab} = I_1 R_3 - I_2 R_4 = 2.4A \times 3\Omega - 1.8A \times 6\Omega = -3.6V$$

1.7　电路的基本分析方法

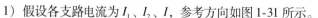

1.7.1　支路电流法

支路电流法以电路的各支路电流为未知量，根据基尔霍夫定律列出方程，然后求解各支路电流。下面以图 1-31 所示电路为例，介绍应用支路电流法的具体步骤。

该电路有三条支路，两个节点。求三个支路电流，需要列出三个独立的方程并联立求解。设 R_1、R_2、R、U_{S1}、U_{S2} 均为已知。

1）假设各支路电流为 I_1、I_2、I，参考方向如图 1-31 所示。

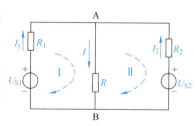

图 1-31　支路电流法

2）根据 KCL 列出节点电流方程。

对节点 A 有　　　　　　　　　　$I_1 + I_2 - I = 0$ 　　　　　　　　　(1-29)

对节点 B 有　　　　　　　　　　$I - I_1 - I_2 = 0$ 　　　　　　　　　(1-30)

可以看出，式(1-29)与式(1-30)等价，联立方程组只能选其中之一，所选方程称为独立

的节点电流方程，另外的方程称为非独立的节点电流方程。可以证明：如果电路有 n 个节点，可以列出 $(n-1)$ 个独立的节点电流方程。

3) 根据KVL列出回路电压方程。如果电路有 b 条支路，n 个节点，可以列出 $[b-(n-1)]$ 个独立的回路电压方程。为了保证电压方程的独立性，一般平面电路选网孔作为回路，列网孔的回路电压方程。所谓平面电路是指将电路画成一个平面图时，不出现任何交叉支路的电路。图 1-31 所示平面电路有 3 条支路，2 个节点，$b-(n-1)=2$，与网孔数相等。

回路 I 有
$$R_1 I_1 + IR - U_{S1} = 0 \tag{1-31}$$

回路 II 有
$$-R_2 I_2 + U_{S2} - IR = 0 \tag{1-32}$$

4) 将式(1-29)、式(1-31)、式(1-32) 组成方程组，联立求解即可得各支路电流。

例 1-7 电路如图 1-32 所示，已知 $U_{S1}=6V$，$U_{S2}=16V$，$I_S=2A$，$R_1=R_2=R_3=2\Omega$，试求各支路电流 I_1、I_2、I_3、I_4 和 I_5。

解： 由 KCL 和 KVL 列出节点电流方程和回路电压方程：

$$I_S + I_1 + I_3 = 0$$
$$I_2 = I_3 + I_4$$
$$I_4 + I_5 = I_S$$
$$U_{S1} - I_3 R_2 - I_2 R_1 = 0$$
$$U_{S2} - I_5 R_3 + I_2 R_1 = 0$$

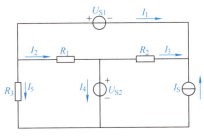

图 1-32 例 1-7 图

代入已知数据得：

$$2A + I_1 + I_3 = 0$$
$$I_2 = I_3 + I_4$$
$$I_4 + I_5 = 2A$$
$$6V = 2\Omega \times I_3 + 2\Omega \times I_2$$
$$16V - 2\Omega \times I_5 + 2\Omega \times I_2 = 0$$

解方程得：$I_1 = -6A$，$I_2 = -1A$，$I_3 = 4A$，$I_4 = -5A$，$I_5 = 7A$

1.7.2 叠加定理

叠加定理是反映线性电路基本性质的一条重要原理，可以表述为：在线性电路中，如果有多个电源同时作用，那么任何一条支路的电流或电压，等于电路中各个电源单独作用时对该支路所产生的电流或电压的代数和。

> **知识拓展**

当某个电源单独作用时，其他电源不起作用，即输出值为零。如果是电压源，可视为短路，即 $U_S = 0$；如果是电流源，可视为开路，即 $I_S = 0$，但要保留实际电压源和电流源的内阻。叠加定理只适用于线性电路中电流或电压的叠加，不能对功率进行叠加。

例 1-8 已知 $U_S = 12V$，$I_S = 6A$，$R_1 = R_3 = 1\Omega$，$R_2 = R_4 = 2\Omega$，应用叠加定理，求图 1-33 所示电路中支路电流 I。

解： 图 1-33a、b、c 中支路电流 I 的总量和分量参考方向一致，求分量代数和时各分量均取正值。根据叠加定理分别求出 I' 和 I''。

$$I' = \frac{U_S}{(R_1+R_2) // (R_3+R_4)} \times \frac{R_1+R_2}{R_1+R_2+R_3+R_4}$$

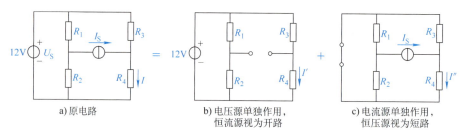

a) 原电路　　　b) 电压源单独作用，恒流源视为开路　　　c) 电流源单独作用，恒压源视为短路

图 1-33　例 1-8 图

$$= \frac{12\text{V}}{(1\Omega + 2\Omega) // (1\Omega + 2\Omega)} \times \frac{1\Omega + 2\Omega}{1\Omega + 2\Omega + 1\Omega + 2\Omega} = 4\text{A}$$

$$I'' = \frac{R_3}{R_3 + R_4} \times I_S = \frac{1\Omega}{1\Omega + 2\Omega} \times 6\text{A} = 2\text{A}$$

$$I = I' + I'' = 4\text{A} + 2\text{A} = 6\text{A}$$

1.7.3　节点电压法

节点电压法是以电路中的节点电压为未知量求解支路电流的方法，对支路多、节点少的电路，计算过程尤为简便。

应用这种方法，首先在电路中选定某个节点为参考点，即零电位点，其次根据一段电路的欧姆定律，写出用节点电压表示的各支路电流表达式，再根据 KCL，写出除参考点外各节点的节点电流方程，这组方程的未知量为节点电压。解方程即可求出节点电压，并代入各支路电流的表达式中，就可求出各支路电流。下面以图 1-34 所示电路，进行具体讨论。

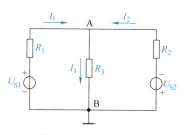

图 1-34　节点电压法

选节点 B 为参考点，各支路电流参考方向如图 1-34 所示。

节点 A 的电压 U_A 即 A 点相对于参考点 B 的电位，假设 U_A 已知，则各支路电流为

$$I_1 = \frac{U_{S1} - U_A}{R_1} \quad (U_A = -I_1 R_1 + U_{S1})$$

$$I_3 = \frac{U_A}{R_3} \quad (U_A = I_3 R_3)$$

$$I_2 = \frac{-U_{S2} - U_A}{R_2} \quad (U_A = -I_2 R_2 - U_{S2})$$

根据 KCL，对节点 A 有

$$I_1 + I_2 = I_3$$

$$\frac{U_{S1} - U_A}{R_1} + \frac{-U_{S2} - U_A}{R_2} = \frac{U_A}{R_3}$$

整理后得到节点 A 的电压为

$$U_A = \frac{\dfrac{U_{S1}}{R_1} - \dfrac{U_{S2}}{R_2}}{\dfrac{1}{R_1} + \dfrac{1}{R_2} + \dfrac{1}{R_3}} \tag{1-33}$$

式中，分母是两节点之间各支路的恒压源为零输出后，各支路所得电阻的倒数和；分子是各支路的恒压源与本支路电阻相除后的代数和。当恒压源电动势方向指向节点时，电动势取正值，背离

节点时取负值。例如图 1-34 中，U_{S1} 的电动势方向指向节点 A，U_{S1} 取正值；U_{S2} 的电动势方向背离节点 A，U_{S2} 取负值。

两节点电路的节点电压公式一般形式可写成

$$U_A = \frac{\sum \dfrac{U_S}{R}}{\sum \dfrac{1}{R}} \qquad (1\text{-}34)$$

注意：如果两节点电路的支路中有一条支路是恒压源，就以恒压源的一端为参考点，另一端则为另一节点，所求节点电压即为恒压源的电压值，不必再进行计算。如果两节点之间有恒流源支路，或有恒流源与电阻串联的支路，则两节点的节点电压公式一般形式可写成

$$U_A = \frac{\sum \dfrac{U_S}{R} + \sum I_S}{\sum \dfrac{1}{R}} \qquad (1\text{-}35)$$

式中，分子增加了恒流源的代数和。当恒流源电流流入节点时，恒流源 I_S 取正值；流出节点时 I_S 取负值。因为与恒流源串联的电阻不影响恒流源的输出，所以分母中不包含与恒流源串联的电阻。

例 1-9 已知 $U_{S1} = 12V$，$U_{S2} = 18V$，$I_S = 1A$，$R_1 = 1\Omega$，$R_2 = 3\Omega$，$R_3 = 6\Omega$，$R_4 = 15\Omega$。用节点电压法，求图 1-35 所示电路的各支路电流 I_1、I_2、I_4。

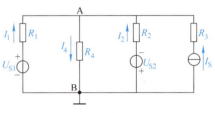

图 1-35　例 1-9 图

解：选取节点 B 为参考点，由式(1-34) 可得

$$U_A = \frac{\dfrac{U_{S1}}{R_1} - \dfrac{U_{S2}}{R_2} + I_S}{\dfrac{1}{R_1} + \dfrac{1}{R_2} + \dfrac{1}{R_4}} = \frac{\dfrac{12V}{1\Omega} - \dfrac{18V}{3\Omega} + 1A}{\dfrac{1}{1\Omega} + \dfrac{1}{3\Omega} + \dfrac{1}{15\Omega}} = 5V$$

各支路电流为

$$I_1 = \frac{U_{S1} - U_A}{R_1} = \frac{12V - 5V}{1\Omega} = 7A \qquad I_2 = \frac{-U_{S2} - U_A}{R_2} = \frac{-18V - 5V}{3\Omega} = -7.67A$$

$$I_4 = \frac{U_A}{R_4} = \frac{5V}{15\Omega} = 0.33A$$

根据 KCL 可得

$$I_1 + I_2 + I_S - I_4 = 7A + (-7.67A) + 1A - 0.33A = 0$$

由此可知结果正确。

1.7.4　戴维南定理

在电路分析中，经常遇到只需要计算电路中某一支路的电流，如果用支路电流法或节点电压法，列方程就会引出不必求解的电流，使计算过程反而变得很麻烦。因而引入了有源二端网络的概念，应用戴维南定理能简便解决此问题。下面以图 1-36a 所示复杂电路为例，进行具体讨论。

图 1-36a 所示电路要求计算支路电流 I。将所求支路从电路中取出，其余部分有两个出线端钮，因而称为二端网络。如果二端网络内部含有电源，就称为有源二端网络，如图 1-36b 所示。

戴维南定理可以表述为：任何一个线性有源二端网络，可以用电压源来等效替换。电压源的电动势 U_S 等于有源二端网络的开路电压 U_0；内阻 R_0 等于有源二端网络包含的所有电源输出为零后的等效电阻。由电动势 U_S 和内阻 R_0 串联组成的等效电压源称为戴维南等效电路，如图1-37中点画线框内所示。

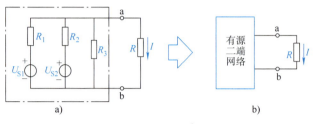 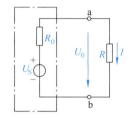

图1-36　有源二端网络　　　　　　　　　　　图1-37　戴维南等效电路

应用戴维南定理解题的一般步骤为：①首先断开待求支路，将电路分为待求支路和有源二端网络两部分；②画出有源二端网络，求出有源二端网络的开路电压 U_0；③画出有源二端网络包含的所有电源输出为零后的电路，求出等效电阻 R_0；④画出戴维南等效电路，求出待求量。

例1-10　已知 $U_{S1}=10\text{V}$，$U_{S2}=6\text{V}$，$R_1=1\Omega$，$R_2=3\Omega$，$R_3=6\Omega$，$R=16\Omega$。应用戴维南定理，求图1-36a中的支路电流 I。

解：只要求出戴维南等效电路的电动势 U_S 和内阻 R_0，就能求出任意负载中的电流。

图1-36a所示的有源二端网络如图1-38a所示，开路电压 U_0 就是所包含的三条支路的端电压 U_{ab}，用节点电压法求 U_{ab}，设b端电位为零，则有

$$U_{ab}=U_a=\frac{\dfrac{U_{S1}}{R_1}+\dfrac{U_{S2}}{R_2}}{\dfrac{1}{R_1}+\dfrac{1}{R_2}+\dfrac{1}{R_3}}=\frac{\dfrac{10}{1}+\dfrac{6}{3}}{1+\dfrac{1}{3}+\dfrac{1}{6}}\text{V}=8\text{V}$$

戴维南等效电路的电动势为　　　　$U_S=U_0=U_{ab}=8\text{V}$

求有源二端网络的等效电阻 R_0，此时电压源输出为零，将 U_{S1}、U_{S2} 短路，如图1-38b所示，则有

$$R_0=R_1//R_2//R_3=\frac{1}{\dfrac{1}{R_1}+\dfrac{1}{R_2}+\dfrac{1}{R_3}}=\frac{1}{1+\dfrac{1}{3}+\dfrac{1}{6}}\Omega=\frac{2}{3}\Omega$$

将电路变换为戴维南等效电路，如图1-38c所示，求出 R 所在支路的电流 I 为

$$I=\frac{U_S}{R_0+R}=\frac{8}{\dfrac{2}{3}+16}\text{A}=0.48\text{A}$$

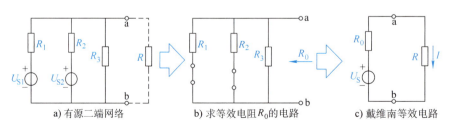

a) 有源二端网络　　　b) 求等效电阻 R_0 的电路　　　c) 戴维南等效电路

图1-38　例1-10图

例 1-11　用戴维南定理计算图 1-39 中的电流 I。

解：将待求支路取出，得到图 1-39b 所示有源二端网络，开路电压 U_0 就是 4Ω 电阻的端电压，即

$$U_0 = 2A \times 4\Omega = 8V$$

即戴维南等效电路的电动势为 $U_S = U_0 = 8V$

将电路中 4V 电压源短路，2A 电流源开路，得到图 1-39c 所示电路，有源二端网络的等效电阻 R_0 就是 4Ω 电阻，其他两个电阻开路，即

$$R_0 = 4\Omega$$

由戴维南等效电路，如图 1-39d 所示，可求得电流 I，即

$$I = \frac{8V}{4\Omega + 16\Omega} = 0.4A$$

在实际应用中，有源二端网络的内部电路十分复杂或没必要了解，可以用实验的方法来测定电动势 U_S 和内阻 R_0。

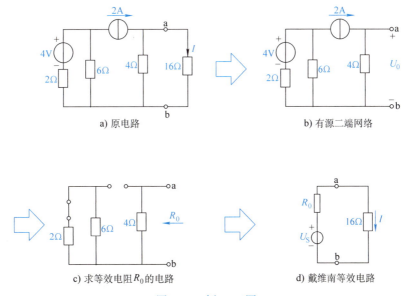

a) 原电路　　　b) 有源二端网络

c) 求等效电阻 R_0 的电路　　　d) 戴维南等效电路

图 1-39　例 1-11 图

情 境 总 结

1. 电路的基本概念：从结构上看，电路由电源、中间电气元器件、导线和负载四部分组成。将组成电路的实际元件"理想化"，并建立相应的电路模型，是电路分析的基础。描述电路的基本物理量包括电流、电压和电动势。为方便分析，引入了参考方向。

2. 电路的工作状态：包括有载、短路和开路三种。

3. 电路中的电阻：导体电阻的客观存在，使电能的线路损耗成为不容忽视的问题，减小线路损耗的方法有增大导线截面、减小线路电流和运用新型材料等。

4. 电路的基本定律：一段电路欧姆定律为 $I = U/R$；全电路欧姆定律为 $I = E/(R + R_0)$；基尔

霍夫定律为 $\sum I=0$，$\sum U=0$。

5. 电路分析的基本方法：

1）电压源与电流源等效变换。其变换关系为 R_0 保持不变，$I_S = U_S/R_0$。等效变换时，与恒流源相串联的电阻或电压源视为短路，与恒压源相并联的电阻或电流源视为断路。

2）支路电流法。以各支路电流为未知量，根据 KCL 列出 $(n-1)$ 个独立的节点电流方程，根据 KVL 列出 $[b-(n-1)]$ 个独立的回路电压方程，然后解联立方程组即可求出各支路电流。

3）叠加定理。在多个电源作用的线性电路中，任一支路电流或电压等于由各个电源单独作用时对该支路所产生的电流或电压的代数和。

4）节点电压法。它是以节点电压为未知量求解支路电流，适用于多支路少节点的电路。

5）戴维南定理。任何一个线性有源二端网络，可以用电压源来等效替换——开路电压等于电动势 U_S、内阻 R_0 等于有源二端网络内部包含的所有电源输出为零后的等效电阻。由 U_S 和 R_0 串联组成了戴维南等效电路。

习题与思考题

1-1 一节干电池（$U_S = 1.5\text{V}$）使用一段时间后，为什么其两端电压在电路工作时会下降，而在电路断开时又趋于正常？

1-2 有一电阻炉，额定功率为 1800W，额定电压为 220V，求其额定电流及其电阻值。

1-3 已知 $I_1 = 3\text{A}$，$I_2 = -5\text{A}$，$I_3 = 6\text{A}$，$I_5 = -4\text{A}$，试确定图 1-40 所示电路中 I_4、I_6 的大小和方向。

1-4 电路如图 1-41 所示，U_5 的正方向已经选定，若该电路有两个回路的 KVL 方程为 $-U_2 + U_4 - U_5 = 0$，$U_1 - U_2 + U_4 - U_6 = 0$。

（1）试确定其他各元件的正方向。

（2）若 $U_2 = 6\text{V}$，$U_3 = -8\text{V}$，$U_4 = -12\text{V}$，确定其他各元件的端电压。

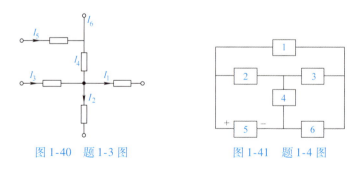

图 1-40　题 1-3 图　　　　图 1-41　题 1-4 图

1-5 在图 1-42 所示电路中，以 B 点为参考点，求 A、C 两点的电位。

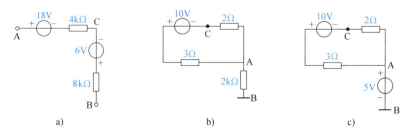

图 1-42　题 1-5 图

1-6 将图 1-43 所示各电路等效为一个电压源，并求 a、b 两端的等效电阻 R_{ab}。

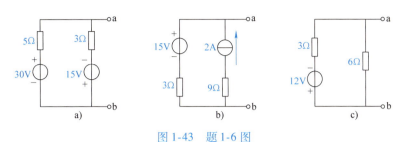

图 1-43 题 1-6 图

1-7 分别用支路电流法、叠加定理和节点电位法，求图 1-44 所示电路中的各支路电流。

1-8 电路如图 1-45 所示，用节点电压法，求负载电阻 R_L 中的电流。

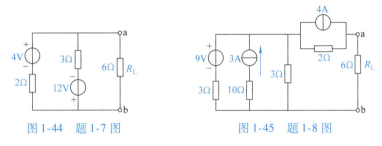

图 1-44 题 1-7 图   图 1-45 题 1-8 图

1-9 电路如图 1-46 所示，已知 $U_{S1}=20V$，$U_{S2}=12V$，$R_1=R_2=2\Omega$，$R_3=6\Omega$，$I_S=5A$，$R_4=30\Omega$，$R_5=3\Omega$，$R_6=16\Omega$。用电压源与电流源的等效变换和戴维南定理两种方法，求电阻 R_6 中的电流。

1-10 电路如图 1-47 所示，已知 $U_{S1}=150V$，$U_{S2}=U_{S3}=120V$，$R_1=R_2=R_4=10\Omega$，$R_3=4\Omega$，用戴维南定理求 R_4 中的电流 I。

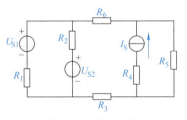 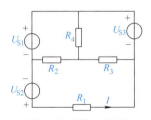

图 1-46 题 1-9 图   图 1-47 题 1-10 图

学习情境2
正弦交流电路分析

教学目标

知识目标：
- ◆ 理解正弦量及其三要素、相位、相位差、相量和功率因数等基本概念。
- ◆ 理解交流和直流电路中电阻、电感和电容的不同特点。
- ◆ 掌握单一元件 R、L、C 交流电路及典型的 R、L、C 串联电路，分析电路功率因数的提高。
- ◆ 掌握串联谐振电路。

技能目标：
- ◆ 学会电感的识别与检测。
- ◆ 学会电容的识别与检测。
- ◆ 学会单相电度表的安装与调试。
- ◆ 学会照明电路的安装与调试。

素质目标：
- ◆ 弘扬爱国主义精神，弘扬劳动光荣、技能宝贵和创造伟大的时代风尚。

▲交流电与直流电▲

交流电（简称AC）是指电流方向随时间作周期性变化的电流，在一个周期内的平均电流为零。不同于直流电，它的方向是会随着时间发生改变的，而直流电没有周期性变化。

通常交流电波形为正弦曲线，但实际上还有应用其他的波形，例如三角形波、正方形波。生活中使用的是具有正弦波形的交流电。

当发现了电磁感应后，产生交流电流的方法就被知晓。早期的发电机是由英国的麦可·法拉第、法国的波利特·皮克西等人发明的。

直流电（简称DC），又称"恒流电"，恒定电流是直流电的一种，是大小和方向都不变的直流电，它是由爱迪生发现的。

交流电被广泛运用于电力的传输，交流输电比直流输电更有效率。

2.1 正弦交流电基础

2.1.1 正弦交流电的基本概念

交流电是指大小和方向随时间作周期性变化的电压、电流和电动势。通常所说的交流电，一般均指正弦交流电，随时间按正弦函数规律变化的电压 $u(t)$、电流 $i(t)$ 和电动势 $e(t)$ 统称为正弦量，以电压为例，波形如图 2-1 所示。

2.1.2 正弦量的三要素

正弦量可以写成时间 t 的正弦函数形式，即

$$u(t) = U_m \sin(\omega t + \phi_u) \quad (2-1)$$
$$i(t) = I_m \sin(\omega t + \phi_i) \quad (2-2)$$
$$e(t) = E_m \sin(\omega t + \phi_e) \quad (2-3)$$

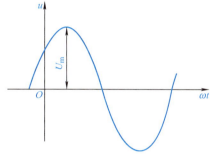

图 2-1 正弦交流电压波形

这些表达式中的 U_m、I_m、E_m 称为最大值，ω 称为角频率，ϕ_u、ϕ_i、ϕ_e 称为初相位。如果已知最大值、角频率和初相位，上述正弦量就能唯一地确定下来，所以称这三个量为正弦量的三要素。

1. 周期、频率、角频率

正弦量变化一次所需要的时间称为周期，用 T 表示，单位是秒（s），还有毫秒（ms，10^{-3}s）、微秒（μs，10^{-6}s）等。正弦量 1s 内重复变化的次数称为频率，用 f 表示，单位是赫[兹]（Hz），还有千赫（kHz，10^3Hz）、兆赫（MHz，10^6Hz）等。由定义可知，周期与频率互为倒数，即 $f = \dfrac{1}{T}$。我国和其他大多数国家规定电力标准频率（工频）为 50Hz，日本、美国等少数国家采用 60Hz。

正弦量每秒内变化的角度称为角频率，又称角速度，用 ω 表示，单位是弧度每秒（rad/s）。由周期定义可知，正弦量经过一个周期变化的角度为 2π 弧度（360°），故角频率与频率、周期之间的关系为

$$\omega = 2\pi f = \frac{2\pi}{T} \quad (2-4)$$

若 $f = 50$Hz，则 $\omega = 2\pi f = 100\pi$ rad/s $= 314$ rad/s。

2. 瞬时值、最大值、有效值

正弦量在某一时刻的大小称为瞬时值，体现了正弦量随时间变化的规律，用小写字母 i、u、e 表示。正弦量瞬时值中的最大值称为幅值或最大值，反映了正弦量变化的幅度，用大写英文字母加下角标表示，如 I_m、U_m、E_m。瞬时值和最大值只能表示某一时刻的大小，为了确切地衡量正弦交流电的电压、电流的大小，引入了有效值的概念。

交流电流的有效值是从电流热效应的角度来定义的。在相同时间内，交流电流 i 通过电阻 R 产生的热量 Q_i，与直流电流 I 通过相同电阻 R 产生的热量 Q_I 相等，则称这一直流电流 I 的数值就是交流电流 i 的有效值。正弦量的有效值用大写英文字母 I、U、E 表示。

理论和实验都表明，正弦量的最大值是有效值的$\sqrt{2}$倍。以电压为例，即

$$U = \frac{u_m}{\sqrt{2}} \approx 0.707 U_m \tag{2-5}$$

通常所说的交流电流或电压的大小指有效值,如交流电压 220V 或 380V 等。各种交流电气设备铭牌上标注的额定值、常用交流测量仪表所指示的读数均为有效值。

3. 相位和初相位

正弦量的瞬时值表达式,如 $u = U_m \sin(\omega t + \phi_u)$,式中的 $(\omega t + \phi_u)$ 称为正弦量的相位,也称相位角,反映了正弦量的变化进程。开始计时时刻的相位称为初相位或初相角,简称初相,即 $t = 0$ 时的相位 $\omega t + \phi_u = \phi_u$,$\phi_u$ 为初相位,一般规定 $\phi_u \leq \pi$。相位和初相位的单位都是弧度(rad)或度(°)。

同频率正弦量的初相位和最大值不一定相同,在任一瞬时,两个同频率正弦量的相位之差称为相位差,用 φ 表示,一般规定 $|\varphi| \leq \pi$。例如

$$u = U_m \sin(\omega t + \phi_u), i = I_m \sin(\omega t + \phi_i)$$

其波形图如图 2-2 所示,相位差为

$$\varphi = (\omega t + \phi_u) - (\omega t + \phi_i) = \phi_u - \phi_i \tag{2-6}$$

可见,两个同频率正弦量的相位差就是初相位之差,反映了两正弦量随时间变化的不同进程。下面通过图 2-2 和图 2-3 中电压 u 和电流 i 的波形图,介绍同频率正弦量的相位关系。

(1)超前和滞后 在图 2-2 中,随着时间的变化,电压 u 的波形比电流 i 的波形先到达零点或正向最大值,初相位 $\phi_u > \phi_i$,相位差 $\varphi = (\phi_u - \phi_i) > 0$ 或者 $\varphi = (\phi_i - \phi_u) < 0$,就称电压超前电流的角度为 φ 或电流滞后于电压的角度为 φ。可见,超前与滞后是相对而言的。

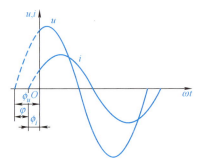

图 2-2 不同相位同频率正弦量的波形图

(2)同相 在图 2-3a 中,电压 u 与电流 i 的波形同时过零点,同时到达正向最大值和负向最大值,初相位 $\phi_u = \phi_i$,相位差 $\varphi = \phi_u - \phi_i = 0$,就称电压与电流同相。

(3)反相 在图 2-3b 中,电压 u 和电流 i 的波形同时过零点,当电压 u 到达正向最大值时,电流 i 的波形到达负向最大值,初相位 $\phi_u = 0$,$\phi_i = -\pi$,相位差 $\varphi = \phi_u - \phi_i = \pi$ 或 $\varphi = \phi_i - \phi_u = -\pi$,就称电压与电流反相。

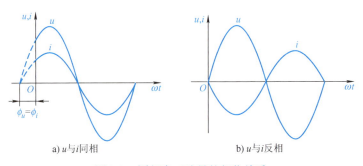

a) u 与 i 同相   b) u 与 i 反相

图 2-3 同频率正弦量的相位关系

注意:只有同频率正弦量,比较相位关系和相位差才有意义。

例 2-1 在交流电路中,流过某一支路的电流为 $i_1 = 10\sin(200\pi t - 45°)$ A,试求:

（1）i_1 的角频率、频率、周期；最大值、有效值；相位、初相位。

（2）若该电路的另一支路电流 i_2 的初相位为 $60°$，有效值是 i_1 的 $1/2$，写出 i_2 的瞬时值表达式（三角函数式），并求两支路电流的相位差，说明相位关系。

解：（1）i_1 的角频率、频率、周期分别为

$$\omega = 200\pi \text{rad/s} \qquad f = \frac{\omega}{2\pi} = \frac{200\pi \text{rad/s}}{2\pi} = 100\text{Hz} \qquad T = \frac{1}{100\text{Hz}} = 0.01\text{s}$$

最大值为 $I_{1m} = 10\text{A}$，有效值为 $I_1 = 10/\sqrt{2}\text{A} = 7.07\text{A}$，相位为 $200\pi t - 45°$，初相位 $\phi_1 = -45°$。

（2）i_2 的有效值是 i_1 的 $1/2$，即 $I_{2m} = I_{1m}/2 = 5\text{A}$，同一交流电路中的正弦量频率相同，$i_2$ 的瞬时值表达式为

$$i_2 = 5\sin(200\pi t + 60°)\text{A}$$

相位差为

$$\varphi = \phi_1 - \phi_2 = (-45°) - 60° = -105°$$

两支路电流的相位关系是：i_1 滞后于 i_2 的角度是 $105°$ 或 i_2 超前 i_1 的角度是 $105°$。

2.2　正弦交流电的相量表示

正弦交流电可以用正弦三角函数式和波形图来表示，这两种方法比较直观，但对正弦交流电路的分析和计算，将会非常烦琐。在电工技术中，正弦量常用相量表示。所谓相量，就是用一个复数来表示一个正弦量。

2.2.1　复数基本知识

图 2-4 所示为复数坐标系，横轴为实轴，单位长度为 $+1$，纵轴是虚轴，单位长度为 $+j$（数学中用 i 表示，在电工技术中，i 表示电流，故改为 j）。其中 a 为实部，b 为虚部，r 为复数的模，ϕ 为复数的辐角，并且有

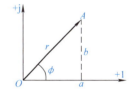

图 2-4　复数坐标系

$$r = \sqrt{a^2 + b^2}, \phi = \arctan\frac{b}{a} \tag{2-7}$$

任何一个复数 A 可以表示为如下形式：

1）代数形式：
$$A = a + jb \tag{2-8}$$

2）三角函数形式：
$$A = r(\cos\phi + j\sin\phi) \tag{2-9}$$

3）指数形式：
$$A = re^{j\phi} \tag{2-10}$$

4）极坐标形式：
$$A = r\underline{/\phi} \tag{2-11}$$

复数的几种表示形式可以相互转化以方便运算，进行加、减运算常采用代数形式，乘、除运算常采用极坐标形式或指数形式。

2.2.2　相量和相量图

对于任意正弦量 $i = I_m\sin(\omega t + \phi_i)$，可以通过旋转矢量法作出波形图。在 $x-y$ 坐标系内，矢量 I_m 长度等于正弦量 i 的最大值，以角速度 ω 逆时针方向旋转，初始位置（$t=0$ 时）与 x 轴的夹角等于初相 ϕ_i，每一时刻，旋转矢量在纵轴上的投影为该正弦量 i 的瞬时值，如图 2-5 所示。

将此旋转矢量放在复数坐标系中，得到的该正弦量的复数形式，称为相量，得到的几何图形就是该正弦量的相量图。相量用大写字母上加点"·"表示，如电压的有效值相量写为 $\dot{U}$，电流的最大值相量写为 $\dot{I}_m$ 等。作相量图时，取消两个坐标轴，选某一初相为零（$\phi=0$）的相量作为

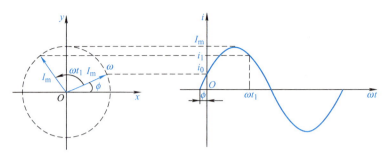

图 2-5 用旋转矢量表示正弦量

参考相量，初始位置与参考相量之间的夹角是正弦量的初相 ϕ，在 ϕ 角方向按一定比例作有向线段，长度表示正弦量的有效值（或最大值），如图 2-6 所示。实际应用最多的是有效值的相量图。

同频率的正弦量由于相位差保持不变，可以在同一相量图中表示。

例 2-2 根据正弦量的三角函数式，写出相应的有效值相量，作出相量图，并求出 $i = i_1 + i_2$。其中 $i_1 = 3\sqrt{2}\sin(100\pi t + 60°)$ A

图 2-6 正弦量的相量图

$$i_2 = 4\sqrt{2}\sin(100\pi t - 30°) \text{ A}$$
$$u = 220\sqrt{2}\sin(100\pi t + 45°) \text{ V}$$

解：三个正弦量的角频率相同，可以在同一相量图中表示；电流 i_1、i_2 的有向线段的比例应相同，电流 i_1、i_2 与电压 u 的有向线段长度不具有可比性；$i_1 + i_2$ 可以利用相量图来求解，也可以用相量形式进行计算，分别用 $\dot{I}_1$、$\dot{I}_2$、$\dot{U}$ 表示 i_1、i_2、u 的有效值相量。

$$\dot{I}_1 = 3 \angle 60° \text{ A} = 3(\cos60° + \text{j}\sin60°) \text{ A} = 3\left(\frac{1}{2} + \text{j}\frac{\sqrt{3}}{2}\right) \text{ A}$$

$$\dot{I}_2 = 4 \angle -30° \text{ A} = 4[\cos(-30°) + \text{j}\sin(-30°)] \text{ A} = 4\left(\frac{\sqrt{3}}{2} - \text{j}\frac{1}{2}\right) \text{ A}$$

$$\dot{U} = 220 \angle 45° \text{ V} = 220(\cos45° + \text{j}\sin45°) \text{ V} = 220\left(\frac{\sqrt{2}}{2} + \text{j}\frac{\sqrt{2}}{2}\right) \text{ V}$$

相量图如图 2-7 所示，求 $i = i_1 + i_2$ 可用两种方法。

方法一：利用相量图及平行四边形法，可得

$$I = \sqrt{I_1^2 + I_2^2} = \sqrt{3^2 + 4^2} = 5 \text{ A}$$

$$\tan(\phi + 30°) = \frac{I_1}{I_2} = \frac{3}{4}, \phi + 30° = 36.9°, \phi = 6.9°$$

$$\dot{I} = 5 \angle 6.9° \text{ A}, i = i_1 + i_2 = 5\sqrt{2}\sin(\omega t + 6.9°) \text{ A}$$

方法二：利用相量法，可得

$$\dot{I} = \dot{I}_1 + \dot{I}_2 = (3 \angle 60° + 4 \angle -30°) \text{ A}$$
$$= (1.5 + \text{j}2.6 + 3.46 - \text{j}2) \text{ A} = (4.96 + \text{j}0.6) \text{ A}$$
$$i = i_1 + i_2 = 5\sqrt{2}\sin(\omega t + 6.9°) \text{ A}$$

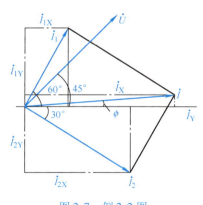

图 2-7 例 2-2 图

运用相量法可以把相量的几何分析转化为代数计算，分析比较复杂的正弦交流电路时，显得更为方便。

2.3 单一元件交流电路

2.3.1 纯电阻电路

实际的交流负载,如白炽灯、卤钨灯、家用电阻炉和工业电阻炉等用电设备,都可看作纯电阻。纯电阻电路以及电压、电流的参考方向如图 2-8a 所示。

1. 电压、电流的关系

以电阻的端电压为参考正弦量,设

$$u = U_m \sin\omega t \tag{2-12}$$

根据欧姆定律有

$$i = \frac{u}{R} = \frac{U_m}{R}\sin\omega t = I_m \sin\omega t \tag{2-13}$$

比较式(2-12) 和式(2-13) 可知:电压与电流同相,并且满足

$$U = IR \quad \text{或} \quad I = \frac{U}{R} \tag{2-14}$$

用相量表示以上电压、电流的关系,即

若

$$\dot{U} = U\angle 0° \tag{2-15}$$

则有

$$\dot{I} = \frac{\dot{U}}{R} = \frac{U}{R}\angle 0° \quad \text{或} \quad \dot{U} = \dot{I}R \tag{2-16}$$

电压、电流的相量图和波形图如图 2-8b、c 所示。对波形图逐点分析,可以看出每一瞬时电流 i 都与电压 u 成正比,i 的波形与 u 同相,相位差 $\varphi = \phi_u - \phi_i = 0$。

2. 功率

(1) 瞬时功率 p

$$p = ui = U_m \sin\omega t I_m \sin\omega t = \frac{U_m I_m}{2} - \frac{U_m I_m}{2}\cos2\omega t \tag{2-17}$$

图 2-8d 是与式(2-17) 相对应的瞬时功率变化曲线,可以从 u 和 i 的波形逐点相乘得出。在一个周期内始终是正值,即 $p \geq 0$,表明电阻总是从电源吸收电能,是耗能元件。

(2) 平均功率 P 瞬时功率总是随时间变化,不利于衡量元件所消耗的功率,在实际应用中通常采用平均功率来计量。平均功率是指在一周期内瞬时功率的平均值,用大写字母 P 表示,单位是瓦(W)或千瓦(kW)。

$$P = \frac{1}{T}\int_0^T p\,dt = \frac{UI}{T}\int_0^T(1-\cos2\omega t)dt$$

$$= UI = I^2R = \frac{U^2}{R} \tag{2-18}$$

式(2-18) 表明,交流电路中电阻消耗的平均功率等于电压、电流有效值的

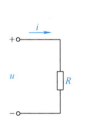

a) 电路图

b) 相量图

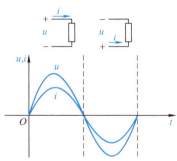

c) 电压、电流波形图

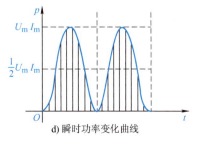

d) 瞬时功率变化曲线

图 2-8 电阻元件交流电路

乘积。

例 2-3　在 C616 型车床电气控制电路中，照明用白炽灯电阻为 216Ω，用 36V 交流电供电，求电路电流 I 和白炽灯的平均功率 P。

解：已知 $U = 36V$，$R = 216Ω$，可得

$$I = \frac{U}{R} = \frac{36V}{216Ω} = 0.167A$$

$$P = UI = 36V × 0.167A = 6W \quad 或 \quad P = I^2R = 0.167^2 × 216W = 6W$$

2.3.2 纯电感电路

电感存在于各种线圈之中，大小用自感系数（也称电感系数，简称电感）L 表示，单位是亨[利]（H）。根据电磁感应原理制成的电感线圈，当流过其中的电流变化时，会产生自感电动势 e_L，根据楞次定律，自感电动势 e_L 与电流的变化率 $\frac{di}{dt}$ 总是相反，用负号"$-$"表示，因此满足 $e_L = -L\frac{di}{dt}$。例如当电流增大时，电流变化率 $\frac{di}{dt} > 0$，产生的自感电动势 $e_L < 0$。

纯电感电路，其电压、电流和自感电动势 e_L 的参考方向如图 2-9a 所示。

1. 电压、电流的关系

根据基尔霍夫电压定律有
$$u + e_L = 0$$

电路电压为
$$u = L\frac{di}{dt} \quad (2-19)$$

设流过电感线圈的电流为
$$i = I_m\sin\omega t \quad (2-20)$$

将式(2-20) 代入式(2-19) 可得

$$u = L\frac{d}{dt}(I_m\sin\omega t) = \omega L I_m\cos\omega t = U_m\sin\left(\omega t + \frac{\pi}{2}\right) \quad (2-21)$$

比较式(2-20) 和式(2-21) 可知，电压超前电流 $\frac{\pi}{2}$，并且满足

$$U = IX_L \quad 或 \quad I = \frac{U}{X_L} \quad (2-22)$$

式中，$X_L = \omega L = 2\pi f L$，称为电感电抗，简称感抗，国际单位制 X_L 的单位是欧[姆]（Ω）。

用相量表示以上电压、电流的关系：

若　　$\dot{I} = I\angle 0°$ 　(2-23)

则有　　$\dot{U} = j\dot{I}X_L$ 　(2-24)

电压、电流的相量图和波形图如图 2-9b、c 所示。对波形图逐点分析，可以看出电压总是超前电流 90°，相位差 $\varphi = \phi_u - \phi_i = 90°$。

在交流电路中，感抗 X_L 反映了电感线圈对电流的阻碍作用。电源频率 f 越高，X_L 越大；f 越低，X_L 越小。在直流

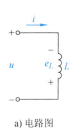

a) 电路图

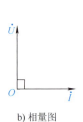

b) 相量图

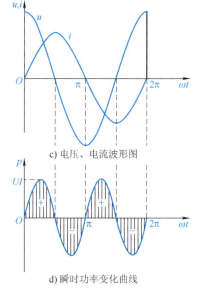

c) 电压、电流波形图

d) 瞬时功率变化曲线

图 2-9　电感元件交流电路

电路中，电源频率 $f=0$，$X_L=0$，纯电感线圈相当于短路。因此，电感元件具有通低频、阻高频的作用，常被称为"低通"元件。

2. 功率

（1）瞬时功率 p

$$p = ui = U_m\sin\left(\omega t + \frac{\pi}{2}\right)I_m\sin\omega t = UI\sin 2\omega t \tag{2-25}$$

图 2-9d 是与式（2-25）相对应的瞬时功率变化曲线，可以从 u 和 i 的波形逐点相乘得出，瞬时功率在一周期内有时为正有时为负。p 为正值表明电感元件正从电源吸收电能转换为磁场能；p 为负值表明电感元件的磁场能正在转换为电能还给电源。

（2）平均功率 P

$$P = \frac{1}{T}\int_0^T p\mathrm{d}t = \frac{1}{T}\int_0^T UI\sin 2\omega t\mathrm{d}t = 0 \tag{2-26}$$

式（2-26）表明纯电感不消耗电能，是储能元件。

（3）无功功率 Q 把瞬时功率的最大值定义为无功功率，用字母 Q 表示，单位是乏（var）或千乏（kvar）。

$$Q = UI = X_L I^2 = \frac{U^2}{X_L} \tag{2-27}$$

无功功率反映了储能元件与电源之间能量相互转换的规模，是储能元件正常工作所必需的。在电工技术中，常把元件实际消耗的平均功率又称为有功功率。

实际交流电路中，电感元件对电流有阻碍作用，而自身又不消耗能量，被广泛用为限流装置。例如荧光灯的镇流器，收音机电路中的高频扼流圈，滤波电路中的滤波电感等。因为绕制线圈的导线总有电阻，很难制成纯电感元件，所以经常将线圈视为纯电阻与纯电感的串联，只有在电阻很小时，才视为纯电感。

例 2-4 假设滤波电路中线圈的电感为 80mH，接在 $u = 220\sqrt{2}\sin 100\pi t$ V 的电源上，求流过线圈的电流 i 和无功功率 Q。若电源频率变为 500Hz（其他值不变），流过线圈的电流值将如何变化？

解：从电压解析式可知：$U = 220$V，$f = 50$Hz

$$X_L = 2\pi fL = 2 \times 3.14 \times 50 \times 80 \times 10^{-3}\Omega = 25.12\Omega$$

$$I = \frac{U}{X_L} = \frac{220\text{V}}{25.12\Omega} = 8.76\text{A}$$

因为电压总是超前电流 $\frac{\pi}{2}$，所以

$$i = 8.76\sqrt{2}\sin\left(100\pi t - \frac{\pi}{2}\right)\text{A}$$

$$Q = UI = 220\text{V} \times 8.76\text{A} = 1927.2\text{var}$$

若 $f = 500$Hz，则有 $X_L = 2\pi fL = 2 \times 3.14 \times 500 \times 80 \times 10^{-3}\Omega = 251.2\Omega$

$$I = \frac{U}{X_L} = \frac{220\text{V}}{251.2\Omega} = 0.876\text{A}$$

由此可知，电源频率增高，感抗增大，电流减小。

2.3.3 纯电容电路

电容与电阻一样，既表示电容器件，又表示元件的参数，用 C 表示，单位是法［拉］（F），还有微法（μF，10^{-6}F）、皮法（pF，10^{-12}F）。电容两极储存的电量与极间电压的关系满足 $q = Cu$。

在交流电路中，电容的充放电过程周而复始地进行，电路电流随极间电压的变化而变化，即

$$i = \frac{dq}{dt} = C\frac{du}{dt} \tag{2-28}$$

纯电容电路，其电压和电流的参考方向如图 2-10a 所示。

1. 电压、电流的关系

设电容的端电压为

$$u = U_m \sin\omega t \tag{2-29}$$

电流为

$$i = C\frac{du}{dt} = C\omega U_m \sin\left(\omega t + \frac{\pi}{2}\right) = I_m \sin\left(\omega t + \frac{\pi}{2}\right) \tag{2-30}$$

比较式（2-29）和式（2-30）可知，电流超前电压 $\frac{\pi}{2}$，并且满足

$$I_m = C\omega U_m = \frac{U_m}{\frac{1}{C\omega}} \quad 或 \quad U = IX_C \tag{2-31}$$

式中，$X_C = \frac{1}{C\omega} = \frac{1}{2\pi f C}$，称为电容电抗，简称容抗，国际单位制 X_C 的单位是欧［姆］（Ω）。

用相量表示以上电压、电流的关系：

若

$$\dot{U} = U\angle 0° \tag{2-32}$$

则

$$\dot{I} = \frac{U}{X_C}\angle 90° \quad 或 \quad \dot{U} = -j\dot{I}X_C \tag{2-33}$$

电压、电流的相量图和波形图如图 2-10b、c 所示。对波形图逐点分析，可以看出电流总是超前电压 90°，相位差 $\varphi = \phi_i - \phi_u = 90°$。

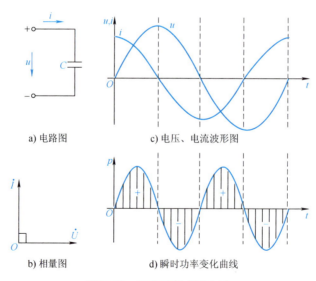

图 2-10 电容元件交流电路

在交流电路中，容抗 X_C 反映了电容对电流的阻碍作用。电源的频率 f 越高，X_C 越小；f 越低，X_C 越大。在直流电路中，电源的频率 $f = 0$，$X_C \to \infty$，纯电容相当于开路。因此，电容元件具有通高频、阻低频的作用，常被称为"高通"元件。

2. 功率

（1）瞬时功率 p

$$p = ui = U_m\sin\omega t I_m\sin\left(\omega t + \frac{\pi}{2}\right) = UI\sin 2\omega t \tag{2-34}$$

图 2-10d 是与式（2-34）相对应的瞬时功率变化曲线，可以看出电容与电感两元件的瞬时功率变化曲线相同，表明纯电容也是储能元件，电容的电场能与电源电能之间存在能量交换。

（2）平均功率 P

$$P = \frac{1}{T}\int_0^T p\,\mathrm{d}t = \frac{1}{T}\int_0^T UI\sin 2\omega t\,\mathrm{d}t = 0 \tag{2-35}$$

（3）无功功率 Q

$$Q = UI = X_C I^2 = \frac{U^2}{X_C} \tag{2-36}$$

例 2-5 容量为 $50\mu F$ 的电容器，接在 $u = 220\sqrt{2}\sin 100\pi t\,V$ 的电源上，求电路中电流 i 的解析式。若电源频率变为 $500Hz$，电路中的电流有什么变化？

解： 从电压表达式可知：$U = 220V$，$f = 50Hz$

$$X_C = \frac{1}{C\omega} = \frac{1}{2\pi fC} = \frac{1}{2\pi\times 50\times 50\times 10^{-6}}\Omega = 63.7\Omega,\quad I = \frac{U}{X_C} = \frac{220V}{63.7\Omega} = 3.45A$$

因为电流总是超前电压 $\pi/2$，所以 $i = 3.45\sqrt{2}\sin\left(100\pi t + \frac{\pi}{2}\right)A$

若 $f = 500Hz$，则有 $X_C = \dfrac{1}{C\omega} = \dfrac{1}{2\pi fC} = \dfrac{1}{2\pi\times 500\times 50\times 10^{-6}}\Omega = 6.37\Omega$

$$I = \frac{U}{X_C} = \frac{220V}{6.37\Omega} = 34.5A$$

$$i = 34.5\sqrt{2}\sin\left(100\pi t + \frac{\pi}{2}\right)A$$

可以看出，电源频率增大，容抗减小，电流增大。

▲▼ 微型大容量记忆电容器 ▲▼

在小型计算机及计数器、手机、MP3、数码相机等新型数字电子电路中，有一种微型超大容量的电容器，称为记忆电容器。它主要作为记忆体的后备电源，用于停机保护。

例如在计算机使用过程中，如果交流电网突然停电，可利用记忆电容器存储的电能，继续给动态存储器刷新供电，使存储器中的数据和程序能保持一段时间，不至于因突然停电而丢失。因此，记忆电容器的功能类似于小型不间断电源，工作电压有 $1.8V$、$2.3V$、$2.4V$ 和 $5.5V$ 四档，标称容量为 $0.22 \sim 22F$ 及 $0.022 \sim 0.47F$ 等多种，外形呈圆柱形、纽扣形及片形，可以是单只电容器，也可以是组合电容器，体积很小，容量却大得惊人。

2.4 R、L、C 串联电路

1. 电压与电流的关系

R、L、C 串联电路的电流、电压及各元件端电压的参考方向，如图 2-11 所示。

设电路电流为参考正弦量，即

$$i = I_m \sin\omega t \tag{2-37}$$

根据单一元件电压与电流的关系，可以写出 R、L、C 的端电压解析式，即

$$u_R = U_{Rm}\sin\omega t = RI_m\sin\omega t \tag{2-38}$$

$$u_L = U_{Lm}\sin(\omega t + 90°) = X_L I_m\sin(\omega t + 90°) \tag{2-39}$$

$$u_C = U_{Cm}\sin(\omega t - 90°) = X_C I_m\sin(\omega t - 90°) \tag{2-40}$$

根据基尔霍夫电压定律可得

$$u = u_R + u_L + u_C = U_m\sin(\omega t + \phi) \tag{2-41}$$

假设该电路 $X_L > X_C$，根据电流和 R、L、C 端电压的解析式作出相量图，如图 2-12 所示。可以看出，$\dot{U}$、$\dot{U}_R$、$(\dot{U}_L + \dot{U}_C)$ 组成一个直角三角形，该直角三角形称为电压三角形，如图 2-13 所示。

由电压三角形可以确定：

$$U = \sqrt{U_R^2 + (U_L - U_C)^2} = \sqrt{(RI)^2 + (X_L I - X_C I)^2} = I\sqrt{R^2 + (X_L - X_C)^2}$$

令

$$|Z| = \frac{U}{I} = \sqrt{R^2 + (X_L - X_C)^2} = \sqrt{R^2 + X^2} \tag{2-42}$$

式中，$|Z|$ 称为阻抗，$X = X_L - X_C$ 称为电抗，阻抗和电抗的单位都是欧 [姆]（Ω）。

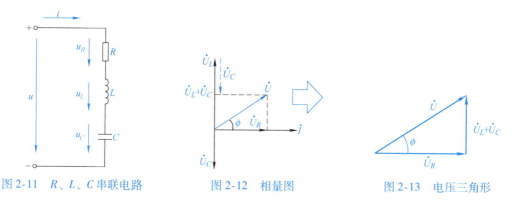

图 2-11　R、L、C 串联电路　　　图 2-12　相量图　　　图 2-13　电压三角形

由图 2-12 所示相量图可以看出，电源电压 u 的初相位 ϕ，就是电源电压与电流的相位差角 φ，并且可得

$$\phi = \arctan\frac{U_L - U_C}{U_R} = \arctan\frac{(X_L - X_C)I}{RI} = \arctan\frac{X}{R} \tag{2-43}$$

电路电流为

$$\dot{I} = I\angle 0°$$

电源电压为 $\dot{U} = \dot{U}_R + \dot{U}_L + \dot{U}_C = R\dot{I} + jX_L\dot{I} + (-jX_C)\dot{I} = [R + j(X_L - X_C)]\dot{I} \tag{2-44}$

令

$$Z = \frac{\dot{U}}{\dot{I}} = R + j(X_L - X_C) = R + jX \tag{2-45}$$

式中，Z 称为电路的复阻抗，阻抗 $|Z|$ 是复阻抗的模，辐角 ϕ 也称阻抗角，与电压电流的相位差角 φ 相同。将电压三角形的每边同时除以 I，得到由 R、X、$|Z|$ 组成的直角三角形，该直角三角形称为阻抗三角形，如图 2-14 所示。复阻抗不是相量，没有相对应的正弦量。

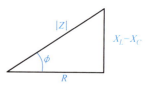

图 2-14　阻抗三角形

下面通过 R、L、C 串联电路，讨论交流电路的性质。

由阻抗三角形和电压三角形可以看出，当 $X_L > X_C$ 时，$U_L > U_C$，电压超前电流 ϕ，此时称电路呈电感性，简称感性电路；当 $X_L < X_C$ 时，$U_L < U_C$，电压滞后于电流 ϕ，电路呈电容性，简称容性电路；当 $X_L = X_C$ 时，$U_L = U_C$，电压与电流同相，电路呈电阻性，简称阻性电路。

2. 功率

（1）瞬时功率 p

$$p = ui = U_m\sin(\omega t + \phi)I_m\sin\omega t = UI[\cos\phi - \cos(2\omega t + \phi)] \tag{2-46}$$

（2）平均功率 P

$$P = \frac{1}{T}\int_0^T ui\mathrm{d}t = \frac{1}{T}\int_0^T UI[\cos\phi - \cos(2\omega t + \phi)]\mathrm{d}t = UI\cos\phi \tag{2-47}$$

由电压三角形可知：

$$U\cos\phi = U_R = IR \tag{2-48}$$

$$P = UI\cos\phi = \dot{U}_R I = I^2 R \tag{2-49}$$

式中，$\cos\phi$ 为电路的功率因数，ϕ 也称为功率因数角。式（2-49）表明，R、L、C 串联电路中，只有电阻消耗功率。

（3）无功功率 Q R、L、C 串联电路中电感、电容的端电压反相，两元件的瞬时功率总是相反，当电感从电源吸收能量时，电容正把电场能还给电源；当电容从电源吸收能量时，电感正把磁场能还给电源，两元件首先进行能量的相互补偿，只有其差值才跟电源进行能量交换，因此电路的无功功率为

$$Q = Q_L - Q_C = I(U_L - U_C) = UI\sin\phi \tag{2-50}$$

（4）视在功率 S 电路电压与电流有效值的乘积称为视在功率，用 S 表示，单位是伏·安（V·A），即

$$S = UI \tag{2-51}$$

视在功率表示电源设备能提供的最大功率。如交流发电机、变压器等，其额定电压 U_N 与额定电流 I_N 的乘积称为额定视在功率 S_N，又称为额定容量，简称容量，即 $S_N = U_N I_N$。

将电压三角形的每边同时乘以 I，得到由 P、Q、S 组成的直角三角形，该直角三角形称为功率三角形，如图 2-15 所示。由功率三角形可知：

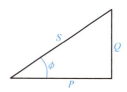

图 2-15 功率三角形

$$\cos\phi = \frac{P}{S}, \quad S = \sqrt{P^2 + Q^2}$$

例 2-6 电路如图 2-16 所示，已知 $R_1 = 1\mathrm{k}\Omega$，$R_2 = 300\Omega$，$L = 0.4\mathrm{H}$，$\omega = 1000\mathrm{rad/s}$，电压表 V_1 的读数为 2V，作出相量图并求其余电压表的读数。

解： 该电路是电阻与电感的串联，相量图如图 2-16b 所示。电阻元件的端电压与电流同相。

设 u_1 为参考正弦量，则

$$\dot{U}_1 = U\angle 0° = 2\mathrm{V}$$

电路电流为

$$I = \frac{U_1}{R_1} = \frac{2\mathrm{V}}{1000\Omega} = 2\times 10^{-3}\mathrm{A}$$

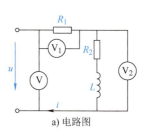

a) 电路图

b) 相量图

图 2-16 例 2-6 图

电流相量为
$$\dot{I} = I\angle 0° = 2 \times 10^{-3} \text{A}$$

R_2 与 L 串联的阻抗为
$$Z = R_2 + jX_L = (300 + j400)\Omega$$

R_2 与 L 的端电压为
$$\dot{U}_2 = \dot{I}Z = 2 \times 10^{-3} \times (300 + j400)\text{V} = 2 \times 10^{-3} \times 500 \angle 53.13° \text{V}$$
$$= 1\angle 53.13° \text{V}(取 1\angle 53.2° \text{V})$$

电路电压为 $\dot{U} = \dot{U}_1 + \dot{U}_2 = (2 + 1\angle 53.2°)\text{V} = 2.72\angle 17.1° \text{V}$

所以电压表 V 的读数为 2.72V，电压表 V_2 的读数为 1V。

例 2-7 在电子线路中，常用电阻与电容串联组成 RC 移相器，使输出电压与输入电压相比，向前或向后移动一定的角度。电路如图 2-17a 所示，总阻抗 $|Z| = 2000\Omega$，接在 $f = 2000\text{Hz}$ 的电源上，输入电压 u_i 与电容端电压 u_C 的夹角为 30°，试求 R、C 的参数。

解：设 i 为参考正弦量，则 $\dot{I} = I\angle 0°$

由相量图可以看出：输入电压与电流的夹角为 $\phi = 60°$
U_R、U_C、U_i 满足电压三角形，对应的 R、X_C、$|Z|$ 满足阻抗三角形，则有

$$R = |Z|\cos\phi = 2000 \times \frac{1}{2}\Omega = 1000\Omega$$

$$X_C = |Z|\sin\phi = 2000 \times \frac{\sqrt{3}}{2}\Omega = 1732\Omega$$

$$C = \frac{1}{\omega X_C} = \frac{1}{2\pi f X_C}$$
$$= \frac{1}{2\pi \times 2000\text{Hz} \times 1732\Omega} = 0.046\mu\text{F}$$

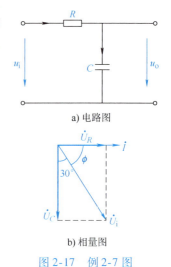

a) 电路图

b) 相量图

图 2-17 例 2-7 图

2.5 阻抗的串联与并联

利用相量图分析简单的交流电路比较直观，对实际复杂的交流电路，阻抗的连接方式多种多样，最简单的是阻抗的串联与并联。下面通过例题具体分析两种连接方式下阻抗计算的特点，了解等效复阻抗的概念。

例 2-8 两个参数为 $R_1 = 3\Omega$，$X_{L1} = 8\Omega$，$R_2 = 3\Omega$，$X_{C2} = 16\Omega$ 的负载，接在电源电压为 $u = 220\sqrt{2}\sin(314t - 45°)\text{V}$ 电路中。(1) 如果负载串联，求各负载的复阻抗，等效复阻抗及阻抗角，电路电流 i 和各负载端电压 u_1、u_2 的瞬时值表达式；(2) 如果负载并联，求等效复阻抗，各支路电流 i_1、i_2 和总电流 i 的瞬时值表达式。

解：(1) 阻抗的串联。两负载串联的电路如图 2-18a 所示。两负载串联的复阻抗可以用一个等效复阻抗 Z 代替，等效电路图如图 2-18b 所示。根据基尔霍夫电压定律可得
$$\dot{U} = \dot{U}_1 + \dot{U}_2 = \dot{I}Z_1 + \dot{I}Z_2 = \dot{I}(Z_1 + Z_2) = \dot{I}Z$$

各负载的复阻抗为 $Z_1 = R_1 + jX_{L1} = (3 + j8)\Omega = 8.54\angle 69.4°\Omega$

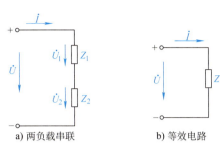

图 2-18 阻抗的串联及等效电路

$$Z_2 = R_2 - jX_{C2} = (3 - j16)\,\Omega = 16.3\,\underline{/-79.4°}\,\Omega$$

等效复阻抗为 $Z = Z_1 + Z_2 = (3 + j8)\,\Omega + (3 - j16)\,\Omega = (6 - j8)\,\Omega = 10\,\underline{/-53.1°}\,\Omega$

阻抗角为 $\phi = \arctan\dfrac{X_{L1} + X_{C2}}{R_1 + R_2} = \arctan\dfrac{-8}{6} = 53.1°$

电路电流为 $\dot{I} = \dfrac{\dot{U}}{Z} = \dfrac{220\,\underline{/-45°}}{10\,\underline{/-53.1°}}\,\text{A} = 22\,\underline{/8.1°}\,\text{A}$

电流瞬时值表达式为 $i = 22\sqrt{2}\sin(314t + 8.1°)\,\text{A}$

负载端电压为 $\dot{U}_1 = \dot{I}Z_1 = 22\,\underline{/8.1°} \times 8.54\,\underline{/69.4°}\,\text{V} = 187.88\,\underline{/77.5°}\,\text{V}$

$\dot{U}_2 = \dot{I}Z_2 = 22\,\underline{/8.1°} \times 16.3\,\underline{/-79.4°}\,\text{V} = 358.6\,\underline{/-71.3°}\,\text{V}$

负载端电压瞬时值表达式为 $u_1 = 187.88\sqrt{2}\sin(314t + 77.5°)\,\text{V}$

$u_2 = 358.6\sqrt{2}\sin(314t - 71.3°)\,\text{V}$

（2）阻抗的并联。两负载的并联电路及等效电路如图 2-19 所示。根据基尔霍夫电流定律可得

$$\dot{I} = \dot{I}_1 + \dot{I}_2 = \dfrac{\dot{U}}{Z_1} + \dfrac{\dot{U}}{Z_2} = \dot{U}\left(\dfrac{1}{Z_1} + \dfrac{1}{Z_2}\right) = \dfrac{\dot{U}}{Z}$$

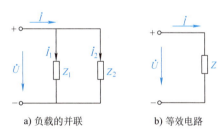

图 2-19 负载的并联及等效电路

等效复阻抗为

$$Z = \dfrac{1}{\dfrac{1}{Z_1} + \dfrac{1}{Z_2}} = \dfrac{Z_1 Z_2}{Z_1 + Z_2}$$

$$= \dfrac{(8.54\,\underline{/69.4°}) \times (16.3\,\underline{/-79.4°})}{10\,\underline{/-53.1°}}\,\Omega$$

$$= \dfrac{139.2\,\underline{/-10°}}{10\,\underline{/-53.1°}}\,\Omega = 13.92\,\underline{/43.1°}\,\Omega$$

电路电流为 $\dot{I} = \dfrac{\dot{U}}{Z} = \dfrac{220\,\underline{/-45°}}{13.92\,\underline{/43.1°}}\,\text{A} = 15.8\,\underline{/-88.1°}\,\text{A}$

各支路电流为 $\dot{I}_1 = \dfrac{\dot{U}}{Z_1} = \dfrac{220\,\underline{/-45°}}{8.54\,\underline{/69.4°}}\,\text{A} = 25.8\,\underline{/-114.4°}\,\text{A}$

$\dot{I}_2 = \dfrac{\dot{U}}{Z_2} = \dfrac{220\,\underline{/-45°}}{16.3\,\underline{/-79.4°}}\,\text{A} = 13.5\,\underline{/34.4°}\,\text{A}$

各电流瞬时值表达式为

$$i_1 = 25.8\sqrt{2}\sin(314t - 114.4°) \text{ A}$$
$$i_2 = 13.5\sqrt{2}\sin(314t + 34.4°) \text{ A}$$
$$i = 15.8\sqrt{2}\sin(314t - 88.1°) \text{ A}$$

综上所述，阻抗的串联、并联与电阻的串联和并联具有相似的形式，只是阻抗要进行复数计算。串联的分压公式和并联的分流公式也与电阻的形式相似，不再赘述。

2.6 功率因数的提高

工农业生产和生活中，大量的用电设备是电感性负载，阻抗角较大，功率因数比较低。如三相异步电动机的功率因数 $\cos\phi$ 一般为 0.6~0.9，荧光灯的功率因数约为 0.5。通常供电系统所带负载的功率因数 $\cos\phi < 1$，只有阻性负载才有 $\cos\phi = 1$。这就意味着整个供电电路存在着无功功率，负载与电源之间存在着能量交换。

功率因数低对电路的影响主要表现在以下两方面：

1）电源设备的容量不能得到充分利用。在额定状态下，电源设备的额定容量 $S_N = U_N I_N$，电源向负载输出的有功功率 $P = S_N \cos\phi$，功率因数 $\cos\phi$ 取决于负载的参数。功率因数越低，电源输出的有功功率越小，造成电源的部分能量以无功功率的形式在电源和负载之间进行转换。如果采取措施提高了整个电路的功率因数，电源就可以向更多负载输出功率，充分利用电源设备的容量，其效果就好像扩建了电厂。

2）在供电线路上的损耗增加。在电源的供电电压和输出功率一定的情况下，供电线路上的电流与用户所带负载的功率因数 $\cos\phi$ 成反比，即 $\cos\phi = \dfrac{P}{UI}$，功率因数 $\cos\phi$ 越低，线路损耗就越大，在线路上的电压降也越大。

可见，提高用户负载的功率因数，不仅可以提高企业本身的经济效益，还可以节约电能，节省资源。提高负载功率因数的前提是不能影响负载原有的工作状态，而是减小无功功率。常用的方法是在电感性负载两端并联电容器，其电路及相量图如图 2-20 所示。

由相量图可以看出，在没有并联电容之前，电路的总电流 $\dot{I} = \dot{I}_1$，功率因数为 $\cos\phi_1$，负载的有功功率 $P = UI_1\cos\phi_1$；并联电

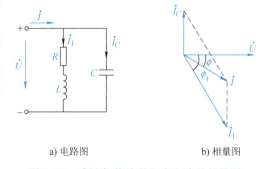

a) 电路图　　b) 相量图

图 2-20　感性负载并联电容电路及相量图

容之后，电路的总电流 $\dot{I} = \dot{I}_1 + \dot{I}_C$，且 $I < I_1$，总电流 I 减小了，在线路上的损耗就会下降，电压与电流的相位差角由 ϕ_1 变为 ϕ，且 $\phi < \phi_1$，所以 $\cos\phi > \cos\phi_1$，说明电路的功率因数提高了。

电容是储能元件，并联的电容对感性负载的无功功率进行补偿，能量互换主要在电容器与感性负载之间进行，感性负载与电源之间能量转换的规模减小，使电源的容量得到充分的利用，而且没有影响负载的有功功率，即

$$P = UI_1\cos\phi_1 = UI\cos\phi \tag{2-52}$$

并联电容的参数 C 应适当选择，如果电容值过大，就会增大投资。如果 $\cos\phi > 0.9$ 以后再增

大电容值，对线路电流的减小作用就不再明显。在功率因数补偿的过程中，感性负载的有功功率 P、无功功率 Q 和功率因数仍保持不变，改变的是整个电路总的无功功率和总的功率因数。

2.7 谐振电路

由电阻、电感和电容组成的正弦交流电路，通常电路的端电压与电流相位不同。如果改变电感、电容的参数或改变电源的频率，使电压与电流同相，工程应用中将电路的这种状态称为谐振。根据元件不同的连接形式，通常分为串联谐振与并联谐振。

在图 2-21a 所示 R、L、C 串联电路中，当 $X_L = X_C$ 时，电路呈阻性，电压与电流同相，此时称电路处于串联谐振状态，相量图如图 2-21b 所示。

电路谐振时的角频率称为谐振角频率，用 ω_0 表示，相应的 f_0 称为电路的谐振频率，故

$$\omega_0 L = \frac{1}{\omega_0 C}$$

$$\omega_0 = \frac{1}{\sqrt{LC}} \quad 或 \quad f_0 = \frac{1}{2\pi\sqrt{LC}} \quad (2\text{-}53)$$

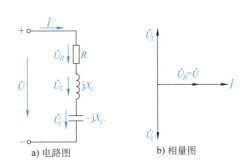

图 2-21 串联谐振电路及相量图

式 (2-53) 表明，谐振频率 f_0 与电阻 R 无关，由元件参数 L、C 决定，反映了串联谐振电路的固有特性，f_0 又称电路的固有频率。当电源频率 $f = f_0$ 时，电路产生谐振现象，此时电路的阻抗称为谐振阻抗，用 Z_0 表示，电路电流称为谐振电流，用 I_0 表示。

串联谐振电路具有以下特点：

1) 电源电压与电流同相位，电路呈阻性。
2) 电抗 $X = X_L - X_C = 0$，谐振阻抗 $Z = R + j(X_L - X_C) = R$，谐振阻抗值最小，谐振电流 I_0 达到最大。
3) $X_L = X_C$，$U_L = U_C$，并且 U_L、U_C 相位相反，因此电源电压等于电阻端电压，即 $U = U_R$。
4) 如果 $X_L = X_C \gg R$，则 $U_L = U_C \gg U$，因此串联谐振又称为电压谐振。

U_L 或 U_C 与电源电压 U 的比值，称为串联谐振电路的品质因数或谐振系数，用 Q 表示，即

$$Q = \frac{U_L}{U} = \frac{U_C}{U} = \frac{X_L}{R} = \frac{X_C}{R} = \frac{\omega_0 L}{L} = \frac{1}{\omega_0 RC} \quad (2\text{-}54)$$

Q 值一般可达几十至几百，此时，$U_L = U_C = UQ$，电感电压和电容电压不能忽视。在电力系统中，往往要避免谐振的发生。如果出现串联谐振现象，会使电感线圈和电容器的端电压过高、回路电流过大，导致元件过热、击穿绝缘等事故发生。在电子和无线电工程中，如果改变电源频率 f 或电路参数 L 与 C 的值，可使电路发生谐振或消除谐振。

▶ 谐振现象与无线电波的接收 ◀

应用"谐振现象"选择信号是电子技术中经常采用的方法。日常生活中我们听广播、看电视能选择不同的电台、电视台，就是借助能选择信号的谐振电路。

半导体收音机的输入电路采用的就是这样的串联谐振电路。收音机的磁棒线圈是天线线圈，

它与空气可变电容器共同组成输入回路，如图 2-22 所示。

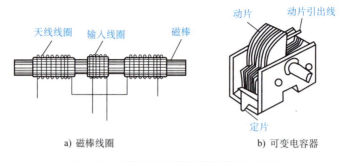

a) 磁棒线圈　　　　　　　b) 可变电容器

图 2-22　收音机的磁棒线圈和可变电容器

收音机通过天线线圈 L_1，接收众多电台发出的各种频率的电磁波，经过感应耦合，在线圈 L_2 中产生相应的感应电动势 e_1、e_2、e_3、…，这些感应电动势可等效为频率是 f_1、f_2、f_3、… 的交流电压源，收音机输入电路如图 2-23 所示。线圈 L_2 可以看作 R、L 的串联，可变电容 C 与 L_2 组成 RLC 串联谐振电路。如果改变电容 C 或电感 L_2，使电路的谐振频率与电台发射电磁波的频率相同，该频率的电磁波信号在串联谐振电路中的电流最大，在可变电容器两端获得较高的输出电压，从而收听到该电台的广播。

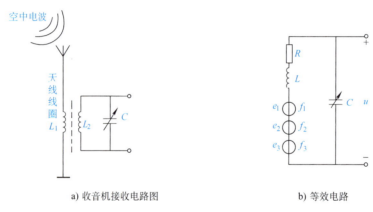

a) 收音机接收电路图　　　　　　b) 等效电路

图 2-23　收音机输入电路

例如，中国之声发射固定频率 540kHz 的电磁波信号，调节收音机的调台旋钮，其实就是改变可调电容器的电容，当电容改变到使电路谐振频率正好是 540kHz 时，电路就产生了谐振，于是就能选听到中央人民广播电台的节目。

情 境 总 结

1. 正弦交流电的基础：正弦量的三要素即最大值、角频率和初相。最大值是有效值的 $\sqrt{2}$ 倍。同频率正弦量的相位关系包括超前、滞后、同相和反相。

2. 正弦交流电的表示：有三角函数式、波形图、相量图和相量等多种表示形式。

3. 单一元件交流电路：交流电路电压与电流的关系都可以统一为 $\dot{U} = \dot{I}Z$。

4. R、L、C 串联电路中有

电压为　　　　　　　　　$u = u_R + u_L + u_C$　　$\dot{U} = \dot{U}_R + \dot{U}_L + \dot{U}_C$

阻抗为 $Z = R + j(X_L - X_C)$，$|Z| = \sqrt{R^2 + (X_L - X_C)^2}$

有功功率为 $P = UI\cos\phi = U_R I = I^2 R$ 　　无功功率为 $Q = Q_L - Q_C = UI\sin\phi$

视在功率为 $S = UI$ 　　电源设备的额定容量为 $S_N = U_N I_N$

5. 电路的性质及阻抗串并联。

感性电路：电压超前电流 ϕ。容性电路：电压滞后电流 ϕ。阻性电路：电压与电流同相。阻抗的串联：$Z = Z_1 + Z_2 + \cdots + Z_i$。阻抗的并联：$\dfrac{1}{Z} = \dfrac{1}{Z_1} + \dfrac{1}{Z_2} + \cdots + \dfrac{1}{Z_i}$。

6. 功率因数的提高：其常用方法是在感性负载两端并联电容器，感性负载的 P、Q 和 $\cos\phi$ 保持不变，整个电路的总电流和总无功功率减小，总的功率因数提高了。

7. 谐振是电路电压与电流同相的状态，有串联谐振和并联谐振两种形式。

习题与思考题

2-1　已知正弦交流电压和电流分别为 $u = 220\sqrt{2}\sin 314t$ V，$i = 5\sin(628t - 60°)$ A。（1）求电压和电流的最大值、有效值、相位和初相；（2）能否确定两正弦量的相位关系？

2-2　写出下列正弦量相对应的相量。

(1) $i_1 = 20\sin(314t - 30°)$ A 　　(2) $i_2 = 6\sqrt{2}\sin(314t + 60°)$ A

(3) $e = 311\sin(314t - 120°)$ V 　　(4) $u = 380\sqrt{2}\sin(314t + 120°)$ V

2-3　写出下列相量相对应的正弦量（设角频率为 ω）。

(1) $\dot{U} = 60\angle 53.1°$ 　　(2) $\dot{I} = 6 + j8$ 　　(3) $\dot{I} = 6 - j8$

(4) $\dot{U} = 6(\cos 45° + j\sin 45°)$ 　　(5) $\dot{I} = 12e^{j90°}$

2-4　正弦交流电路中某线性元件，其端电压和通过的电流表示如下，试分别判断元件的性质。

(1) $\dot{U} = 6(\cos 45° - j\sin 45°)$ V，$\dot{I} = 2[\cos(-45°) + j\sin(-45°)]$ A

(2) $u = 18\cos 2\pi t$，$i = -6\sin 2\pi t$

2-5　一个电阻可以忽略的线圈，其电感为 275mH，接到 $u = 220\sqrt{2}\sin 314t$ V 的电源上，试求通过线圈的电流最大值。

2-6　一只参数为 $0.1\mu F$ 的电容，工作电压 $u_C = 10\sqrt{2}\sin(200\pi t + 30°)$ V，试求该电容的容抗 X_C 和工作电流的相量 $\dot{I}$。

2-7　一个线圈接在 9V 的直流电源上，通过线圈的电流是 3A，如果接在工频有效值为 12V 的交流电源上，通过线圈的电流是 2.4A，试求这个线圈的参数 R、L 的值。

2-8　电路如图 2-24 所示，电压表 V_1 的示数为 60V，V_2 的示数为 80V，试求电压表 V 的示数。

2-9　电路如图 2-24a 所示，电压表 V 的示数保持不变。若增大 R 的数值，电压表 V_1、V_2 的示数将如何改变？如果改变电源频率呢？

2-10　电路如图 2-25 所示，电流表 A_1 的示数为 3A，A_2 的示数为 4A，试求电流表 A 的示数。

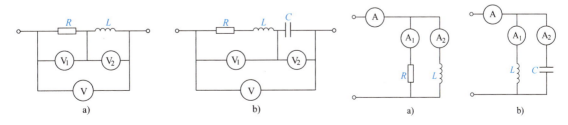

图 2-24　题 2-8、题 2-9 图 　　　　图 2-25　题 2-10、题 2-11 图

2-11　电路如图 2-25a 所示，电源电压有效值不变的情况下，若增大 L 的数值，电流表 A_1、A_2 的示数将如何改变？如果改变电源频率呢？

2-12　R、L、C 串联后负载呈容性，已知电源电压有效值为 50V，电阻端电压为 40V，电感端电压为 60V，试求电容的端电压。

2-13　R、L、C 串联接到 $u = 220\sqrt{2}\sin(314t+30°)$V 的电源上，$R=50\Omega$，$L=275$mH，$C=0.1\mu$F。试求：(1) 电路的复阻抗、阻抗和阻抗角；(2) 电流的有效值；(3) 整个电路的有功功率、无功功率和视在功率。

2-14　如图 2-26 所示，已知电源电压为 $u=100\sqrt{2}\sin314t$V，$I=I_C=I_L$，电路消耗功率 $P=866$W，试求各支路电流和总电流的瞬时值表达式（提示：$\dot{I}=\dot{I}_C=\dot{I}_L$ 组成等边三角形）。

2-15　实验室测定电感线圈的参数，常采用图 2-27 所示电路。W 为功率表，内部有与负载串联的电流线圈和与负载并联的电压线圈，可以测量负载消耗的功率。测量数据为：电压表的示数为 220V，电流表的示数为 5A，功率表的示数为 880W，求此线圈的参数 R、L。

2-16　如图 2-28 所示 RC 移相器，已知 $C=0.04\mu$F，$R=10$kΩ，输入电压 $U_i=2.4$V，$f=40$kHz，输出电压 u_o 与输入电压 u_i 之间的相位角为 ϕ。求输出电压 u_o 和相位角 ϕ。

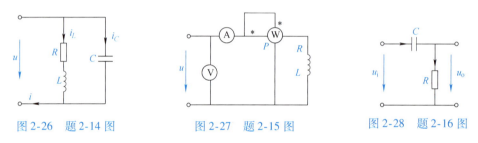

图 2-26　题 2-14 图　　　　图 2-27　题 2-15 图　　　　图 2-28　题 2-16 图

2-17　如图 2-29 所示交流电路，电源电压为 u，从 a 到 g 的每条支路中，均有一盏电阻为 R 的白炽灯，与单一元件 R、L、C 及其串联组合相连接，并且满足关系 $R=X_L=X_C$，试比较每条支路白炽灯的亮度。如果将电源改为直流电，再比较一次。

2-18　荧光灯电路可以看作灯管与镇流器的串联，如图 2-30 所示。某实验小组测得电源电压为 225V，镇流器电阻 $R_{镇}=35\Omega$，镇流器端电压为 205V，灯管的端电压为 65V，工作电流为 0.4A。试求：(1) 荧光灯管的电阻 $R_{灯}$，镇流器的电感 L，电路总的有功功率 P 和功率因数；(2) 如果将功率因数提高到 0.9，应并联多大的电容？

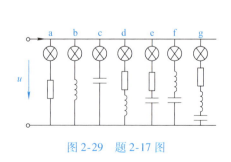　　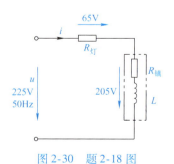

图 2-29　题 2-17 图　　　　　　　图 2-30　题 2-18 图

学习情境3
三相交流电路分析

教学目标

知识目标：
- 了解三相交流电、相电压、线电压、相电流和线电流的基本概念。
- 理解三相电源和三相负载的两种连接方式、中性线的作用，以及与连接方式相对应的线电压、相电压，线电流、相电流之间的关系。
- 掌握三相电路功率的计算。

技能目标：
- 学会功率表的使用。
- 学会三相电能表的安装。
- 学会接地电阻测量仪的使用。

素质目标：
- 弘扬爱国主义精神，学习大国工匠精神和劳模精神。
- 促进学生德技并修。

▶ 大国工匠：以凡人之躯，守护祖国光明 ◀

2022年4月27日，由中华全国总工会主办的首届大国工匠创新交流大会在深圳拉开帷幕。全国劳动模范、国网无锡供电公司电缆运检室主任何光华分享了她从工人成长为工匠的人生轨迹。"要敢于直面困难，多多地去尝试。"何光华经常这样轻描淡写地讲述她遇到过的困难，而遇到难题迎难而上，动手去解决、去创造，这正是何光华多年来在技术精进道路上的执着态度。

20年前，参加工作才两年的何光华成为一名电缆班技术员，当时班里只有8个人，且电缆专业不分输电和配电，加上电缆载流量大故障频发，组员们几乎天天晚上都要出去抢修。由于没有故障探测车，查找故障点十分困难，大家非常辛苦。何光华回忆道："作为班组技术员、班内唯一的大学生，当时我心里很焦灼，压力很大。"

高压电缆（图3-1）是祖国的"电力主动脉"，电缆接头是业界公认的最薄弱环节，每次故障，经济损失大，检修耗时耗力。2006年起，何光华带领团队挑战不可能，开始了电缆整段无损敷设技术研究。历时8年的研发之路，经过上千次实验，终获成功。2014年，何光华团队在全球首创"高落差高压电缆线路无损施工技术"。

图3-1　遍布祖国各地的高压电缆

这项填补了世界空白的技术，在2019年获得国家科技进步二等奖，成为当年国家电网公司唯一一项工人、农民技术创新组获奖成果。现在，这项技术不仅在全国电力、石油、钢铁和化工等各行业规模化应用，还成功输出到德国、俄罗斯、新加坡及"一带一路"沿线十多个国家，已在海内外创造了超11亿元人民币的经济效益。

2022年3月，何光华又获全国三八红旗手荣誉称号。一项项荣誉为她的执着创新注入更多动力，何光华带领年轻的同事们不断成长。如今，她的团队涌现出江苏省技术能手2个、无锡市五一创新能手1个，以她为核心的劳模创新工作室已成为一个高学历、高技能和创新型的新时代产业工人集聚地。

3.1　三相交流电源

现代电力系统中，电能的产生、输送和分配，普遍采用三相正弦交流电路。三相交流电路之所以获得广泛应用，是因为它和单相交流电路相比具有下列优点：

1）三相交流发电机比同容量的单相交流发电机节省材料、体积小且效率高。

2）远距离输电更为经济，电能损耗小，节约了导线的使用量。在输送功率、电压、距离和线损相同的情况下，三相输电用铝仅是单相的75%。

3）三相电机和电器在结构和制造上工艺简单、工作性能优良、使用可靠。

三相交流电源是由三相交流发电机利用电磁感应原理，将机械能转变为电能产生的一个对称的三相电源。三相交流发电机主要由定子（电枢）和转子（磁极）组成。定子上装有三个几何形状、尺寸和匝数都相同，并且在空间上彼此间隔120°的绕组U、V、W，其中U_1、V_1、W_1称为始端，U_2、V_2、W_2称为末端，如图3-2所示。

由原动机拖动的转子磁极以角速度ω匀速旋转时，三相绕组切割磁感线，感应出随时间按正弦规律变化的电动势，并且频率相同、幅值相等、彼此间的相位差为120°。如果以U相的电动势为参考正弦量，则三相电动势分别为

$$e_U = E_m \sin\omega t \tag{3-1}$$

$$e_V = E_m \sin(\omega t - 120°) \tag{3-2}$$

$$e_W = E_m \sin(\omega t + 120°) \tag{3-3}$$

相量形式表示为

$$\dot{E}_U = E_U \underline{/0°} \tag{3-4}$$

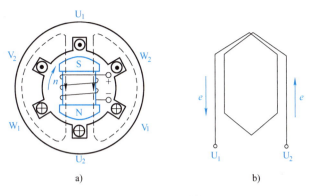

图 3-2 三相交流发电机结构原理图

$$\dot{E}_\mathrm{V} = E_\mathrm{V} \angle -120° \tag{3-5}$$

$$\dot{E}_\mathrm{W} = E_\mathrm{W} \angle +120° \tag{3-6}$$

波形图和相量图如图 3-3 所示。

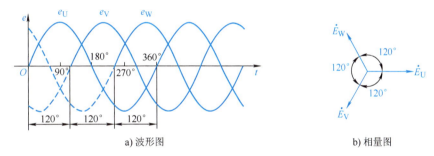

图 3-3 三相对称电动势波形图和相量图

可以看出，三相对称电动势的瞬时值之和或相量之和均为零，即

$$e_\mathrm{U} + e_\mathrm{V} + e_\mathrm{W} = 0 \text{ 或 } \dot{E}_\mathrm{U} + \dot{E}_\mathrm{V} + \dot{E}_\mathrm{W} = 0 \tag{3-7}$$

由于发电机绕组的阻抗很小，可以略去在绕组上的电压降，所以一般认为三相电源的各相电压与各相的电动势大小相等、方向相反。三相电动势是对称的，因此三个相电压也对称，即频率相同、大小相等且相位互差120°，瞬时值及相量的关系满足

$$u_\mathrm{U} + u_\mathrm{V} + u_\mathrm{W} = 0 \text{ 或 } \dot{U}_\mathrm{U} + \dot{U}_\mathrm{V} + \dot{U}_\mathrm{W} = 0 \tag{3-8}$$

通常把三相交流电源产生的三个相电压依次达到最大值的先后次序称为相序。相序为 U-V-W 称为顺相序，而 U-W-V 称为逆相序。图 3-2 中所示绕组为顺相序。

3.2 三相电源的连接

3.2.1 三相电源的星形联结

将三相电源的末端 U_2、V_2、W_2 连接在一起，从三个始端 U_1、V_1、W_1 引出三条输电线，这种连接方式称为三相电源的星形（Y）联结，如图 3-4 所示。三条输电线称为相线或端线，用 L_1、L_2、L_3 表示；U_2、V_2、W_2 的联结点称为中性点，从中性点引出的导线称为中性线，用 N 表示。如果中性点接地，中性线又称为零线。电源的这种供电方式称为三相四线制，通常在低压供电网中采用。

相线与中性线之间的电压称为相电压，如 u_U、u_V、u_W。相线与相线之间的电压称为线电压，如 u_{UV}、u_{VW}、u_{WU}。根据基尔霍夫电压定律，相电压与线电压的相量关系为

$$\dot{U}_{UV} = \dot{U}_U - \dot{U}_V \tag{3-9}$$

$$\dot{U}_{VW} = \dot{U}_V - \dot{U}_W \tag{3-10}$$

$$\dot{U}_{WU} = \dot{U}_W - \dot{U}_U \tag{3-11}$$

相量图如图 3-5 所示。可以看出：星形联结的三相电源，相电压与线电压都是对称的，且线电压的相位超前相应的相电压 30°，线电压的有效值是相电压有效值的 $\sqrt{3}$ 倍。若线电压有效值用 U_L 表示，相电压有效值用 U_P 表示，则有

$$U_L = \sqrt{3} U_P \tag{3-12}$$

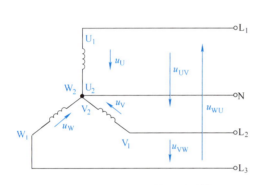

图 3-4 三相电源的星形联结

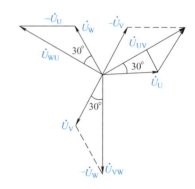

图 3-5 三相对称电压的相量图

三相电源星形联结在供电时，可以提供两种电压，即线电压和相电压。如 380V/220V，表示线电压为 380V，相电压为 220V。负载可根据额定电压值进行选择。

3.2.2 三相电源的三角形联结

将三相绕组的始末端依次首尾相连，形成一个闭合的三角形，并从连接点引出三条相线 L_1、L_2、L_3，这种连接方式称为三角形（△）联结，如图 3-6 所示。

三角形联结的三相电源，其供电方式为三相三线制，可以看出，线电压等于相电压，即

$$U_L = U_P \tag{3-13}$$

值得注意的是，三相电源作三角形联结时，三相绕组形成一个闭合回路，若连接正确，则 $\dot{U}_U + \dot{U}_V + \dot{U}_W = 0$，即回路中的电流为零；若三相绕组连接不正确，则 $\dot{U}_U + \dot{U}_V + \dot{U}_W \neq 0$，绕组的内阻又很小，会在电源内部引起较大的环流，将电源设备烧毁。因此在实际应用中，三相绕组通常接成星形。

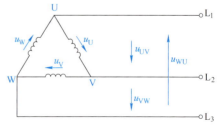

图 3-6 三相电源的三角形联结

3.3 三相负载的连接

三相交流电路中负载的连接也有两种,即星形(Y)联结和三角形(△)联结。在负载与电源连接时,无论采用哪种连接方式,应使电源的相电压等于负载的额定相电压,才能确保负载的正常工作。

3.3.1 三相负载的星形联结

将三相负载的一端连接在一起,与电源的中性线相连接;三相负载的另一端分别与电源的三条相线相连接,负载的这种连接方式称为星形联结,如图3-7所示。

图中 N′为负载的中性点,Z_U、Z_V、Z_W 为各相负载的等效复阻抗。若三相负载的等效复阻抗相等 $Z_U = Z_V = Z_W$,即阻抗值大小相等、辐角相同,则称为三相对称负载,例如三相交流异步电动机、三相电阻炉等。若三相负载的等效复阻抗不相等,则称为三相不对称负载,例如照明电路。

1. 相电压与线电压的关系

负载两端的电压称为负载的相电压(U_P),任意两根相线之间的电压称为负载的线电压(U_L)。如果忽略输电线上的电压降,由图3-7可以看出,负载的相电压等于电源的相电压,负载的线电压就是电源的线电压,而且线电压和相电压之间也满足$\sqrt{3}$倍的关系,线电压超前相应的相电压30°,即

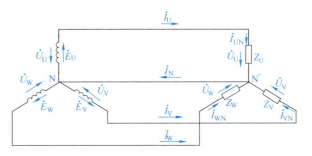

图3-7 三相负载的星形联结

$$U_L = \sqrt{3}\, U_P \qquad (3\text{-}14)$$

2. 相电流与线电流的关系

每相负载中流过的电流称为相电流(I_P),分别用 $\dot{I}_{UN}$、$\dot{I}_{VN}$、$\dot{I}_{WN}$ 表示。每根相线中流过的电流称为线电流(I_L),分别用 $\dot{I}_U$、$\dot{I}_V$、$\dot{I}_W$ 表示。由图3-7可以看出,线电流与相应的相电流相等,即

$$I_L = I_P \qquad (3\text{-}15)$$

3. 中性线电流

中性线中流过的电流称为中性线电流,用 $\dot{I}_N$ 表示。由 KCL 可知

$$\dot{I}_N = \dot{I}_{UN} + \dot{I}_{VN} + \dot{I}_{WN}$$

当三相负载对称时,由于三相的相电压对称,因此三相的相电流也对称,即 $I_{UN} = I_{VN} = I_{WN}$,$\varphi_U = \varphi_V = \varphi_W$,由图3-8所示相量图可知,中性线电流为零,即

$$\dot{I}_N = \dot{I}_{UN} + \dot{I}_{VN} + \dot{I}_{WN} = 0 \qquad (3\text{-}16)$$

式(3-16)表明,采用三相四线制为三相对称负载供电,中性线不起作用,即使去掉,也不会影响电路的正常工作,因此,可改用三相三线制供电,如图3-9所示。在实际应用中,交流高压输电线路、工厂中广泛使用的三相交流电动机和三相电炉等一般采用三相三线制。

在图 3-9 中，三个相电流都流入中性点，而又没有中性线，电流怎样形成回路？原因是 $\dot{I}_{UN} + \dot{I}_{VN} + \dot{I}_{WN} = 0$，同时还可以通过三个相电流的波形图加以分析。由图 3-10 可以看出，在任一时刻，其中任一相电流恰好与其他两相电流之和大小相等、方向相反。这样三条相线和电源相互构成电流回路，而不通过中性线。

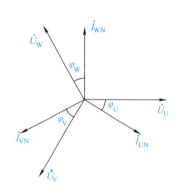

图 3-8 三相对称负载星形联结电流的相量图

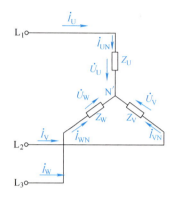

图 3-9 对称负载的三相三线制连接

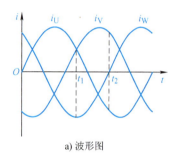

a) 波形图

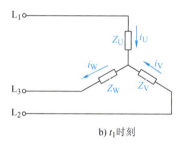

b) t_1 时刻

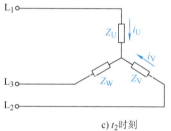

c) t_2 时刻

图 3-10 三相电流的流通情况

例 3-1 图 3-11 所示的三相四线制供电系统，线电压为 380V，每相接入一组白炽灯，灯的额定电压是 220V，灯组的等效电阻 $R = 200\Omega$，试计算：

1) 各相负载的相电压和相电流的大小。
2) 如果 L_1 相灯组断开，其他两相负载的相电压和相电流的大小。
3) 如果 L_1 相灯组短路，其他两相负载的相电压和相电流的大小。

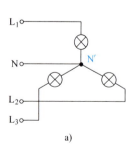

a)

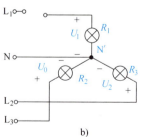

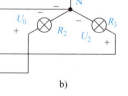

b)

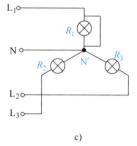

c)

图 3-11 例 3-1 图

解：1）对于三相对称负载，三个相电压和相电流都是对称的，只需求出任意一相即可。负载的相电压为

$$U_U = U_V = U_W = U_P = \frac{1}{\sqrt{3}} U_L = \frac{380}{\sqrt{3}} \text{V} = 220 \text{V}$$

负载的相电流为

$$I_P = \frac{U_P}{R} = \frac{220}{200} \text{A} = 1.1 \text{A}$$

2）当 L_1 相灯组断开时，如图 3-11b 所示。与 L_2、L_3 相连接的负载，端电压仍为相电压，仍能正常工作，相电压和相电流的数值与 L_1 相灯组没有断开时相同。

3）当 L_1 相灯组短路时，如图 3-11c 所示。与 L_1 相连接的保险装置会使 L_1 断开，与 L_2、L_3 相连接的负载仍能正常工作，相电压和相电流数值与 L_1 没有断开时相同。

例 3-2 在例 3-1 中，若去除中性线，试重新计算 1）、2）、3）。

解：1）若去除中性线，正常情况下的三相四线制供电系统变为三相三线制，如图 3-12 所示。每相的相电压和相电流大小仍同上题。

2）去除中性线后，若 L_1 相灯组断开，则 R_2、R_3 灯组串联在 L_2、L_3 之间，承受 380V 的线电压，因 $R_2 = R_3$，故此时每相灯组承受的电压为

$$U_2 = U_3 = \frac{1}{2} U_L = \frac{380}{2} \text{V} = 190 \text{V}$$

电流为

$$I_2 = I_3 = \frac{U_2}{R_2} = \frac{190}{200} \text{A} = 0.95 \text{A}$$

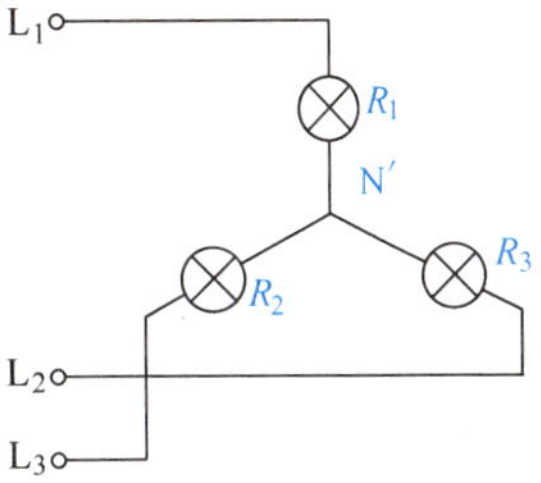

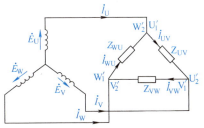

图 3-12 例 3-2 图

因 R_2、R_3 灯组两端电压低于额定电压 220V，因此 R_2、R_3 灯组变暗。

3）去除中性线后，若 L_1 相灯组短路，在瞬间 R_2、R_3 分别接在相线 L_1L_2、L_1L_3 之间，灯组两端的电压均为 380V，通过的电流均为（380/200）A = 1.9A，两灯组迅速变亮，即刻烧坏。

由以上两例可见，对三相不对称负载，去除中性线而采用三相三线制供电时，虽然电源电压对称，但负载的端电压不对称，势必会引起因相电压高于负载的额定电压而损坏；或因相电压低于负载的额定电压而不能正常工作。因此实际应用中，对于三相不对称负载必须采用三相四线制供电，并且在中性线上不允许安装开关和熔断器。

3.3.2 三相负载的三角形联结

把三相负载依次首尾相连，再将三个连接点分别接到电源的端线上，这种连接方式称为三相负载的三角形联结，如图 3-13 所示。图中 Z_{UV}、Z_{VW}、Z_{WU} 为各相负载的等效复阻抗；$\dot{i}_{UV}$、$\dot{i}_{VW}$、$\dot{i}_{WU}$ 和 $\dot{i}_U$、$\dot{i}_V$、$\dot{i}_W$ 分别为各相负载的相电流和线电流。

由图 3-13 可以看出，各相负载的相电压与电源的线电压相等，即

$$U_{UV} = U_{VW} = U_{WU} = U_L = U_P \quad (3-17)$$

各相负载的相电流为

图 3-13 负载的三角形联结

$$\dot{I}_{UV} = \frac{\dot{U}_{UV}}{Z_{UV}} \qquad (3\text{-}18)$$

$$\dot{I}_{VW} = \frac{\dot{U}_{VW}}{Z_{VW}} \qquad (3\text{-}19)$$

$$\dot{I}_{WU} = \frac{\dot{U}_{WU}}{Z_{WU}} \qquad (3\text{-}20)$$

根据基尔霍夫电流定律，线电流满足

$$\dot{I}_U = \dot{I}_{UV} - \dot{I}_{WU} \qquad (3\text{-}21)$$

$$\dot{I}_V = \dot{I}_{VW} - \dot{I}_{UV} \qquad (3\text{-}22)$$

$$\dot{I}_W = \dot{I}_{WU} - \dot{I}_{VW} \qquad (3\text{-}23)$$

图 3-14 为三相对称负载三角形联结时的电流相量图，可以看出，线电流与相电流都是对称的，线电流滞后于相应的相电流 30°，线电流等于相电流的 $\sqrt{3}$ 倍，即

$$I_L = \sqrt{3} I_P \qquad (3\text{-}24)$$

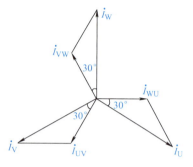

图 3-14　三相对称负载电流相量图

3.4　三相交流电路的功率

3.4.1　三相交流电路功率计算

三相交流电路总的有功功率等于各单相电路有功功率之和，即

$$P = P_1 + P_2 + P_3$$

当三相负载对称时，每相的有功功率相等，设每相的功率因数角为 φ_P，总的有功功率为

$$P = 3P_P = 3U_P I_P \cos\varphi_P \qquad (3\text{-}25)$$

当三相对称负载星形联结时，将 $U_P = U_L/\sqrt{3}$ 和 $I_P = I_L$ 代入式（3-25）中，有

$$P = \sqrt{3} U_L I_L \cos\varphi_P \qquad (3\text{-}26)$$

当三相对称负载三角形联结时，将 $U_P = U_L$ 和 $I_P = I_L/\sqrt{3}$ 代入式（3-25）中，有

$$P = \sqrt{3} U_L I_L \cos\varphi_P \qquad (3\text{-}27)$$

由式（3-26）和式（3-27）可以看出，三相对称负载的星形联结和三角形联结总的有功功率的计算公式一样。在实际应用中，由于三相电路中的线电压和线电流比较容易测量，所以通常多用式（3-26）或式（3-27）来计算有功功率。

同理，三相对称负载的无功功率和视在功率为

$$Q = \sqrt{3} U_L I_L \sin\varphi_P \qquad (3\text{-}28)$$

$$S = 3U_P I_P = \sqrt{3} U_L I_L = \sqrt{P^2 + Q^2} \qquad (3\text{-}29)$$

例 3-3　已知三相三线制电源的线电压为 380V，每相负载的复阻抗 $Z = 10\angle 30°\ \Omega$，求三相负载 Y 联结和 △ 联结时的有功功率。

解：负载 Y 联结时，

相电压为

$$U_P = \frac{U_L}{\sqrt{3}} = \frac{380}{\sqrt{3}} V = 220 V$$

线电流为 $$I_L = I_P = \frac{220}{10}\text{A} = 22\text{A}$$

相电压与相电流的相位差为30°。

三相有功功率为 $$P = \sqrt{3}\,U_L I_L \cos\varphi_P = \sqrt{3} \times 380 \times 22 \times \frac{\sqrt{3}}{2}\text{W} = 12.54\text{kW}$$

负载△联结时，

相电流为 $$I_P = \frac{380}{10}\text{A} = 38\text{A}$$

线电流为 $$I_L = \sqrt{3}\,I_P = 38\sqrt{3}\,\text{A}$$

三相有功功率为 $$P = \sqrt{3}\,U_L I_L \cos\varphi_P = \sqrt{3} \times 380 \times 38\sqrt{3} \times \frac{\sqrt{3}}{2}\text{W} = 37.5\text{kW}$$

可以看出，电源电压一定时，负载的连接方式不同，消耗的功率也不同。因此，实际应用中，负载的连接方式不能随意选择。

3.4.2 三相负载的功率测量

1. 三相四线制供电，负载星形联结（即丫联结）

对于三相不对称负载，用三个单相功率表测量，测量电路如图3-15所示，三个单相功率表的读数为 W_1、W_2、W_3，则三相功率 $P = W_1 + W_2 + W_3$，这种测量方法称为三功率表法。

对于三相对称负载，用一个单相功率表测量即可，若功率表的读数为 W，则三相功率 $P = 3W$，称为一功率表法。

2. 三相三线制供电

三相三线制供电系统中，不论三相负载是否对称，也不论负载是丫联结还是△联结，都可用二功率表法测量三相负载的有功功率。这是用单相功率表测量三相三线制电路功率的最常用的方法，测量电路如图3-16所示，若两个功率表的读数为 W_1、W_2，则三相功率 $P = W_1 + W_2$。

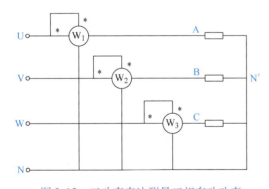

图3-15 三功率表法测量三相有功功率

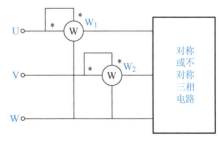

图3-16 二功率表法测量三相有功功率

情 境 总 结

1. 三相对称电源的大小相等、频率相同，相位互差120°。
2. 三相交流电路的电源和负载有星形和三角形两种接法。

三相负载星形联结： $I_L = I_P$, $U_L = \sqrt{3}\,U_P$

三相对称负载三角形联结： $U_L = U_P$, $I_L = \sqrt{3}\,I_P$

3. 三相对称交流电路的功率。

有功功率为 $P = \sqrt{3}\, U_L I_L \cos\varphi_P$

无功功率为 $Q = \sqrt{3}\, U_L I_L \sin\varphi_P$

视在功率为 $S = \sqrt{3}\, U_L I_L = \sqrt{P^2 + Q^2}$

习题与思考题

3-1 三相四线制供电电路中，中性线有何作用？

3-2 三相对称负载星形联结时，中性线可以省去，三个相电流都流向中性点，电流从哪里流出？

3-3 某教学楼照明电路发生了故障，第二层和第三层的所有电灯突然暗下来，只有第一层的电灯亮度没有改变，试问这是什么原因？同时发现第三层的电灯比第二层的还要暗些，这又是什么原因？你能说出此教学楼的照明电路是按何种方式连接的吗？这种连接方式符合照明电路安装原则吗？

3-4 有一三相对称负载，每相电阻 $R = 8\Omega$，感抗 $X_L = 6\Omega$，接到线电压为 380V 的三相对称电源上，求：(1) 负载采用星形联结时的相电流、线电流和有功功率；(2) 负载采用三角形联结时的相电流、线电流和有功功率，并比较两种接法的结果。

3-5 三相电阻炉每相电阻 $R = 8.68\Omega$。(1) 三相电阻采用Y联结，接在线电压 380V 的对称电源上，求电阻炉从电网吸收了多少功率；(2) 如果改为△联结，电阻炉从电网吸收的功率又是多少？

3-6 三相对称负载 $Z = (3 + j4)\Omega$，电源线电压为 $\dot{U}_{UV} = 380\underline{/30°}$ V。(1) 若采用三相四线制星形联结，计算负载各相电流 $\dot{I}_U$、$\dot{I}_V$、$\dot{I}_W$，负载各相电压 $\dot{U}_U$、$\dot{U}_V$、$\dot{U}_W$；(2) 若采用三角形联结，计算负载相电流 $\dot{I}_{UV}$、$\dot{I}_{VW}$、$\dot{I}_{WU}$，负载线电流 $\dot{I}_U$、$\dot{I}_V$、$\dot{I}_W$。

学习情境4
电力系统与安全用电

教学目标

知识目标：
- 理解电力系统的组成、电力网与电力传输和工业企业配电。
- 掌握触电的有关知识。
- 了解保护接地与保护接零。
- 熟悉安全操作规程。

技能目标：
- 学会常用电工工具的使用。
- 学会常用导线的连接。
- 学会高、低压验电器的使用。
- 学会常用安全防护用具的使用。
- 学会触电急救模拟。

素质目标：
- 加强中华优秀传统文化知识教育和社会主义核心价值观教育，了解祖国电力建设现状。
- 弘扬精益求精的专业精神、职业精神和工匠精神，促进学生德技并修。

▶举世瞩目的大型水利电力工程——三峡水电站◀

电力系统的建设规模和技术高低已经成为一个国家经济发展水平的标志之一。我国电力建设日新月异，繁荣昌盛。

三峡水电站，即长江三峡水利枢纽工程，又称三峡工程，位于中国湖北省宜昌市内的长江西陵峡段，与下游的葛洲坝水电站构成梯级电站。

三峡水电站是世界上规模最大的水电站，也是中国有史以来建设规模最大的工程项目（如图4-1所示）。三峡水电站有航运、发电和汛期防洪等功能。三峡水电站1992年获得我国全国人民代表大会批准建设，1994年正式动工兴建，2003年6月1日下午开始蓄水发电，于2009年全部完工。

图 4-1　中国大型工程建设项目——三峡水电站

三峡水电站的输变电系统由中国国家电网公司负责建设和管理，安装的高压输电线路连接至各区域电网。

三峡水电站大坝高 185m，蓄水高 175m，水库长 2335m，安装 32 台单机容量为 70 万 kW 的水电机组。三峡水电站最后一台水电机组，2012 年 7 月 4 日投产，这意味着，装机容量达到 2240 万 kW 的三峡水电站，已成为全世界最大的水力发电站和清洁能源生产基地。

4.1　电力系统概述

4.1.1　电力系统的组成

电力系统的功能是将自然界的一次能源通过发电动力装置转化成电能，再经输电、变电和配电将电能供应到各用户。为实现这一功能，电力系统在各个环节和不同层次还具有相应的信息与控制系统，对电能的生产过程进行测量、调节、控制、保护、通信和调度，以保证用户获得安全、优质的电能。

电力系统的主体结构有电源（水电站、火电厂和核电站等发电厂）、变电所（升压变电所、负载中心变电所等）、输电、配电线路和负载中心。各电源点还互相连接以实现不同地区之间的电能交换和调节，从而提高供电的安全性和经济性。输电线路与变电所构成的网络通常称电力网络。电力系统的信息与控制系统由各种检测设备、通信设备、安全保护装置、自动控制装置以及监控自动化、调度自动化系统组成。电力系统的结构应保证在先进的技术装备和高经济效益的基础上，实现电能生产与消费的合理协调。

1. 发电

电能是自然界中应用最为广泛的一种能源，在工农业生产、科学研究和日常生活中被广泛应用。

电能可以从自然界中的许多种能量（如热能、机械能、核能、风能和化学能等）转化而来。通过变压器升压，由高压输电线路输送到各地区的变电、配电装置，然后送到各工业企业和千家万户，用电设备又可以将电能转换成其他形式的能（如光能、热能、声能和机械能等）并加以利用。电能的转化、传输和分配过程如图 4-2 所示。

（1）火力发电　利用煤、石油、天然气或其他燃料的化学能（燃烧后转变为热能）来生产电能。多数国家的火电厂以燃煤为主，由汽轮机实现蒸汽热能向旋转机械能的转换。高速旋转的汽轮机转子拖动发电机发出电能，电能由发电厂电气系统升压送入电网。

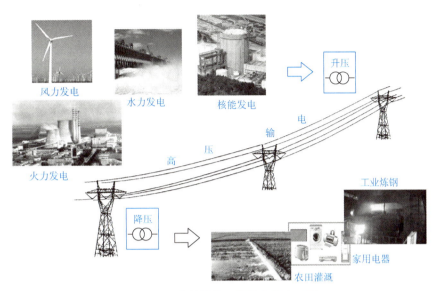

图 4-2　电能的转化、传输和分配过程

（2）水力发电　利用水流的动能和势能来生产电能。中国第一座水电站为始建于 1910 年 7 月的云南省石龙坝水电站，1950 年以后水电建设有了较大发展，建设了一批大型骨干水电站，如葛洲坝水利枢纽和三峡水电站。

（3）核能发电　利用铀、钚和钍等核燃料在核反应堆中核裂变所释放出的热能，将水加热成高温高压蒸汽以驱动汽轮发电机组发电。

国家新能源发展战略

国家关于加快培育和发展战略性新兴产业的相关政策确定了七大战略性新兴产业，核心内容包括：新能源、节能环保、新一代信息技术、生物、高端装备制造、新材料和新能源汽车。新能源作为新兴产业的一个重要领域，已经上升为国家发展战略的重要组成部分。

太阳能和风能是人类理想中清洁的可再生新能源。太阳能发电和风力发电正在世界范围内形成一股热潮。

我国风能资源丰富，可开发利用的风能储量约 10 亿 kW，其中，陆地上风能储量约 2.53 亿 kW，海上风能储量约 7.5 亿 kW。中国新能源战略已把发展风电列为重点项目。

风力发电所需要的装置，称作风力发电机组。依目前的风车技术，大约是 3m/s 的微风速度，便可以开始发电。采用水平轴风力发电和太阳能光伏发电可以构成独立的电源系统来供应电力，发电系统组成如图 4-3 所示。

太阳能作为一种清洁的可再生能源，越来越受到人们的青睐。照射在地球上的太阳能大约 40min，便足以供全球人类一年能量的消耗。可以说，太阳能是真正取之不尽、用之不竭的理想能源。

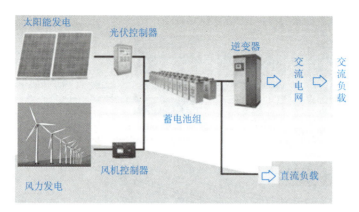

图 4-3　太阳能与风力发电系统

发电厂是生产电能的工厂，它把非电形式的能量转换成电能，是电力系统的核心。根据所利用能源的不同，发电厂分为水力发电厂、火力发电厂、核能发电厂、风力发电厂和太阳能发电厂等。发电厂中的发电机几乎都是三相同步发电机，它分为定子和转子两个基本组成部分。定子由机座、铁心和三相绕组等组成，与三相异步电动机或三相同步电动机的定子基本一样。同步发电机的定子常称为电枢。同步发电机的转子是磁极，有凸极和隐极两种。凸极式转子具有凸出的磁极，显而易见，励磁绕组绕在磁极上，如图 4-4 所示。隐极式转子呈圆柱形，励磁绕组分布在转子大半个表面的槽中，如图 4-5 所示。和同步电动机一样，励磁电流也是经电刷和滑环流入励磁绕组的。目前已采用半导体励磁系统，即将交流励磁机（也是一台三相发电机）的三相交流经三相半导体整流器变换为直流，供励磁用。

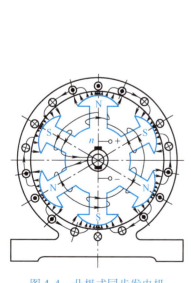

图 4-4　凸极式同步发电机

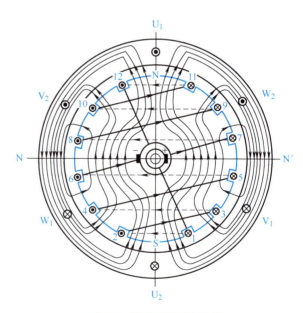

图 4-5　隐极式同步发电机

凸极式同步发电机的结构较为简单，但是机械强度较低，宜用于低速（1000r/min 以下）。水轮发电机和柴油发电机皆为凸极式，例如安装在三峡水电站的国产 700MW 水轮发电机的转速为 75r/min（极数为 80），其单机容量是目前世界上最大的。隐极式同步发电机的制造工艺较为复杂，但是机械强度较高，宜用于高速（1500 或 3000r/min）。汽轮发电机（原动机为汽轮机）

多半是隐极式的。

三相同步发电机能产生三相对称电压，电压等级有400V/230V和3.15kV、6.3kV、10.5kV、13.8kV、15.75kV、18kV及20kV等。

2. 电力用户

电力用户是指电力系统中的用电环节，电能的生产和传输最终是为了供用户使用。不同的用户，对供电可靠性的要求不一样。电力用户包括工业用电、农业用电、商业用电与居民生活用电等。根据用户对供电可靠性的要求及中断供电造成的危害或影响的程度，我们把电力用户分为三级。

一级用户：是指突然中断供电将会造成社会秩序严重混乱或在政治上产生严重影响、将会造成经济上巨大损失、将会造成人身伤害或会引起周围环境严重污染的用户。

二级用户：是指突然中断供电会造成经济上较大损失的、将会造成社会秩序混乱或政治上产生较大影响的用户。

三级用户：是指不属于上述一类和二类用户的其他用户。

一级用户一般应采用两个独立电源系统供电，其中一个系统为备用电源。对特别重要的一级用户，除采用两个独力电源系统外，还应增设应急电源系统。对于二级用户，一般由两个回路供电，两个回路的电源线应尽量引自不同的变压器或两段母线。对于三级用户无特殊要求，采用单电源供电即可。

电力用户的这种分类方法，其主要目的是为确定供电工程设计和建设标准，保证使建成投入运行的供电工程的供电可靠性能满足生产、安全和社会安定的需要。

4.1.2 电力网与电力传输

电力网是连接发电厂和电力用户的中间环节，由变电所和各种不同电压等级的电力线路组成。电力网的任务是将发电厂生产的电能输送、变换和分配到电力用户。

电力线路是输送电能的通道，是电力系统中实施电能远距离传输的环节，是将发电厂、变电所和电力用户联系起来的纽带。变电所是接受电能、变换电压和分配电能的场所，一般可分为升压变电所和降压变电所两大类。升压变电所是将低电压变换为高电压，一般建在发电厂；降压变电所是将高电压变换为一个合理、规范的低电压，一般建在靠近用户中心的地区。

大中型发电厂大多建在产煤地区或水力资源丰富的地区附近，距离用电地区往往是几十到几千千米。所以，为了降低输电线路的电能损耗和提高传输效率，由发电厂发出的电能，要经过升压变压器升压后，再经输电线路传输，这就是所谓的高压输电。电能经高压输电线路送到距用户较近的降压变电所，经降压后分配给用户应用。这样，就完成一个发电、变电输电、配电和用电的全过程。电力系统与电力网的示意图如图4-6所示。

现在常常将同一地区的各种发电厂联合起来而组成一个强大的电力系统。这样可以提高各发电厂的设备利用率，合理调配各发电厂的负载。以提高供电的可靠性和经济性。

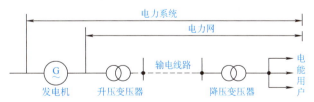

图4-6 电力系统与电力网示意图

输电距离越远，要求输电线的电压越高。我国国家标准中规定输电线的额定电压为35kV、110kV、220kV、330kV、500kV和750kV等。

直流输电的能耗较小，无线电干扰较小，输电线路造价也较低，但逆变和整流部分较为复杂。

整流是将交流变换为直流，逆变则反之，直流输电的结构原理如图4-7所示。我国从三峡到华东、华南地区已建有5条500kV的直流输电线路。

图4-7 直流输电结构原理图

建立结构合理的大型电力系统不仅便于电能生产与消费的集中管理、统一调度和分配，减少总装机容量，节省动力设施投资，且有利于地区能源资源的合理开发利用，更大限度地满足地区国民经济日益增长的用电需要。电力系统建设往往是国家及地区国民经济发展规划的重要组成部分。

4.1.3 电力系统的发展历程

在电能应用的初期，电力通常是经过小容量发电机单独向灯塔、轮船和车间等供电。这已经可以把其看作是一种简单的住户式供电系统。直到白炽灯发明后，才出现了中心电站式供电系统，如1882年T. A. 爱迪生在纽约主持建造的珍珠街电站。它装有6台发电机（总容量约670kW），用110V电压供1300盏电灯照明。19世纪90年代，三相交流供电系统研制成功，并很快取代了直流输电，成为电力系统大发展的里程碑。

20世纪以后，人们普遍认识到扩大电力系统的规模可以在能源开发、工业布局、负载调整、系统安全与经济运行等方面带来明显的社会经济效益。于是，电力系统的规模迅速增大。世界上覆盖面积最大的电力系统是苏联的统一电力系统，它东西横越7000km，南北纵贯3000km，覆盖了约1000万km^2的土地。

我国的电力系统从20世纪50年代开始迅速发展。近年来，我国电力系统装机容量已居世界前列。

4.1.4 工业企业配电

电能通过变电所传输到各工业企业。工业企业设有中央变电所和车间变电所（小规模的企业往往只有一个变电所）。中央变电所接收送来的电能，然后分配到各车间，再由车间变电所或配电箱（配电屏）将电能分配给各用电设备。高压配电线的额定电压有3kV、6kV和10kV三种。低压配电线的额定电压是380V/220V。用电设备的额定电压大多是220V和380V，大功率电动机的电压是3kV和6kV，机床局部照明的电压是36V。

从车间变电所或配电箱（配电屏）到用电设备的线路属于低压配电线路。低压配电线路的连接方式主要是放射式和树干式两种。放射式配电线路如图4-8所示。当负载点比较分散而各个负载点又具有相当大的集中负载时，则采用这种线路较为合适。

在下述情况下采用树干式配电线路：

1）负载集中，同时各个负载点位于变电所或配电箱的同一侧，其间距离较短，如图4-9a所示。

2）负载比较均匀地分布在一条线上，如图4-9b所示。

采用放射式或图4-9a所示的树干式配电线路时，各组用电设备常通过总配电箱或分配电箱连接。用电设备既可独立地接到配电箱上，也可连成链状接到配电箱上，如图4-10所示。距配电箱较远，但彼此距离很近的小型用电设备宜接成链状，这样能节省导线。但是，同一链条上的用电设备一般不得超过三个。

车间配电箱是放在地面上（靠墙或靠柱）的一个金属柜，其中装有刀开关和管状熔断器，配出线路有4~8个不等。

采用图 4-9b 所示的树干式配电线路时，干线一般采用母线槽。这种母线槽直接从变电所经开关引到车间，不经配电箱。支线再从干线经出线盒引到用电设备。

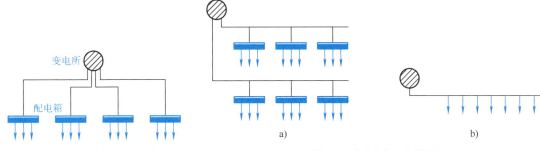

图 4-8　放射式配电线路　　　　　图 4-9　树干式配电线路

放射式和树干式这两种配电线路现在都被采用。放射式供电可靠，但敷设投资较高。树干式供电可靠性较低，因为一旦干线损坏或需要修理时，就会影响连在同一干线上的负载；但是树干式灵活性较大。另外，放射式与树干式比较，前者导线细，但总线路长，而后者则正好相反。

在工厂内，照明线路与电力线路一般是分开的，可采用 220V/380V 三相四线制电源供电。

单相交流电是三相交流电的一部分，也就是三相交流电中的

图 4-10　用电设备接到配电箱上

一相。在电力系统中，三相交流电在发电、输电和用电等方面有明显优势而被广泛使用。如三相交流发电机和变压器比同容量的单相交流发电机和变压器节省材料，体积小；三相交流电动机的结构、性能及运行可靠性方面都比单相交流电动机优越；三相输电每相只需一根导线，耗铜量少；三相四线制可以提供两种不同的电压值，供用户选用。

电力装备与中国制造 2025

《中国制造 2025》选择了包括电力装备在内的十大优势和战略产业作为突破点，力争到 2025 年达到国际领先地位或国际先进水平，充分发挥实体经济的引领带动作用。

1. 发电装备

清洁高效的发电设备将成为我国发电领域主流技术，重点发展的产品是清洁高效煤电成套装备、重型燃气轮机发电装备、大型先进核电成套装备、大型先进水电成套装备和可再生能源发电装备。

发电装备是将一次能源转换为电能的装备，包括先进煤电、核电、水电、风电和光伏等可再生能源装备，是国家实现能源安全、结构优化和节能减排战略目标的重要保障。

2. 输变电装备

输变电装备是我国装备走向世界的优势领域之一。重点发展的产品是特高压输变电成套设备、智能输变电成套设备和智能电网用户端设备。输变电装备发展将呈现出智能化、集成化和绿色化的特点。特高压（1000kV）输变电技术国际领先，进入世界强国行列。

3. 应用示范工程

1) 清洁高效发电应用示范工程如下：

1200MW 等级超超临界机组、600～1000MW 超（超）临界流化床锅炉、1000MW 等级超（超）临界空冷机组和 630℃超超临界机组示范工程；大型气流床和循环流化床气化示范工程。图 4-11 所示为我国自主化研发的 300MW 等级 F 级重型燃气轮机示范工程。

2) 大型先进核电应用示范工程如下：

1000MW、1500MW 和 2000MW 等级核电应用示范工程，如 CAP1400 示范工程；200MW 高温气冷堆、600MW 钠冷快堆和 100MW 钍基熔盐堆示范工程。图 4-12 所示为"华龙一号"全球示范工程施工现场。

图 4-11 我国自主研发的 300MW 等级 F 级重型燃气轮机

图 4-12 "华龙一号"全球示范工程施工现场

3) 抽水蓄能及大型水电应用示范工程如下：

150～400MW 可变速抽水蓄能、1000MW 等级混流式水轮发电机组应用示范工程。

4) 新能源应用示范工程如下：

50MW、100MW 等级光热发电示范工程，5～10MW 风力发电示范工程。

以现有国家工程研究中心为创新载体基础，优化和集成创新资源，建设清洁高效发电技术国家重大创新基地。进一步发挥创新链各类创新载体的整体优势，以新的组织形式，跨领域、跨部门及跨区域集中组织实施面向国家目标的协同创新。

4.2 安全用电常识

各种电气设备广泛进入企业和日常生活的同时，电气设备所带来的不安全事故也不断发生。因此，学习安全用电知识，掌握常规触电防护技术，是保证用电安全的有效途径。

4.2.1 触电的有关知识

触电事故是指人体由于不慎触及电体，使人体受到伤害。按人体所受伤害的不同，触电事故分为电击和电伤。一旦发现触电事故，发现者一定不要惊慌失措，要动作迅速，首先要迅速将触电者脱离电源，其次，立即就地进行现场救护，同时找医生救护。

1. 触电对人体的危害

1) 触电分为电伤和电击两种伤害形式。电伤是指电流的热效应、化学效应或机械效应对人体外部的伤害，如电弧烤伤、烫伤和电烙印等，电伤是指电流对人体表面的伤害，它往往不致危及生命安全；而电击是指电流通过人体内部，破坏人的心脏、肺部及神经系统，使人出现痉挛、呼吸窒息、心颤和心博骤停等症状，严重时会造成死亡。

2）触电事故是对电击而言。电击又可分为直接接触电击和间接接触电击。

直接接触电击是指人身直接接触电气设备或电气线路的带电部分而遭受的电击。它的特征是人体接触带电体，人体触及带电体所形成的接地故障电流就是人体的触电电流。直接接触电击带来的危害是最严重的，所形成的人体触电电流总是远大于可能引起心室颤动的极限电流。

间接接触电击是指电气设备或是电气线路绝缘损坏导致其外露部分存在对地故障电压，人体接触此外露部分而遭受的电击。它主要是由于接触电压而导致人身伤亡的。

3）触电对人体的伤害程度与通过人体的电流大小、时间长短、电流途径及电流性质有关。触电的电压越高、电流越大、时间越长，对人体的危害越严重。通过人体的电流大小主要取决于施加于人体的电压及人体本身的电阻。皮肤干燥时人体电阻为 $10 \sim 100 k\Omega$，人体允许的安全工频电流为30mA，危险工频电流为50mA，超过50mA时，就会有致命危险。

2. 触电方式

1）单相触电：人站在地面上，人体的某一部位接触到相线而发生的触电现象，如图4-13所示。

2）两相触电：人体同时接触到电力线路中的两个相线，电流将从一个相线通过人体流入另一个相线，此种触电方式称两相触电，如图4-14所示。

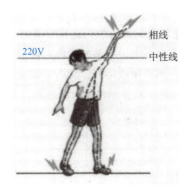

图4-13 单相触电

图4-14 两相触电

3）跨步电压触电：当高压线路发生接地故障时，接地电流通过大地向四周流散，在20m范围构成危险地区。假如人在接地点周围20m以内行走，其两脚之间就有电位差，这个电位差称为跨步电压，如图4-15所示。

4.2.2 保护接地与保护接零

正常情况下，电力设备的外壳是不带电的。当设备某相绝缘损坏而使该相触及外壳时，外壳就带电。若不采取任何安全措施，当人体触及漏电的设备外壳时，就会造成触电事故，保护接地与保护接零是预防这类触电事故的有效措施。

1. 保护接地

为了防止因绝缘损坏而遭受触电的危险，将与电气设备带电部分相绝缘的金属外壳或构架同接地体之间做良好的电气连接，称为保护接地，如图4-16所示。人体触及电气设备外壳时，

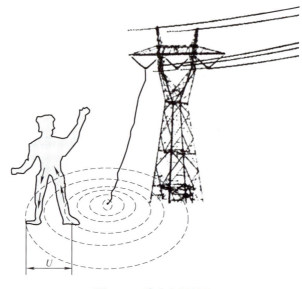

图 4-15 跨步电压触电

人体相当于接地装置的一条并联支路。由于人体电阻（至少是 1000Ω）比起接地电阻（通常为 $4\sim10\Omega$）要大得多，根据分流公式可知，通过人体的电流就很小了，从而减少了触电的危险。

2. 保护接零

在变压器中性点直接接地的三相四线制电网中，防止触电的最可靠措施是将电力设备的外壳与保护中性线连接起来，称为保护接零，如图 4-17 所示。这样，当设备某相接地点接触外壳时，可以形成该相线对保护中性线的单相短路，促使开关或熔断器迅速跳闸或熔断，切断故障设备电源，避免触电危险。**注意：** 在同一系统中不允许对一部分设备采取接地，对另一部分采取接零。

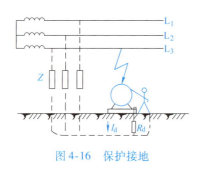

图 4-16 保护接地

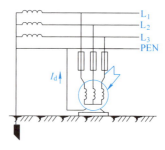

图 4-17 保护接零

4.2.3 安全操作规程

1. 停电工作

停电工作是指用电设备或线路在不带电的情况下进行的电气操作。根据国家有关部门颁布的电工安全操作规程，为保证停电后的安全操作，应按以下步骤操作。

1）检查是否断开所有的电源。在停电操作时，要求作业的设备或电路上有两个以上的明显断开点。对于多回路的用电设备或线路，还要注意从低压侧向被作业设备、线路的倒送电。

2）验电。任何电气线路或设备内部未经验明无电时，一律视为有电。必须使用电压等级合适的验电器（笔），对线路或设备的进出两端分别验电。确认无电后方可进行工作。

2. 带电工作

如果因特殊情况必须在用电设备或线路上带电工作时，要经过有关部门批准，专人监护，并按照带电操作的安全规定进行。

1）电工工作时，应穿长袖工作服，戴安全帽，戴绝缘手套。
2）使用绝缘工具，并站在绝缘物上进行操作。
3）禁止带负载操作动力配电箱中的刀开关。
4）带电装卸熔断电器时，要戴防护眼镜和绝缘手套，必要时要使用绝缘夹钳。
5）电工带电操作时间不宜过长，以免因疲劳过度、注意力分散而发生事故。

知识拓展

验电笔的正确使用

验电笔是一种用来测试电气线路或设备是否带有较高对地电压的常用工具，检测电压的范围通常为60～500V。验电笔的外形通常有钢笔式和螺钉旋具式两种。

使用低压验电笔时，必须按图4-18a所示的方法握笔，手指触及笔尾的金属体，使氖管小窗背光朝自己，不能用图4-18b所示的方式握笔。当用验电笔测带电体时，电流经带电体、验电笔、人体和大地形成回路，只要带电体与大地之间的电位差超过60V，验电笔中的氖泡就会发光。电压高发光强，电压低发光弱。

在带电情况下，相线为高电位，中性线为低电位。相线颜色标志为红、黄、绿色；中性线为浅蓝色；保护接地中性线为绿-黄组合色（绿、黄比例为3:7）。

a) 正确的验电方式 　　　　b) 危险的验电方式

图 4-18　验电笔的使用方法

情境总结

1. 电力系统的主体结构有电源（水电站、火电厂和核电站等发电厂）、变电所（升压变电所、负载中心变电所等）以及输电、配电线路和负载中心。

2. 电力网是连接发电厂和电力用户的中间环节，由变电所和各种不同电压等级的电力线路组成。电力网的任务是将发电厂生产的电能输送、变换和分配到电力用户。

3. 电能通过变电所传输到各工业企业。工业企业设有中央变电所和车间变电所（小规模的企业往往只有一个变电所）。中央变电所接受送来的电能，然后分配到各车间，再由车间变电所或配电箱（配电屏）将电能分配给各用电设备。

4. 注意安全用电。触电是指人体触及带电体后，电流对人体造成的伤害。它有两种类型，即电击和电伤。我国采用的安全电压有 36V 和 12V 两种。一般情况下可采用 36V 的安全电压，在非常潮湿的场所或容易大面积触电的场所，如坑道内、锅炉内作业，应采用 12V 的安全电压。

习题与思考题

4-1　简述电力系统的概念及组成。

4-2　简述低压配电线路的连接方式及特点。

4-3　触电可分为哪几种方式？

4-4　在工作和生活中，如何保证用电安全？

学习情境5 磁路与变压器

教学目标

知识目标：
- 掌握磁路和磁性材料的基本知识。
- 掌握变压器的结构和工作原理。
- 了解三相变压器和几种特殊变压器的特点及用途。

技能目标：
- 学会变压器的选用与故障分析。
- 学会变压器的检查操作。

素质目标：
- 加强中华优秀传统文化知识教育，弘扬劳动光荣、技能宝贵和创造伟大的时代风尚。
- 弘扬工匠精神，促进学生德技并修。

 情境链接

▶▶ 硬盘存储器中的磁记录技术 ◀◀

硬盘存储器是利用磁记录技术进行数据存储的存储器。读/写磁头是硬盘中最昂贵的部件，也是硬盘技术中最重要和最关键的一环。

在计算机中，电脉冲信号被转化为磁信号，读/写磁头上的电磁铁能把置于硬盘上的磁性金属微粒吸到不同的位置，磁铁的南北极分别对应二进制数的1和0，从而在硬盘上记录数据。这个过程也是可逆的，硬盘上记录的数据（磁信号）又可以被转化成电脉冲信号，从而读取数据，如图5-1所示。

硬盘是用户存储数据的主要场所，平时所使用的操作系统、应用软件、文件、游戏及其他重要数据等都存储在硬盘中。

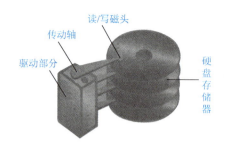 

图 5-1 计算机硬盘存储器

5.1 磁场的基本物理量

1820 年丹麦物理学家奥斯特发现了电流的磁效应。通电导线的周围存在磁场，用以产生磁场的电流称为励磁电流，磁场方向与励磁电流方向可用右手螺旋定则确定。

1. 磁感应强度 B

通电导体在磁场中所受到的电磁力 F，除了与电流强度和垂直于磁场的导线长度 l 成正比以外，还和磁场的强弱有关。用以表示某点磁场强弱的量称为磁感应强度，用 B 表示。在数值上它等于垂直于磁场方向的单位长度导体通以单位电流所受的电磁力，即

$$B = \frac{F}{Il} \tag{5-1}$$

在国际单位制（SI）中，B 的单位是特［斯拉］（T）；以前也常用电磁制单位高斯（Gs）。两者的关系是 $1T = 10^4 Gs$。

2. 磁通 Φ

磁感应强度 B 与垂直于磁场方向的面积 S 的乘积称为磁通 Φ，即

$$\Phi = BS \tag{5-2}$$

可见，磁感应强度在数值上可以看成与磁场方向相垂直的通过单位面积的磁通，故又称为磁通密度。在国际单位制中，Φ 的单位是韦［伯］（Wb）。

3. 磁导率 μ

磁导率是用来表示磁场中介质导磁性能的物理量，取决于介质对磁场的影响程度，单位是亨/米（H/m）。

由实验测得，真空的磁导率是一个常数，即

$$\mu_0 = 4\pi \times 10^{-7} H/m$$

其他介质磁导率 μ 和真空的磁导率 μ_0 的比值称为相对磁导率 μ_r，即

$$\mu_r = \frac{\mu}{\mu_0} \tag{5-3}$$

铁磁物质的相对磁导率很大，如铁、钴、镍和钇等可达几百甚至几千，硅钢片的相对磁导率可达 6000~8000，非铁磁物质的相对磁导率很小，如空气、铝、铬、铂和铜等的相对磁导率约等于 1。

铁磁物质广泛应用在变压器、电动机和磁电式电工仪表等电工设备中，只要在线圈中通过很小电流，就可以产生足够大的磁感应强度。

4. 磁场强度 H

磁场强度是描述磁场源强弱的物理量，与励磁电流成正比，磁场强度只与产生磁场的电流

以及空间位置有关，与磁介质无关。磁场强度 H 是一个计算磁场的物理量，单位是安/米（A/m）。

$$H = \frac{B}{\mu} \tag{5-4}$$

5.2 磁路

由磁场基本原理可知，磁感线或磁通总是闭合的。磁通和电路中的电流一样，总是在低磁阻的通路流通，高磁阻通路磁通较少。

为了使较小的励磁电流产生足够大的磁通（或磁感应强度），在电机、变压器及各种电工设备中常用磁性材料做成一定形状的铁心。由于铁心的磁导率比周围空气或其他物质的磁导率高得多，因此磁通的绝大部分经过铁心而形成一个闭合通路。磁路就是磁通（磁感线）经过的闭合路径。图 5-2 所示是变压器及电动机中的磁路。

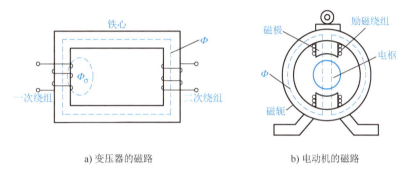

a) 变压器的磁路   b) 电动机的磁路

图 5-2　变压器及电动机中的磁路

由于磁性材料的磁导率 μ 远远大于空气，所以磁通主要沿铁心而闭合，只有很少部分磁通经过空气或其他材料。把通过铁心的磁通称为主磁通，如图 5-2 中的 Φ，铁心外的磁通称为漏磁通，如图 5-2a 中的 Φ_σ，一般情况下，漏磁通很少，常略去不计。

在励磁绕组中通入电流，则磁路中产生磁通。改变励磁电流 I 或线圈匝数 N，磁通的大小随之变化。I 越大，所产生的磁通 Φ 越大；线圈的匝数越多，所产生的磁通 Φ 也越大。励磁电流 I 和线圈匝数 N 的乘积称为磁动势。

5.3 铁磁材料

5.3.1 铁磁物质的磁化

自然界的物质按导磁性能可以分为两大类：一类为铁磁材料，如铁、钢、镍和钴等，这类材料的导磁性能好；另一类为非铁磁材料，如铜、铝、纸和空气等，此类材料的导磁性能差。铁磁材料是制造变压器、电动机和仪表仪器等各类电工设备的主要材料，铁磁材料的磁性能对电磁器件的性能和工作状态有很大影响。

非铁磁物质的相对磁导率 $\mu_r \approx 1$，而铁磁物质的相对磁导率 $\mu_r \gg 1$，可达几百甚至几千。这表明铁磁物质有良好的导磁性能。将铁磁物质置入通电的线圈中，会使磁场大为增强，这种现象称为铁磁物质的磁化。磁化是铁磁物质特有的现象。

近代物理学的研究指出，铁磁物质是由许多微小的天然磁化区域组成的，这些天然磁化区域叫作磁畴。磁畴内部所有的分子电流取向一致，因而，每个磁畴都相当于一块体积极小但磁性很强的微型磁铁。没有外磁场作用时，由于各磁畴的排列杂乱无章，它们的磁场互相抵消，因而对外不显磁性，如图5-3a所示。

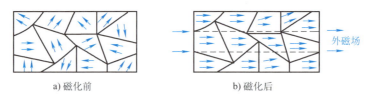

图5-3　铁磁材料的磁化

在外磁场的作用下，铁磁物质内部磁畴的方向与外磁场方向趋于一致，形成与外磁场方向相同的附加磁场，从而使铁磁物质内部的磁场显著增强，这就是铁磁物质的磁化，如图5-3b所示。外磁场越强，与外磁场方向一致的磁畴数量越多，附加磁场也越强。当外磁场增大到一定程度，全部磁畴都转到与外磁场一致的方向时，附加磁场可比外磁场增强几百倍，甚至数千倍。

非铁磁物质内部没有磁畴结构，在外磁场作用下，它们的附加磁场很不显著。故一般认为，非铁磁物质不受外磁场的影响，即不能被磁化。

麦斯纳效应与磁悬浮列车

超导体具有完全的抗磁性，若在临界温度以下把超导样品放入磁场中，使其处于超导状态，则在超导体表面会产生感应电流，电流在样品内部产生的磁场就会抵消原来的外磁场，使超导体内部的磁场为零，这种当金属变成超导体时磁力线自动排出金属体之外，而超导体内的磁感应强度为零的现象，称为麦斯纳效应（Meissner effect）。

超导体的抗磁性可用下面的实验来演示，将用超导材料制成的小圆块放置在磁场中，由于材料的抗磁性，小圆块被悬浮于空中，这就是通常所说的磁悬浮，如图5-4所示。

磁悬浮列车（如图5-5所示）所用磁悬浮力即来自钇钡铜氧高温超导体和钕铁硼磁钢。磁悬浮列车是靠磁悬浮力来推动的列车，由于其轨道的磁力使之悬浮在空中，行走时不需接触地面，其阻力只有空气的阻力。磁悬浮列车的最高速度可以达500km/h以上，比轮轨高速列车快得多。

图5-4　超导体的抗磁性实验

图5-5　磁悬浮列车

高速磁悬浮交通系统是《中国制造2025》重点领域技术创新产品。国家发展重点是实现高速磁浮列车系统完全自主化，具备自主集成中长线高速磁浮交通系统的技术能力，形成国际领先的标准规范体系和产业化能力。目标为最高设计时速600km，悬浮能耗降低30%（与德国高速磁浮相比）；电磁铁温升低于40℃；车辆减重5%以上。

5.3.2 磁化曲线

磁化曲线是铁磁物质在外磁场中被磁化时，其磁感应强度 B 随外磁场强度 H 的变化而变化的曲线，即 B-H 曲线。磁化曲线可由实验测定。

1. 起始磁化曲线

从 $H=0$、$B=0$ 开始，未经磁化过的铁磁材料的磁化曲线，称为起始磁化曲线，如图5-6中的曲线①所示。图中 H 和 B 分别为外磁场的磁场强度和铁磁材料内的磁感应强度。从曲线可看出，在 Oa 段，随外磁场 H 的增大，磁感应强度 B 增加较慢，这时，材料内的磁畴在微弱的外磁场作用下，只发生了微微的转向，B 随 H 的增加近似为线性；在 ab 段，随 H 的增加，B 迅速增大，材料内的磁畴在足够强的外磁场作用下，随外磁场方向发生了明显的转向，产生了明显的附加磁场；在 bc 段，H 增大，B 的增加又趋缓慢；c 点以后，H 继续增大，B 则基本保持不变，曲线进入饱和阶段，这是因为外磁场增大到一定程度，磁畴已全部转向外磁场方向，外磁场再增强，附加磁场已不可能随之进一步增强。显然，铁磁材料的 B 与 H 的关系是非线性的。曲线②则是非铁磁材料的 B_0-H 曲线。

2. 磁滞回线

铁磁材料在反复磁化过程中的 B-H 曲线称为磁滞回线，如图5-7所示。上述磁化过程进行到磁化曲线的 c 点，即 B 达到最大值 B_m 后，此时外磁场强度为 H_m，若转而逐步减小 H，则 B 也随之下降，但并不沿原来的 B-H 曲线，而是沿另一条曲线 cd 下降。当 $H=0$ 时，$B=B_r\neq 0$（见曲线的 d 点），B_r 称为剩余磁感应强度，简称剩磁。直到外磁场 H 反向增加到 $-H_c$ 时，B 才等于零（见曲线的 e 点），剩磁消除。消除剩磁所需的反向磁场强度的大小 H_c 称为矫顽力。继续增大反向磁场，直到 $-H_m$，B 也相应反向增至 $-B_m$（见曲线的 f 点）。再使 H 返回零（见曲线的 g 点），并又从零增至 H_c（见曲线的 h 点），再增至 H_m，即可得到图中所示的一条闭合曲线。由于在反复磁化过程中，磁感应强度 B 的变化滞后于磁场强度 H 的变化，故称这条闭合曲线为磁滞回线。

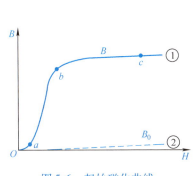

图5-6 起始磁化曲线

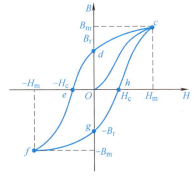

图5-7 磁滞回线

5.3.3 铁磁材料的分类

铁磁材料按其磁滞回线形状及其在工程上的用途一般分为软磁材料、硬磁材料和矩磁材料三类。

图 5-8 所示是不同材料的磁滞回线。其中，图 5-8a 是软磁材料；图 5-8b 是硬磁材料；图 5-8c 是矩磁材料。

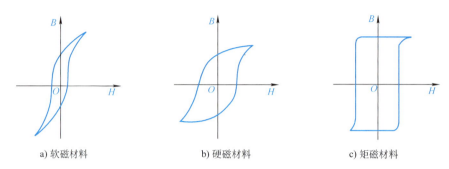

图 5-8　不同材料的磁滞回线

软磁材料的剩磁和矫顽力较小，磁滞回线形状较窄，但磁化曲线较陡，即磁导率较高，所包围的面积较小。它既容易磁化，又容易退磁，一般用于有交变磁场的场合，如用来制造变压器、电动机以及各种中、高频电磁元件的铁心，收音机接收线圈的磁棒等。常见的软磁材料有纯铁、铸铁、铸钢、硅钢、坡莫合金以及非金属铁磁铁氧体等。

硬磁材料的剩磁和矫顽力较大，磁滞回线形状较宽，所包围的面积较大，被磁化后剩磁不易消失，适用于制作永久磁铁，如扬声器、耳机、电话机、录音机以及各种磁电式仪表中的永久磁铁都是硬磁材料制成的。常见的硬磁材料有碳钢、钨钢、钴钢以及铁镍铝合金等。

矩磁材料的磁滞回线近似于矩形，它的特点是在较弱的磁场作用下也能磁化并达到饱和，当外磁场去掉后，磁性仍保持饱和状态，剩磁很大，但矫顽力较小。矩磁材料稳定性良好，而且易于迅速翻转，常在计算机和控制系统中用作记忆元件和开关元件，如计算机存储器的磁心等。矩磁材料有镁锰铁氧体及某些铁镍合金等。

5.3.4　涡流与趋肤效应

1. 涡流

当线圈中通过变化的电流 i 时，在铁心中穿过的磁通也是变化的。由于构成磁路的铁心是导体，于是在铁心中将产生感应电动势和感应电流，如图 5-9a 中虚线所示。由于这种感应电流是一种自成闭合回路的环流，故称为涡流。铁心有一定的电阻值，故涡流将使铁心发热，损耗电功率。涡流损耗与电源频率的二次方及铁心磁感应强度幅值的二次方成正比。

在电动机和电器的铁心中涡流是有害的。由于导体电阻很小，涡流强度会很大，有大量的能量转变为热能，造成能量的损失，称为涡流损耗。因为它不仅消耗电能，使电气设备效率降低，而且涡流损耗转变为热量，使设备温度升高，严重时将影响正常运行。在这种情况下，要尽量减小涡流。减小涡流的方法是采用表面彼此相互绝缘的硅钢片叠合，做成电器设备的铁心，如图 5-9b 所示。这样，一方面

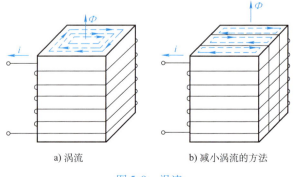

a) 涡流　　　　　　b) 减小涡流的方法

图 5-9　涡流

把产生涡流的区域缩小，另一方面增加涡流的路径总长度，相当于增大涡流路径的电阻，因而可以减小涡流。

涡流虽然在很多电器中会引起不良后果，但在另一些场合下，人们却利用涡流为生产、生活服务。例如工业上利用涡流产生热量来熔化金属，日常生活中的电磁炉就是利用涡流的原理制作的。

▲ 电磁炉的工作原理 ▲

图 5-10 所示是电磁炉的原理图，炉子的内部有一个金属线圈，当电流通过线圈时会产生磁场，这个变化的磁场又会引起电磁炉上面的铁质锅底内产生感应电流（即涡流），涡流使锅体铁分子高速无规则热运动，分子互相碰撞、摩擦而产生热能，从而迅速使锅体温度升高。所以电磁炉煮食的热源来自于锅本身，而不是电磁炉发热传导给锅具，完全区别于传统厨具靠热传导来加热食物。

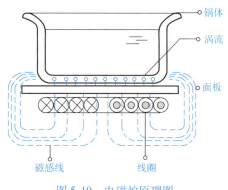

图 5-10　电磁炉原理图

2. 趋肤效应

直流电通过导线时，在导线横截面上各处的电流密度是相等的。但交流电通过导线时，在导线横截面上各处的电流密度是不等的，中心处的电流密度小，靠近表面处的电流密度大。电流这种分布不均匀的现象称为电流的趋肤效应。

▲ 金属表面感应淬火 ▲

在纯铜制成的感应线圈中通入一定频率的交流电时，即在其内部和周围产生交变磁场。若把工件置于磁场中，则在工件内部产生频率相同但方向相反的感应电流，感应电流在工件内部自成回路。由于交流电的趋肤效应，靠近工件面的电流密度大，而中心处几乎为零。由于工件自身有电阻，工件表面温度快速升高到相变温度以上，随即采用水、乳化液或者聚乙烯醇水溶液喷射淬火，使工件表面形成硬度很高的马氏体组织，而心部组织保持不变，达到表面淬火的目的，感应淬火的原理如图 5-11 所示。

通过感应圈的电流频率越高，感应电流的趋肤效应越强烈，淬火后工件淬硬层也就越薄。

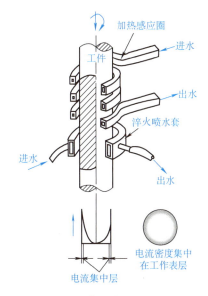

图 5-11　感应淬火的原理图

5.4 变压器

变压器是指利用电磁感应原理将某一等级的交流电压变换为同频率的另一等级的交流电压的电气设备。

5.4.1 变压器的结构

变压器的结构由于它的使用场合、工作要求及制造等而有所不同，结构形式多种多样，但其基本结构相类似，均由铁心和绕在铁心上的两个或多个匝数不等的线圈（绕组）组成。

1. 铁心

铁心是变压器的磁路部分。为了减小涡流及磁滞损耗（统称变压器的铁损），铁心通常用厚度为 0.35mm 且两面有绝缘层的硅钢片叠装而成。按照铁心的结构不同，变压器可分为心式和壳式两种，如图 5-12 所示。

2. 绕组

为降低损耗（称为铜损），绕组通常用铜线（漆包线等）制成。在图 5-12a 所示的心式变压器中，绕组呈筒形。为方便绝缘，低压绕组靠近铁心，高压绕组套在低压绕组的外面。

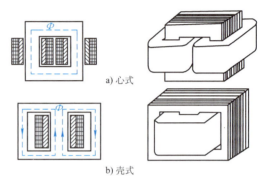

图 5-12 变压器的结构形式

5.4.2 变压器的工作原理

在一次绕组上接入交流电压 u_1 时，便有电流 i_1 通过，磁动势 i_1N_1 产生的磁通绝大部分通过铁心而闭合，从而在二次绕组中感应出电动势。如果二次绕组侧接有负载，就有电流 i_2 通过。磁动势 i_2N_2 也产生磁通，其绝大部分也通过铁心而闭合。因此，铁心中的磁通是由一次、二次绕组的磁动势共同产生的合成磁通，它是主磁通，用 Φ 表示。主磁通穿过一次绕组和二次绕组而在其中感应出的电动势分别为 e_1、e_2。此外，磁动势还分别产生漏磁通 $\Phi_{\sigma 1}$ 和 $\Phi_{\sigma 2}$，产生漏磁电动势 $e_{\sigma 1}$ 和 $e_{\sigma 2}$，如图 5-13 所示。

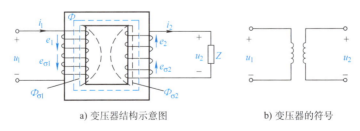

a) 变压器结构示意图　　b) 变压器的符号

图 5-13 变压器工作原理图

1. 电压变换

如果忽略线圈的电阻和漏磁通的影响，通过推导可以证明：加在铁心线圈上的交流电压的有效值与铁心中的磁通有以下关系，即

$$U_1 \approx E_1 = 4.44 f N_1 \Phi_m$$
$$U_2 \approx E_2 = 4.44 f N_2 \Phi_m$$

所以有

$$\frac{U_1}{U_2} \approx \frac{E_1}{E_2} = \frac{N_1}{N_2} = k \tag{5-5}$$

式中，k 称为变压器的电压比，约为一次、二次绕组的匝数比。$k>1$，为降压变压器；$k<1$，为升压变压器。

电压比在变压器的铭牌上注明，例如以"6000V/400V"的形式表示一次、二次绕组的额定电压之比，表明这台变压器的一次绕组的额定电压 $U_{1N}=6000\text{V}$，二次绕组的额定电压 $U_{2N}=400\text{V}$。

所谓二次绕组的额定电压是指一次绕组端电压为额定电压时二次绕组的空载电压。由于变压器有内阻抗压降，所以二次绕组的空载电压一般应比满载时的电压高 5%～10%。

2. 电流变换

由 $U_1 \approx E_1 = 4.44 f N_1 \Phi_m$ 可见，当电源电压 U_1 和频率 f 不变时，E_1 和 Φ_m 也都近于常数。因此，铁心中主磁通的最大值在变压器空载或有负载时是恒定的。因此有负载时产生主磁通的一次、二次绕组的合成磁动势（$i_1 N_1 + i_2 N_2$）应该和空载时产生主磁通的一次绕组的磁动势 $i_0 N_1$ 相等，即

$$i_1 N_1 + i_2 N_2 = i_0 N_1$$

变压器的空载电流 i_0 用于励磁。由于铁心的磁导率高，空载电流很小，它的有效值 I_0 在一次绕组额定电流 I_{1N} 的 10% 以内，因此 $I_0 N_1$ 与 $I_1 N_1$ 相比，常可忽略，于是可得

$$i_1 N_1 = -i_2 N_2$$

其有效值形式为

$$I_1 N_1 = I_2 N_2$$

所以可得

$$\frac{I_1}{I_2} = \frac{N_2}{N_1} = \frac{1}{k} \tag{5-6}$$

可见，变压器中的电流虽然由负载的大小确定，但是一次、二次绕组中电流的比值是恒定的。因为当负载增加时，I_2 和 $I_2 N_2$ 随着增大，而 I_1 和 $I_1 N_1$ 也必须相应增大，以抵偿二次绕组的电流和磁动势对主磁通的影响，从而维持主磁通的最大值不变。

变压器的额定电流 I_{1N} 和 I_{2N} 是指变压器在长时间连续运行时一次、二次绕组允许通过的最大电流，它们是根据绝缘材料允许的温度确定的。

3. 阻抗变换

当变压器处于负载运行时，从一次绕组看进去的阻抗为

$$|Z_i| = \frac{U_1}{I_1}$$

而负载阻抗为

$$|Z_L| = \frac{U_2}{I_2}$$

故有

$$|Z_i| = \frac{U_1}{I_1} = \frac{kU_2}{\frac{I_2}{k}} = k^2 |Z_L|$$

上式表明，对交流电源来讲，通过变压器接入阻抗为 $|Z_L|$ 的负载，相当于在交流电源上直接接入阻抗为 $k^2 |Z_L|$ 的负载，如图5-14所示。

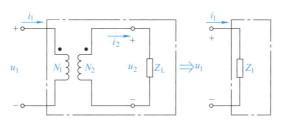

图 5-14 变压器的阻抗变换

5.4.3 三相变压器

三相变压器按照磁路的不同可分为两种：一种是三相变压器组，即由三台相同容量的单相变压器，按照一定的方式连接起来，如图 5-15 所示；另一种是三相心式变压器，它具有三个铁心柱，把三相绕组分别套在三个铁心柱上，如图 5-16 所示。

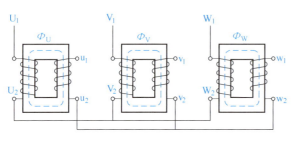

图 5-15 三相变压器组

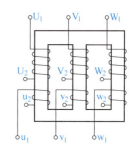

图 5-16 三相心式变压器

现在广泛使用的是三相心式变压器。由于三相变压器在电力系统中的主要作用是传输电能，因而它的容量一般较大，为了改善散热条件，大、中容量电力变压器的铁心和绕组浸入盛满变压器油的封闭油箱中。而且为了使变压器安全、可靠地运行，还设有储油柜、安全气道和气体继电器等附件。油浸式三相电力变压器的外形及内部局部结构如图 5-17 所示。

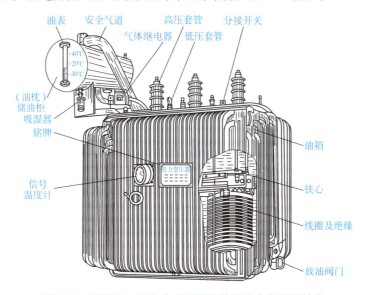

图 5-17 油浸式三相电力变压器的外形及内部局部结构

5.5 特殊变压器

5.5.1 自耦变压器

自耦变压器是一次绕组和二次绕组在同一个绕组上的变压器。普通的变压器是通过一、二次绕组电磁耦合来传递能量，一、二次绕组没有直接的电的联系，而自耦变压器一、二次绕组有直接的电的联系，它的低压绕组就是高压绕组的一部分，如图 5-18 所示。根据结构还可细分为可调压式和固定式。将自耦变压器的抽头做成滑动触头，就成为自耦调压器。

自耦变压器作为降压变压器使用时，从绕组中抽出一部分线匝作为二次绕组；当作为升压变压器使用时，外施电压只加在绕组的部分线匝上。通常把同时属于一次和二次的那部分绕组称为公共绕组，其余部分称为串联绕组。同容量的自耦变压器与普通变压器相比，不但尺寸小，而且效率高，并且变压器容量越大，电压越高，这个优点就越加突出。电压比 k 越接近 1，自耦变压器优点越突出，故一般电压比在 1.5~2 之间。因此随着电力系统的发展、电压等级的提高和输送容量的增大，自耦变压器由于其容量大、损耗小和造价低而得到广泛应用。自耦调压器外形与结构示意图如图 5-19 所示。

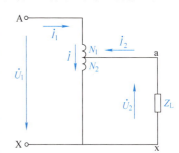

图 5-18 自耦变压器原理图

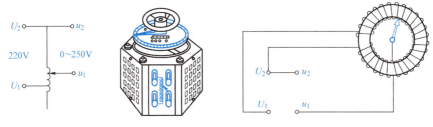

图 5-19 自耦调压器外形与结构示意图

5.5.2 仪用互感器

仪用互感器是一种供测量、控制及保护电路用的一种特殊用途的变压器。按用途不同可分为电压互感器和电流互感器两种，它们的工作原理和变压器相同。仪用互感器有两个主要用途：一是将测量或控制回路与高电压和大电流电网隔离，以保证工作人员的安全；二是用来扩大交流电表的量程。

1. 电压互感器

电压互感器是用于测量交流高电压的一种降压变压器，图 5-20 是电压互感器的工作原理图。

电压互感器在运行时，一次绕组 N_1 并联接在线路上，二次绕组 N_2 并联接仪表或继电器。由于输入线圈的匝数大于输出线圈的匝数，因此输出电压低于输入电压，电压互感器就是降压

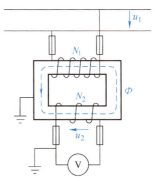

图 5-20 电压互感器工作原理图

变压器。因此在测量高压线路上的电压时，可以确保操作人员和仪表的安全。各种电压互感器如图 5-21 所示。

油浸式电压互感器　　　精密电压互感器

图 5-21　各种电压互感器

使用电压互感器时，应注意以下几点：①二次侧决不允许短路，否则会产生很大的短路电流，烧坏电压互感器；②为确保工作人员安全，电压互感器的二次绕组以及铁心应可靠接地；③为确保测量精度，电压互感器的二次侧不宜并接过多的负载。

2. 电流互感器

电流互感器是一种将大电流变换为小电流的变压器，图 5-22 是电流互感器的原理图。电流互感器一次绕组匝数只有一匝或几匝，导线粗，工作时串接在待测量电流的电路中；电流互感器二次绕组匝数比一次绕组匝数多，导线细，与电流表或其他仪表相连。根据变压器的原理可知：

$$\frac{I_1}{I_2} = \frac{N_2}{N_1} = \frac{1}{k} = k_i$$

$$I_1 = k_i I_2$$

式中，k_i 是电流互感器的变换系数。由上式可见，利用电流互感器可将大电流变换为小电流。

电流互感器在使用时应注意：①二次侧不允许开路，否则，$I_2 = 0$ 时，被测线路中的大电流 I_1 全部成为励磁电流，使铁心严重过热，二次侧感应高电压，损坏电流互感器，并危及人员和其他设备安全；②为确保工作人员安全，电流互感器的二次绕组以及铁心应可靠接地；③为确保测量精度，电流互感器的二次侧所接负载阻抗不应超过允许值。

在实际工作中，经常使用的钳形电流表，就是把电流互感器和电流表组装在一起，如图 5-23 所示。电流互感器的铁心像把钳子，在测量时可用手柄将铁心张开，把被测电流的导线套进钳形铁心内，被测电流的导线就是电流互感器的一次绕组，只有一匝，二次绕组绕在铁心上并与电流表接通，这样就可以从电流表中直接读出被测电流的大小。所以利用钳形电流表可以很方便地测量线路中的电流，而不必断开被测电路。

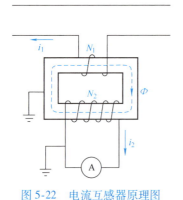 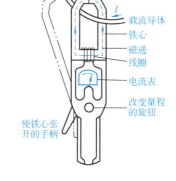

图 5-22　电流互感器原理图　　　　　图 5-23　钳形电流表

5.5.3 电焊变压器

交流弧焊机在工程技术上应用很广,其构造实际上是一台特殊的降压变压器,称为电焊变压器,图 5-24 为电焊变压器的原理图及外形图。电焊变压器一般由 220V/380V 降低至 60~80V 的空载电压,以保证容易点火形成电弧。

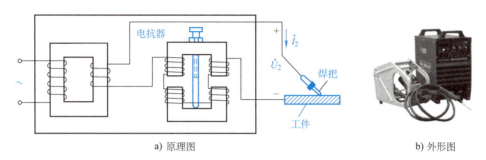

a) 原理图   b) 外形图

图 5-24 电焊变压器的原理图及外形图

焊接时,焊条与焊件之间的电弧相当于一个电阻,要求二次电压能急剧下降,这样当焊条与焊件接触时短路电流不会过大,而焊条提起后焊条与焊件之间所产生的电弧电压降为 30V。为了适应不同焊件和不同规格的焊条,焊接电流的大小要能调节,因此在电焊变压器的二次绕组中串联一个可调铁心电抗器,改变电抗器空气隙的长度就可调节焊接电流的大小。

情 境 总 结

1. 磁路的基本物理量包括:磁感应强度 B、磁通 $\varPhi$、磁导率 μ、磁场强度 H。磁路是磁通集中通过的路径,由铁磁性材料制成。磁路的欧姆定律定性地确定了磁路磁动势 NI、磁通 $\varPhi$ 和磁阻 R_m 的基本关系。

2. 铁磁材料的分类与应用:软磁材料常用于制作变压器、电动机和电工设备中的铁心;硬磁材料常用于制作永久磁铁、磁电式仪表、扬声器和受话器的磁铁等;矩磁材料用于制作计算机存储器的磁心等。

3. 减小涡流的方法是采用表面彼此相互绝缘的硅钢片叠合。交流电通过导体时,各部分的电流密度是不均匀的,导体内部电流密度小,导体表面电流密度大,这种现象称为趋肤效应。

4. 变压器是利用电磁感应原理传输电能或信号的静止设备,由闭合铁心和交链在铁心上的一次绕组和二次绕组构成。变压器具有变换电压、变换电流和变换阻抗的功能。

5. 特殊变压器主要有自耦变压器、仪用互感器和电焊变压器等。

习题与思考题

5-1 简述铁磁材料性能特点及应用。

5-2 铁磁材料一般分为几类?其磁滞回线形状各有何特征?各适用于哪些场合?

5-3 运用所学磁路的基本知识解释:家用电磁炉为什么必须使用平底的铁锅?在工作状态,当将铁锅拿开炉面时,炉体为什么会发出提示音?
（提示:铁锅底部产生涡流,铁磁物质的导磁性能比空气好,空气的磁阻很大）

5-4 变压器能否变换直流电压?如果将电压为 220V/110V 的变压器,接入 220V 的直流电源,将会产生什么样的后果？为什么？

5-5 欲制作一台 220V/110V 的变压器，有人想节省一些铜线，能否将匝数由原来的 2000 和 1000 减为 20 和 10，为什么？

5-6 一台变压器，一次侧额定电压为 220V，并测得一次绕组电阻 $R_1 = 10\Omega$。如果变压器是空载，那一次电流是否是 22A？

5-7 单相变压器的一次电压为 $U_1 = 3300V$，其电压比 $k = 30$，求二次电压 U_2。如二次电流 $I_2 = 30A$，一次电流 I_1 多大呢？

5-8 将某单相变压器一次绕组接在电压 220V 的电源上，若二次绕组电压为 20V，匝数为 100，则一次绕组的匝数应为多少？

5-9 有一台理想变压器，一次、二次绕组的匝数分别为 200 和 50，负载电阻 $R_L = 10\Omega$，负载获得的功率为 160W，试求一次绕组的电流 I_1 和电压 U_1。

5-10 一台变压器的二次绕组接有阻抗为 8Ω 的扬声器，一次绕组接到信号电路上。变压器一次绕组 $N_1 = 600$，二次绕组 $N_2 = 200$，求变压器的二次侧等效阻抗。

5-11 如图 5-25 所示，信号源 U_S 电压为 10V，内阻 R_S 为 400Ω，负载电阻 R_L 为 4Ω，欲使负载获得最大功率，阻抗需要变换，假设在信号源与负载之间接入一台变压器。试求：（1）变压器最合理的电压比；（2）一次、二次绕组的电流及电压；（3）负载获得的功率。

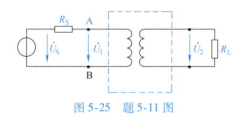

图 5-25 题 5-11 图

5-12 某收音机输出变压器的线圈匝数为 $N_1 = 600$、$N_2 = 30$，原来接的扬声器阻抗为 16Ω，现欲把扬声器改成 4Ω。问：输出变压器的二次绕组的匝数应如何改变？

5-13 自耦变压器与双绕组变压器的结构有何区别？

5-14 一台自耦变压器，一次绕组有 1210 匝，接到 220V 的交流电源上，如果需要将电压降到 130V，应当在多少匝处抽头？如果将电压升高到 250V，应将绕组增加多少匝？

5-15 在什么情况下需要用电压互感器和电流互感器？为什么电压互感器的二次侧严禁短路、电流互感器的二次侧严禁开路？

学习情境6 电动机

教学目标

知识目标：
- 理解三相异步电动机的基本结构和工作原理。
- 掌握三相异步电动机常用的起动方法，变极、变频和变转差率的调速方法，反接、能耗和回馈的制动方法。
- 了解单相异步电动机结构及工作原理，步进电动机、同步电动机的结构原理和应用。

技能目标：
- 学会使用绝缘电阻表测量电动机绕组绝缘电阻。
- 学会使用钳形电流表测量电动机起动和空载电流。
- 学会三相异步电动机的拆装与检查。

素质目标：
- 学习党的二十大精神，加强中华优秀传统文化知识教育，了解祖国电力建设现状。
- 弘扬爱国主义精神、工匠精神，促进学生德技并修。

情境链接

中国制造：高速动车组永磁同步牵引电机

党的二十大提出了加快高水平科技自立自强的战略方针。我国拥有全球最大的轨道交通装备市场，中国轨道交通装备研发能力和主导产品已经达到全球领先水平。

中国中车株洲电机有限公司于2019年9月17日发布了时速400km高速动车组用TQ-800永磁同步牵引电机。这标志着我国高铁动力首次搭建起时速400km速度等级的永磁牵引电机产品技术平台，填补了国内技术空白，为我国轨道交通牵引传动技术升级换代奠定了坚实基础。

世界轨道交通车辆牵引技术正在朝3.0版的"永磁"驱动技术发展。中国中车株洲电机有限公司生产的永磁同步牵引电动机的各项性能指标达到国际先进水平，将用于驱动我国重点研发项目——时速400km跨国互联互通高速列车，图6-1是行驶中的"复兴号"高速动车组。

图6-2为永磁同步牵引电机结构剖视图。永磁同步电机由定子和转子两个基本部分组成。定

子由定子铁心和定子绕组构成，转子主要由永久磁体、转子铁心和转轴构成。定子绕组通入电流后就会产生旋转磁场，驱动转子同步旋转。

图 6-1　行驶中的"复兴号"高速动车组

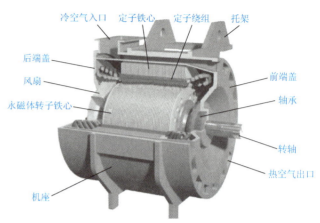

图 6-2　永磁同步牵引电机结构剖视图

"永磁高铁"电机采用新型稀土永磁材料。稀土永磁材料的发现，使高铁永磁牵引电机的研发变成了现实。

"复兴号"是我国具有完全自主知识产权的标准动车组，标志着铁路成套技术装备，特别是高速动车组已走在世界先进前列。被誉为中国新"四大发明"之一的中国高铁，正走出国门，驶向世界！

6.1　三相异步电动机

6.1.1　三相异步电动机的结构

三相异步电动机由定子和转子两部分组成，其中与机壳相连、固定不动的部分称为定子，旋转的部分称为转子，图 6-3 为三相异步电动机的结构图。

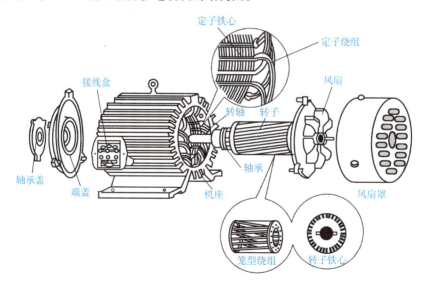

图 6-3　三相异步电动机的结构图

1. 定子

定子由机座、定子铁心、定子绕组和机壳等组成。

中小型电动机的机座通常用铸铁制成。机座内装有定子铁心，一般采用导磁性能较好、厚度为 0.5mm、表面有绝缘层的环形硅钢片叠压而成，沿内圆周表面均匀轴向开槽，槽内嵌放与铁心有良好绝缘的三相对称绕组。定子绕组是异步电动机的电路部分，首端分别用 U_1、V_1、W_1 表示，末端分别用 U_2、V_2、W_2 表示。中、小容量的低压异步电动机，将六个出线端引出，接在置于电动机外壳上的接线盒内的接线板上，可根据规定接成星形或三角形，如图 6-4 所示。

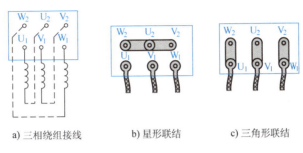

a) 三相绕组接线　　b) 星形联结　　c) 三角形联结

图 6-4　定子绕组的连接

2. 转子

转子由转子铁心、转子绕组、转轴和风扇等组成。转子铁心通常用冲制定子铁心冲片剩余下来的内圆部分制作，呈圆柱形，固定在转轴上，在外圆上冲有槽，用来嵌放转子绕组。

转子绕组按结构形式不同分为笼型转子和绕线转子两种。笼型转子绕组是在转子铁心槽内嵌放铜条或铝条，两端分别与两个短接的端环相连。如果去掉铁心，转子绕组的外形像一个鼠笼，故称笼型转子。目前，100kW 以下的笼型电动机，一般采用铸铝转子绕组，即将熔化的铝液直接浇注在转子槽内，连通两端的短路环和扇叶浇铸在一起，如图 6-5 所示。

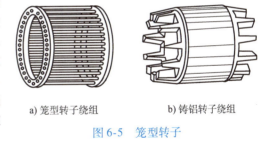

a) 笼型转子绕组　　b) 铸铝转子绕组

图 6-5　笼型转子

笼型电动机由于结构简单、使用方便、价格低和工作稳定性好，是实际生产中应用最为广泛的一种电动机，绕线转子电动机结构较复杂、价格较高，一般只用于对起动和调速要求较高的场合，如起重机等设备上。笼型和绕线转子电动机只是转子的结构不同，但工作原理是相同的。

6.1.2　三相异步电动机的工作原理

下面通过图 6-6 所示实验，来分析异步电动机能够旋转起来的原理。在装有手柄的蹄形磁铁极间，放一个可以自由转动的笼型转子，磁极和转子之间没有机械连接。当摇动磁极时，转子就会跟着磁极一起转动，摇得快，转子转动得也快；摇得慢，转子转动得也慢；反摇，转子马上反转。由此可以得到启发：摇动的磁极形成了一个旋转的磁场，自由转动的转子会随之转动。

1. 旋转磁场的产生

三相异步电动机的定子铁心中放有三相对称绕组：U_1U_2、V_1V_2、W_1W_2。目前国产的三相异步电动机，一般功率在 3kW 及以下的采用星形联结，4kW 及以上的采用三角形联结。三相对称绕组与三相交流电源连接后，绕组中便通入了三相对称电流 i_U、i_V、i_W，波形如图 6-7 所示。

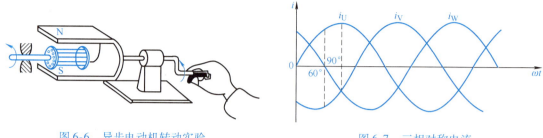

图 6-6　异步电动机转动实验　　　　　图 6-7　三相对称电流

设在正半周（$i>0$）时，电流从绕组的首端流入、尾端流出；在负半周（$i<0$）时，电流从绕组的尾端流入、首端流出。在 $\omega t=0°$ 时，$i_U=0$；$i_W>0$，在正半周，W_1W_2 绕组中电流从首端流入、尾端流出；$i_V<0$，在负半周，V_1V_2 绕组中电流从尾端流入、首端流出，由右手定则判断此时合成磁场的方向，如图 6-8a 所示。同理可得出 $\omega t=60°$（图 6-8b）和 $\omega t=90°$（图 6-8c）时合成磁场的方向。可以看出，定子绕组中通入三相交流电后，产生了随着电流的变化而在空间不断旋转的合成磁场，这就是旋转磁场。

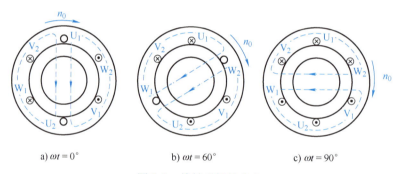

a) $\omega t=0°$　　　　b) $\omega t=60°$　　　　c) $\omega t=90°$

图 6-8　旋转磁场的产生

2. 旋转磁场的转动方向

图 6-7 所示三相对称电流的相序是 U→V→W，旋转磁场按顺时针方向旋转。如果三相绕组与电源连接的任意两相线对调，例如，V 相和 W 相对调，通过分析可以发现旋转磁场按逆时针方向旋转，如图 6-9 所示。可以得出结论：旋转磁场的转动方向与三相对称电流 i_U、i_V、i_W 的相序有关，改变相序可以改变旋转磁场的转向。

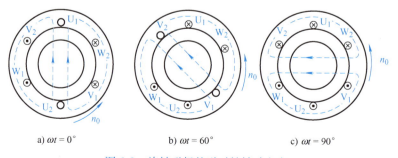

a) $\omega t=0°$　　　　b) $\omega t=60°$　　　　c) $\omega t=90°$

图 6-9　旋转磁场的逆时针转动方向

3. 旋转磁场的极数

U、V、W 三相对称绕组，如果每相有一个绕组，则相邻绕组首端（或末端）之间为 120°的空间角，产生的合成旋转磁场有一对磁极，用 p 表示磁极对数，即 $p=1$，称二极电动机。如果每相有两个绕组串联，则相邻绕组的首端（或末端）之间为 60°的空间角，产生的合成旋转磁场有两对磁极，即 $p=2$，称四极电动机，如图 6-10 所示。同理，每相有三个绕组串联，$p=3$，为六极电动机。因此，旋转磁场的极数与三相绕组的安排有关。

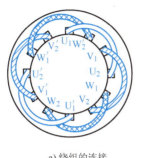
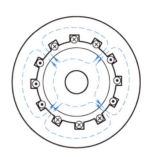

a) 绕组的连接　　　　　　　b) 合成磁场的磁极

图 6-10　三相四极旋转磁场

4. 旋转磁场的转速

旋转磁场的转速又称同步转速，用 n_0 表示。磁极对数 $p=1$ 时，三相绕组均匀分布于整个圆周，电流的相位角从 0°变到 60°，旋转磁场的磁极也转过了 60°，电流变化一个周期，旋转磁场就转一周，因此旋转磁场的每秒转数等于电流的频率。通常，电动机的转速以每分钟的转数来计。设电源的频率为 f_1，旋转磁场的转速为

$$n_0 = 60f_1 \text{（单位为 r/min）} \tag{6-1}$$

如果磁极对数 $p=2$ 时，由图 6-10 可以看出，当电流变化一个周期，旋转磁场转过半个圆周，转速比 $p=1$ 时慢了一半，即 $n_0 = 60f_1/2$，同理，当磁极对数 $p=3$ 时，电流变化三个周期，旋转磁场才转过一个圆周，$n_0 = 60f_1/3$。由此可知，当旋转磁场有 p 对磁极时，旋转磁场的转速为

$$n_0 = \frac{60f_1}{p} \tag{6-2}$$

我国工频 $f_1 = 50\,\text{Hz}$，常见的几种旋转磁场转速见表 6-1。

表 6-1　常见的几种旋转磁场转速

磁极对数 p	1	2	3	4	5	6
旋转磁场转速 n_0/(r/min)	3000	1500	1000	750	600	500

5. 转动原理

三相定子绕组通入三相电流，在定子铁心、转子铁心及两铁心间的空气隙中，就产生了一个转速为 n_0 的旋转磁场，假设按顺时针方向旋转，如图 6-11 所示。此时转子尚未转动，静止的转子与旋转磁场产生相对运动，且相对速度为最大值，在转子导体中产生感应电动势，并在形成闭合回路的转子导体中产生感应电流，方向用右手定则判定，笼型转子上半部分导体中电流流出纸面，下半部分导体中电流流进纸面。笼型转子导体在旋转磁场中受到安培力 F 的作用，方向用左手定则判定。安培力 F 在转轴上形成电磁转矩 T，使转子跟随旋转磁场的方向转动起来。如

果旋转磁场逆时针方向旋转，转子也会随之逆时针方向旋转。

由图 6-11 可以看出，异步电动机转子的转动方向与旋转磁场的转动方向一致，但转子的转速 n 必须小于旋转磁场的同步转速 n_0。如果 $n = n_0$，转子导体与旋转磁场之间就没有相对运动，相对速度为零，转子导体中产生的感应电动势、感应电流和电磁转矩都为零，转子就不可能以 n_0 的转速继续转动。因此，电动机的转子转速与同步转速 n_0 总存在一定的差值，异步电动机因此而得名。因为转子导体中的电流是电磁感应产生的，所以也称感应电动机。

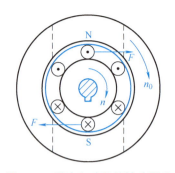

图 6-11　异步电动机的转动原理

异步电动机的同步转速和转子转速的差值 $n_0 - n$ 与同步转速 n_0 之比称为转差率，用 s 表示，即

$$s = \frac{n_0 - n}{n_0} \tag{6-3}$$

转差率是分析异步电动机的一个重要参数。通常异步电动机在额定负载下运行时的转差率为 0.01 ~ 0.06，空载时的转差率为 0.001 ~ 0.007。

例 6-1　有一台 8 极异步电动机，电源频率为 50Hz，额定转速为 720r/min，试求这台异步电动机的转差率。

解：因为磁极对数 $p = 4$，所以同步转速为

$$n_0 = \frac{60 f_1}{p} = \frac{60 \times 50}{4} \text{r/min} = 750 \text{r/min}$$

转差率为

$$s = \frac{n_0 - n}{n_0} = \frac{750 - 720}{750} = 0.04$$

6.1.3　三相异步电动机的铭牌

每台三相异步电动机的机座上都有一块铭牌，标有该电动机的主要参数，如图 6-12 所示。

三相异步电动机		
型号 Y112M-4		编号：
4.0kW		8.8A
380V	1440r/min	L_W82dB(A)
接法 △	防护等级 IP44	50Hz
标准编号	工作制 S1	B 级绝缘
×××电机厂		

图 6-12　三相异步电动机的铭牌

1）型号 Y112M-4，其中 Y 表示国产 Y 系列异步电动机，机座中心高度为 112mm，M 表示中机座（另有：S 表示短机座、L 表示长机座），4 表示电动机极数为 4 极。

2）额定功率 P_N：指电动机额定运行时，转轴能输出的机械功率。如铭牌中的 4.0kW。

3）额定电流 I_N：指电动机在额定电压、额定功率下，输出额定功率时，输入到定子绕组中的线电流。如铭牌中的 8.8A。

4）额定电压 U_N：指电动机在额定运行时，定子绕组的线电压。如铭牌中的 380V。

5）额定转速 n_N：指电动机在额定负载下，转子的转速。如铭牌中的 1440r/min。

6）接法：指三相定子绕组与额定电压相对应的连接方式，星形联结或三角形联结（Y或△）。如铭牌中的△。

7）额定频率 f_N：指所用电源的频率，如铭牌中的 50Hz。国产电动机均为 50Hz。

由于电动机自身存在各种损耗，在额定运行时电源通过定子绕组输入的电功率（P_{IN}）一定大于额定功率 P_N。三相定子绕组是电源的三相对称负载，额定功率因数为 $\cos\varphi_N$，在运行时输入的电功率为

$$P_{IN} = \sqrt{3} U_N I_N \cos\varphi_N$$

给电动机加额定负载时，输出的机械功率 P_N 与输入的电功率 P_{IN} 之比，称为额定效率 η_N，即

$$\eta_N = \frac{P_N}{P_{IN}} \times 100\%$$

6.2 三相异步电动机的起动、调速和制动

6.2.1 三相异步电动机的起动

电动机的转子从静止状态到稳定运行的过程称为起动过程，简称起动。起动过程中定子绕组的线电流称为起动电流。

在刚起动的瞬间，静止的转子与旋转磁场的相对速度为最大值，转子导体中的感应电动势和感应电流最大，一般中小型电动机，起动电流可达到额定电流的 4~7 倍。由于起动时间一般只有几秒，若不频繁起动，对电动机影响不大。但过大的起动电流会造成输电线路的电压降增大，使负载的端电压降低，影响同一线路上其他设备的正常运行。例如，使照明灯的亮度减弱，使邻近异步电动机的转矩减小等。另外，虽然转子电流较大，但由于电路的功率因数 $\cos\varphi$ 很低，起动转矩并不是很大。在实际使用时，电动机的起动需要具有足够大的起动转矩，使拖动系统尽快达到正常运行状态；同时起动电流不要太大，起动设备尽量简单、经济、便于操作和维护。

笼型异步电动机常用的起动方法有直接起动和减压起动两种。

1. 直接起动

将电动机定子绕组直接与额定电压的电源相连接的起动方式，称为直接起动或全压起动，如图 6-13 所示。这种起动方法简单、操作方便，如果电动机频繁起动，电动机的功率小于为其供电的变压器容量的 20%时，允许直接起动；如果不频繁起动，其功率小于变压器容量的 30%时，允许直接起动。一般 10kW 及以下的电动机采用直接起动。

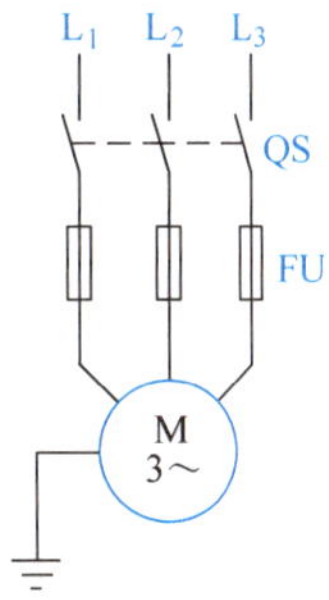

2. 减压起动

起动时使加在电动机定子绕组上的电压降低，目的是减小起动电流，待电动机达到一定的转速，再接通额定电压使其正常运行，即减压起动，全压运行。

图 6-13 直接起动电路

如果电动机的容量较大，不满足直接起动条件，必须采用这种方法起动。电动机的电磁转矩与定子绕组线电压的二次方成正比，减压起动必然减小起动转矩，不利于电动机拖动重负载起动，因而仅适用于对起动转矩要求不高的场合。

常用的减压起动方法有：定子绕组串电阻或电抗减压起动、自耦变压器减压起动和星形-三

角形换接减压起动等。

1）定子绕组串电阻或电抗减压起动。起动时，在定子电路中串入电阻或电抗，如图6-14所示，使加在电动机定子绕组上的电压低于电源电压，从而减小了起动电流。该方法具有起动平稳、运行可靠和设备简单的优点，但起动转矩随电压的二次方降低，只适合空载或轻载起动，同时起动时电能损耗大，通常只用于较小容量电动机。

2）自耦变压器减压起动。自耦变压器减压起动电路如图6-15所示。起动时，把QS_2扳到起动位置，使三相交流电源经自耦变压器降压后，接在电动机的定子绕组上，这时电动机定子绕组得到的电压低于电源电压，待电动机转速接近额定转速时，再把QS_2从起动位置迅速扳到运行位置，让定子绕组得到全压。

自耦减压起动时，电动机定子绕组电压降为直接起动时的$1/K$（K为变压比），定子电流也降为直接起动时的$1/K$，而电磁转矩与外加电压的二次方成正比，故起动转矩为直接起动时的$1/K^2$。起动用的自耦变压器专用设备称为补偿器，它通常有几个抽头，可输出不同的电压，如电源电压的80%、60%和40%等，可供用户选用。一般补偿器只用于较大功率的电动机起动。

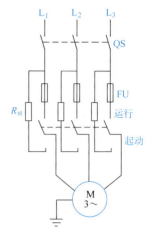

图6-14　定子绕组串电阻或电抗减压起动电路

3）星形-三角形（Y-△）换接减压起动。星形-三角形换接减压起动电路如图6-16所示。如果电动机在运行时定子绕组接成三角形联结，那么在起动时可以先接成星形联结，待转速接近额定转速时再换接成三角形联结，这样，在起动时就把定子每相绕组上的电压降低到正常运行时的$1/\sqrt{3}$，起动转矩减小为直接起动时的$1/3$，可以证明，起动电流也减小为直接起动时的$1/3$。

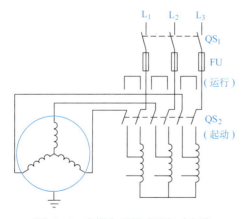

图6-15　自耦变压器减压起动电路

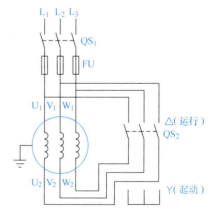

图6-16　星形-三角形换接减压起动电路

6.2.2　三相异步电动机的调速

调速是指在同一负载下改变电动机的转速，用来满足生产的需要。根据转差率公式及同步转速的公式可得

$$n = (1-s)n_0 = (1-s)\frac{60f_1}{p} \tag{6-4}$$

由上式可知，若要改变三相异步电动机的转速，可以通过改变电源的频率 f_1、电动机的磁极对数 p 和转差率 s 来实现。

1. 变极调速

通过改变定子绕组的不同连接方式来改变电动机的磁极对数，从而改变旋转磁场的转速，以实现调速的方法。

如果将每相定子绕组变换为两个线圈串联，如图 6-17a 所示，磁极对数 $p=2$，工频时同步转速为 $n_0 = 1500 \text{r/min}$；若将两个线圈并联，如图 6-17b 所示，磁极对数 $p=1$，同步转速为 $n_0 = 3000 \text{r/min}$。

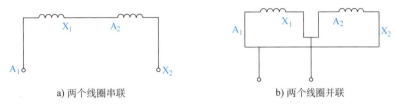

a) 两个线圈串联   b) 两个线圈并联

图 6-17　改变磁极对数的调速方法

这种调速比较简单，只能是分级调速，不能实现无级平滑调速，现在国产电动机可以实现双速、三速和四速，常用在需要调速但要求不高的场合，如金属切削机床。

2. 变频调速

通过改变电源的频率以改变旋转磁场的转速，从而实现调速的方法。只要为电动机设置专用的变频电源，就可实现电动机较宽范围的平滑调速。

变频装置主要由整流器和逆变器两大部分组成，如图 6-18 所示。由整流器将 50Hz 的三相交流电经整流变换为直流电，再由逆变器变换为频率 f_1、电压有效值 U_1 均可调的三相交流电提供给电动机。近年来由于逆变技术的发展，变频调速得到了广泛的应用，这种调速方法将成为异步电动机主要的和理想的调速方法。

图 6-18　变频调速原理

3. 变转差率调速

当三相异步电动机的定子绕组加数值不同的电压时，电动机机械特性上额定负载转矩的转速改变，即改变运行时的转差率。电压降低使转矩下降更多，因而只能实现很小范围的调速，如电动机拖动的风机、泵类等。对于绕线式三相异步电动机可通过转子电路外串接电阻的方法，改变最大转矩处的转差率，达到调速的目的，这种调速优点是有一定的调速范围、设备简单，但能耗较大、效率较低，广泛用于起重设备。

6.2.3　三相异步电动机的制动

电动机电源切断后，由于惯性总要经过一段时间才能停止下来，在实际生产过程中，有时需要电动机能准确、迅速地停车，对电动机采取各种措施进行制动。制动的方法主要有机械制动和电磁制动两种。

机械制动是利用电磁力、弹簧力和液压力等产生的摩擦阻力，使电动机迅速停转。主要用于某些低能负载，如电梯、提升机和起重机等，防止它们停止时产生滑动。

电磁制动包括能耗制动、反接制动和回馈制动等。

1. 能耗制动

在电动机切断电源时，随即将定子绕组接上直流电源，定子会产生一静止固定的磁场，而转子由于惯性仍按原方向旋转，它和静止的磁场存在相对运动，产生感应电流，并产生与转子转动的方向相反的电磁力，使电动机迅速停止转动，其原理如图6-19所示。

这种制动是用消耗转子的动能进行制动的，所以称为能耗制动。此制动方法具有准确可靠、能量损耗小的优点，但是需要直流电源。

2. 反接制动

当电动机切断电源后，立即与三根电源线中任意两根对调位置的三相交流电源接上，旋转磁场会反向旋转，转子由于惯性仍沿原方向转动。可以判定转矩的方向与转子的转动方向相反，而使电动机制动。需要注意的是：当转速接近零时，要及时地切断电源，防止电动机反转，其原理如图6-20所示。

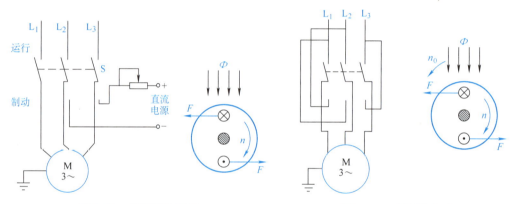

图6-19　能耗制动原理　　　　　　图6-20　反接制动原理

采用这种制动方法时，因为旋转磁场与转子的相对转速（$n_0 + n$）很大，因而定子绕组中的电流较大，对于功率较大的电动机可以采取限流措施，笼型电动机的定子电路和绕线型的转子电路可以串联电阻。这种制动方法比较简单、效果好，比较适合使用较小功率三相异步电动机的场合，如中型车床、铣床主轴的制动。

6.3　单相异步电动机

单相绕组通入单相交流电，将产生按正弦规律变化的交变磁场，它在空间只沿正反两个方向反复改变，因此也称为脉振磁场。在这样的磁场作用下转子不能产生起动转矩转动。下面介绍两种常用的笼型单相异步电动机的旋转原理。

6.3.1　电容分相式单相异步电动机

电容分相式单相异步电动机的定子具有两个在空间上互成90°的绕组，如图6-21所示。U_1U_2称为工作绕组，流过的电流为i_2；V_1V_2绕组中串有电容器，称为起动绕组，流过的电流为i_1，两个绕组接在同一单相交流

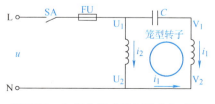

图6-21　电容分相式单相异步电动机

电源上。适当选择电容 C 的大小，可使两个绕组中的电流相位差为90°。这样的两相绕组通入互差90°的两相交流电，便产生了旋转磁场，如图6-22所示，在旋转磁场的作用下，电动机的转子就会沿旋转磁场方向旋转。

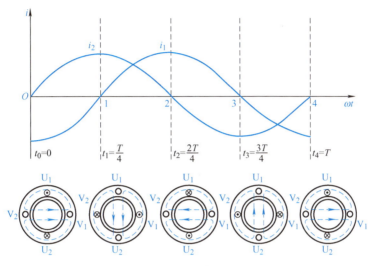

图 6-22 两相旋转磁场

6.3.2 罩极式单相异步电动机

罩极式单相异步电动机的定子铁心一般制作成凸极式，转子仍为笼型，外形如图 6-23a 所示。在定子磁极上开一个槽，将磁极分成两部分，在较小磁极上套一个短路铜环，称为罩极。

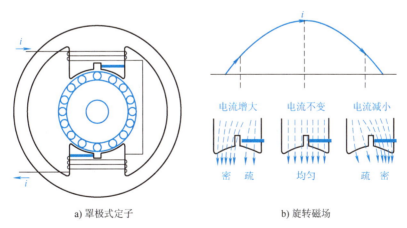

a) 罩极式定子　　　b) 旋转磁场

图 6-23 罩极式定子及其旋转磁场

励磁绕组通入单相交流电产生交流磁场时，由楞次定律可知，铜环中的感应电流总是阻碍磁场的变化，这就使磁极的被罩一侧磁场的变化总是滞后于另一侧，总体上看，好像磁场在旋转，如图 6-23b 所示。其旋转方向总是从磁极的未罩部分指向被罩部分，磁场的转动方向是不变的。

可见罩极式单相异步电动机不能改变转向，它的起动转矩比分相式单相异步电动机的起动转矩小，一般用在空载或轻载起动的台扇、排风机等设备中。

6.4 同步电动机

同步电动机是一种交流电动机,其特点是转子的转速始终与定子旋转磁场转速相同。同步电动机在电力工业中有着很广泛的应用。

1. 三相同步电动机

三相同步电动机的结构分为定子和转子两大部分,其定子与三相异步电动机的定子结构完全相同,也是由定子铁心、定子三相绕组等组成。定子三相绕组中通入三相对称交流电时,对称的三相绕组中将产生旋转磁场,如果在旋转磁场中放进一个磁铁作转子,由于异性磁极的相互吸引,它必将随旋转磁场一起转动,转子的转速将始终等于旋转磁场转速,不会因负载的改变而改变,这种电动机称为三相同步电动机,其转动原理如图 6-24 所示。同时三相同步电动机转子必须用直流励磁才能工作,要通过集电环、电刷引入直流电,这使供电电源复杂化。

2. 单相微型同步电动机

单相微型同步电动机是一种不需外加直流电源的小容量的单相同步电动机,使用的是单相交流电源,具有体积小、结构简单、运行可靠及转速恒定等特点。

单相微型同步电动机的定子与单相异步电动机的定子结构基本相同,均为单相绕组,为了产生旋转磁场,其定子也有电容式和罩极式。其转子按结构形式不同,可分为磁阻式(反应式)、磁滞式和永磁式三类。

图 6-25 为单相微型同步电动机结构示意图,它的定子是罩极式,转子是磁阻式,用硬磁合金制成,转子冲片中间开槽,转动时兼有磁滞转矩和磁阻转矩。

当单相交流电通入电动机定子绕组后,将产生按正弦规律变化的两相旋转磁场,在两相交流旋转磁场中,放置磁阻式转子,即成为单相同步电动机。转子的惯性很小,容易起动,不需外接的直流电源为转子励磁,它的转速恒定不变。

单相同步电动机可以很方便地制成微型电动机(见图 6-25)。微型同步电动机的功率最小只有几瓦,主要用于小功率拖动系统中,如光盘驱动器、传真机、录像机、自动化装置和记录仪器等。

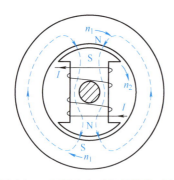

图 6-24 三相同步电动机的结构示意图

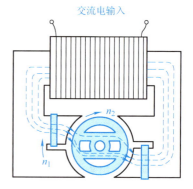

图 6-25 微型同步电动机

3. 永磁同步电动机

永磁同步电动机的定子结构与普通的感应电动机的结构非常相似,转子结构与异步电动机的最大不同是在转子上放有高质量的永磁体磁极。永磁同步电动机可使用单相交流电源或三相交流电源。永磁同步电动机具有高起动转矩、快速起动和高过载能力的优点,永磁同步电动机转速只取决于频率,不随负载和电压的波动而变化,运行平稳可靠。

中国创造:同步发电机和同步电动机

同步电机分为同步发电机和同步电动机。同步发电机和同步电动机具有可逆性,接通三相电源,同步电机便成为电动机,这时是电动机运行状态;若通过原动机(水力、火力和风力等)拖动转子,同步电机可发出三相交流电,这时是发电机运行状态。

在工矿企业和电力系统中,同步电动机也有广泛的应用。现代水电站、火电站和核电站中的交流发电机,几乎全部都是同步发电机。

三峡工程右岸电站15号机组是东方电机股份有限公司制造的巨型水冷式水轮发电机组,由葛洲坝集团三峡右岸机电安装项目部承建安装,并于2008年9月8日,三峡工程右岸电站15号水轮发电机组转子完成吊装(如图6-26所示)。

图6-26　建设者在吊装三峡电站水轮发电机组转子

15号机组是我国拥有自主知识产权的8台三峡国产机组中最后一台投产的水电机组。它的最终投产,意味着安装了26台70万千瓦机组的三峡左右岸电站工程全部竣工。

2022年1月18日,世界第二大水电站白鹤滩水电站——右岸9号水轮发电机组转子顺利完成吊装,这是白鹤滩水电站吊装完成的最后一台机组转子,如图6-27所示。至此,白鹤滩水电站16台百万千瓦水轮发电机组转子全部吊装完成。

图6-27　白鹤滩水电站机组转子顺利完成吊装

白鹤滩水电站位于四川省宁南县和云南省巧家县境内，总装机容量1600万千瓦，左、右岸电站各安装8台单机容量100万千瓦的水轮发电机组，总装机规模仅次于三峡工程，居世界第二，单机容量位居世界第一。

重达2000多吨的白鹤滩水电站机组转子是水轮发电机组的转动部件，机组运行时，由转子转动产生旋转磁场，切割定子绕组，从而产生感应电动势、输出电能。转子吊装是水轮发电机组正式投产发电进入倒计时的标志性节点。转子由转子中心体、转子支架、立筋、磁轭及磁极等部件组成，外圆直径约16.5m，最大高度约4.08m，重量达2295t。

在白鹤滩水电站机组设计、制造和安装过程中，三峡集团提出"精品机组"的高标准，对转子组装和安装提出极高要求，转子磁轭垂直度、磁轭圆度、磁轭圆柱度及半径等重要指标均优于国家标准。据介绍，三峡集团依托白鹤滩水电站工程建设开展百万千瓦机组自主创新研究，通过百万千瓦机组研发、设计、制造和安装，进一步提高了我国水电装备国产化水平，稳固了我国水电技术的世界引领地位，为服务国家战略提供了强大支撑。

2023年2月27日，世界在建规模最大、综合技术难度最高的水电工程——白鹤滩水电站最后一台机组（9号机组）顺利通过验收。至此，白鹤滩水电站16台百万千瓦机组全部通过验收，投产发电。年平均发电量可达624.43亿千瓦·时，可替代标准煤约1968万吨，减排二氧化碳约5200万吨。

目前，我国自主研制安装的白鹤滩水电站16台百万千瓦水轮发电机组运行稳定，质量达到精品指标，远优于国家标准和行业标准，机组性能优良，标志着中国水电设计、制造和安装调试技术已经成功登顶世界水电装备"珠峰"。

6.5　直流电动机

直流电动机的调速性能好、起动转矩大。这种特点对有些生产机械的拖动来说是十分重要的，例如大型可逆式轧钢机、卷扬机、大型车床和大型起重机等生产机械，大都是直流电动机拖动。

6.5.1　直流电动机的工作原理

图6-28为直流电动机的工作原理图，图中N、S为直流电动机定子主磁极，主磁极上绕有励磁绕组。线圈abcd装在可转动的圆柱铁心上，合称电枢，线圈称为电枢绕组。与电枢绕组两端相连的是两个彼此绝缘的圆弧形铜片，即换向片。电刷A和B紧压在换向片上，并与外加直流电源相通。电刷是固定不动的，换向片随电枢一起转动，以保证在电源极性不变的前提下，电枢绕组所受的电磁力始终维持电枢沿某一方向转动。直流电动机截面结构如图6-29所示。

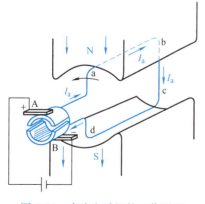

图6-28　直流电动机的工作原理

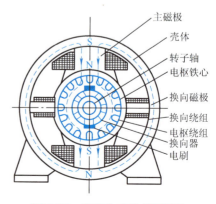

图6-29　直流电动机截面结构

6.5.2 直流电动机的励磁方式

直流电动机上定子磁极 N、S 的产生有两种方法：一种方法是用永久磁铁；另一种方法是给定子铁心上的励磁绕组通入直流电。按励磁绕组与电枢绕组连接方式的不同，直流电动机可分为他励、并励、串励和复励，电路如图 6-30 所示。

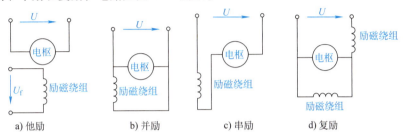

图 6-30　直流电动机的励磁方式

他励和并励直流电动机具有硬机械特性，当负载增大时转速略有下降。这类电动机调速范围广，适用于需要调速的轧机、金属切削机床、纺织印染、造纸和印刷机械。

串励电动机具有软机械特性，当负载增大时转速大幅下降。

复励电动机具有的机械特性曲线介于两者之间，适用于起动转矩较大，转速变化不大的负载，如冶金辅助机械、空气压缩机等。

6.6 步进电动机

步进电动机是一种将电脉冲信号转换为角位移的电动机，角位移量与脉冲数成正比，转速与脉冲频率成正比。每输入一个电脉冲信号，就对应转动一个角度。所以步进电动机是一种把输入电脉冲信号转换为机械角位移的执行元件。

步进电动机在数字控制系统中的应用日益广泛，例如在数控机床中，将加工零件的图形、尺寸及工艺要求编制成一定符号的加工指令，输入数字计算机。计算机根据给定的数据和要求进行运算，而后发出电脉冲信号。计算机每发一个脉冲，步进电动机便转过一定角度，由步进电动机通过传动装置所带动的工作台或刀架就移动一个很小距离（或转动一个很小角度）。脉冲一个接一个发来，步进电动机便一步一步地转动，达到自动加工零件的目的。

步进电动机一般采用专用驱动电源进行调速控制，驱动电源主要由脉冲分配器和脉冲功率放大器部分组成。步进电动机驱动示意图如图 6-31 所示。

图 6-31　步进电动机驱动示意图

图 6-32 为某步进电动机原理图。定子铁心由硅钢片叠成,其定子上装有 6 个均匀分布的磁极,每对磁极上都绕有控制绕组,每相绕组首端 U_1、V_1、W_1 接电源,末端 U_2、V_2、W_2 连接,以构成星形联结。转子也由硅钢片叠成,转子形状为凸极,称为齿。

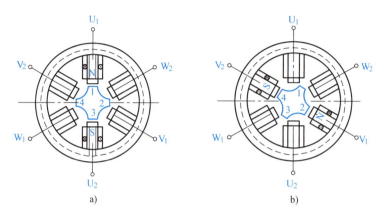

图 6-32　某步进电动机原理图

当向 U 相绕组通入电脉冲时,由于磁通总是沿磁阻最小的路径闭合,于是产生磁场力使转子铁心齿 1、3 与 U 相绕组轴线对齐,如图 6-32a 所示。如将电脉冲通入到 V 相绕组中,根据同样的原理,转子铁心齿 2、4 与 V 相绕组轴线对齐,如图 6-32b 所示。按照以上原理分析,如定子绕组按 U→V→W→U→⋯的顺序重复通入电脉冲,转子就按顺时针的方向一步一步转动。通入的电脉冲频率越高,电动机的转速越快。

如果改变通入电脉冲的顺序,按 U →W→V→U→⋯的顺序,转子反方向一步一步转动。实际上,为了提高步进电动机的精度,常将步进电动机定子的每一个极分成许多小齿。

步进电动机广泛应用于计算机绘图仪、自动记录仪表、数控机床和钟表行业等。

6.7　常用的电动工具

6.7.1　电动工具的基本结构

电动工具的基本结构包括外壳、电动机、传动机构、工作头、开关及连接件等。

1. 外壳

外壳一般用工程塑料制造,具有重量轻、强度高、造型大方和色泽美观等优点,同时增强了电动工具的安全可靠性能。

2. 电动机

电动工具主要使用单相串励(属于交、直流两用电动机)、单相电容电动机、三相工频异步笼型和永磁直流等电动机。较大规格的电动工具大多采用三相工频异步笼型电动机。直流永磁电动机一般用于微型和小型电动工具,也可用于水下和高空作业。

3. 传动机构

传动机构的主要功能是传递能量、变速和改变运动方向。由于加工作业的需要,电动工具有各种运动形式,如往复、冲击、旋转、振动和复合运动。传动齿轮有直齿圆柱齿轮、锥形齿轮和内啮合齿轮。

4. 工作头

工作头是作业工具和夹持结构的总称，包括对工作进行加工的刀具、刃具和磨具，如各种钻头、锯片、锯条、磨具、丝锥和螺钉旋具等。

5. 开关

开关安装在电动工具本体或附件上，主要用于接通与断开电源，改变电动工具的旋转方向，限制空载转速，调节运转速度，并具有瞬时动作机构，使触头快速通、断。手扳式开关能自动复位切断电源，有的还装有自锁机构。

6.7.2 常用电动工具简介

1. 普通电钻与冲击电钻

普通电钻是一种在金属、塑料及类似材料上钻孔的工具，常用的电钻如图 6-33 所示。冲击电钻的冲击力是借助于操作者的轴向进给压力产生的，用于在砖石、轻质混凝土等脆性材料上打孔。冲击电钻如图 6-34 所示。

2. 电锤

电锤和冲击电钻的区别从外观上就可以看出，电锤有快装机构，没有钻夹头，而冲击电钻有钻夹头。电锤的冲击力由机器内部的压气活塞与冲击活塞产生，冲击活塞随压气活塞做同步往复运动而锤击钻杆尾部，从而使电锤钻孔。

电锤比冲击电钻的打孔效率高 15～20 倍。电锤的电源开关为耐振的带自锁功能的手扳式复位开关。目前电锤的功能较多，如可正反转（可逆）、可调速、可恒速、可用作电钻和电镐（化旋转加冲击为单旋转和单冲击）。电锤用于在混凝土、砖石等建筑物构建上凿孔、开槽和打毛等作业。电锤如图 6-35 所示。

图 6-33　普通电钻

图 6-34　冲击电钻

图 6-35　电锤

3. 电剪刀

电剪刀是一种刀架为马蹄形的单刃剪切手持式电动剪裁工具，用于裁剪钢板、铝材及其他金属板材，如图 6-36 所示。

4. 角向磨光机

角向磨光机如图 6-37 所示，用于切割不锈钢、普通碳素钢的型材或管材，修磨工件的飞边。换上专用砂轮后可切割砖、石和石棉波纹板等建筑材料；换上圆盘钢丝刷后可用于除锈和刷光金属表面；换上抛光轮后则可用于抛光各种材料的表面。抛光机如图 6-38 所示。

电动角向磨光机已在机械制造、船舶、电力和建筑等领域获得了广泛的应用。

5. 型材切割机

型材切割机适用于设备与电气安装、建筑五金、石油化工、钢铁冶金和船舶修造等部门。它可用于切割圆形、异形钢管、角钢、槽钢和扁钢等各种型材，也能切割直径不大的圆钢。当它用来切割不锈钢、轴承钢、各种合金钢和淬火钢等材料时，更具有突出优点。型材切割机切割片为砂轮切割片，如图6-39所示。

图6-36 电剪刀

图6-37 角向磨光机

图6-38 抛光机

6. 石材切割机

石材切割机（又称云石机、大理石切割机）是电动工具产品中量大面广的品种之一，主要用于陶瓷材料、磁性材料、玻璃、混凝土及各种石材的切割和划线，广泛应用于建筑、住房装潢等领域。与石材切割机配套使用的切割片为金刚石切割片，分为干、湿两种切割片，湿型刀片切割时需用水作为冷却液。石材切割机如图6-40所示。

图6-39 型材切割机

图6-40 石材切割机

情境链接

电动工具维修实例：单相电钻绕组重绕

单相电钻是目前应用广泛的一种电动工具，它主要由单相交流串励电动机、减速器（变速齿轮）、快速切断自动复位手扳式开关和钻头夹等部分组成。JIZ型电钻的结构示意图如图6-41所示。

在拆除绕组前与拆除过程中应记录以下数据：

1) 定、转子上每只绕组的匝数及导线牌号与线径。

2) 定子绕组引出线的位置及定子绕组尺寸。

3) 转子绕组与换向器的焊接位置。

4) 电刷架位置。

1. 定子绕组的重绕

1) 将定子绕组取出后，拆去纱带等绝缘

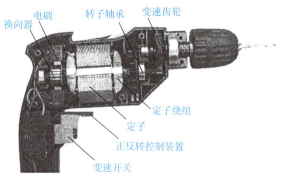
图6-41 JIZ型电钻结构示意图

物，量出绕组模的尺寸，同时要数清线圈的匝数，量出导线线径。

2) 根据绕组模的尺寸制作好绕线模，再重绕新绕组。对绕制好的新绕组，要进行绝缘处理。

3) 最后将新绕组固定在定子上，接线时，应注意两极绕组的极性相反，一般采用尾接尾的方法，如图 6-42 所示。接好后，在磁极中间放一只铁钉，然后接入低压电源，如果铁钉立起来，表示接线正确（如图 6-43 所示），否则表示接线错误。

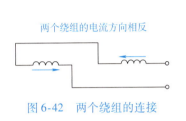

图 6-42 两个绕组的连接

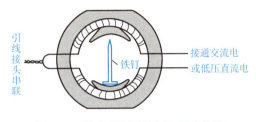

图 6-43 接入电源后铁钉的正确位置

2. 转子绕组的重绕

1) 经绝缘处理后的转子绕组非常坚硬，拆除时比较困难，所以应先加热再拆除。

2) 绕线顺序是：按槽号 1～5、5～2、2～6、6～3、…的顺序绕制，如图 6-44 所示。

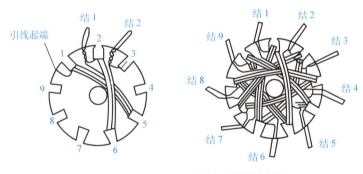

图 6-44 9 个槽的电枢绕组的绕制步骤

3) 在绕制过程中，当每一个绕组绕到规定匝数时，把导线抽出槽外，扭成一个"麻花"形，即完成了抽头工作。

4) 把引线头焊到换向器上。在焊接过程中，应注意绕组出线及焊接位置。修复时应根据原来拆除时记录的数据焊接，焊接线头时用松香焊剂较好。全部焊完后，用刀将露出槽外的线头切掉，再将换向器片间的焊锡刮干净，如图 6-45 所示。

5) 绕组重绕及焊接工作全部完成后，要进行匝间短路试验和换向器片间电阻测定，接着再进行浸漆处理。烘干温度不宜过高，也不宜变化过大，以防绕组与换向器连接线断线。最后在带电试验时，如发现旋转方向相反，可将电刷架上的两个定子绕组线头的位置对换一下，如图 6-46 所示。

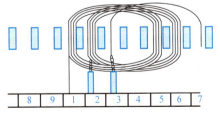

图 6-45 引线头焊接在换向器上

6) 电钻总装实物如图 6-47 所示。电钻修复后，应测量绕组对地的绝缘，总的绝缘电阻不应低于 1.0MΩ。

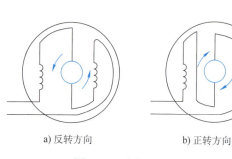
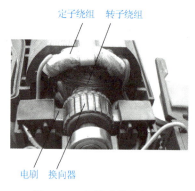

a) 反转方向　　　b) 正转方向

图 6-46　改变磁极的极性

图 6-47　电钻总装实物图

情境总结

1. 三相异步电动机的结构：定子由机座、定子铁心和定子三相绕组组成；转子有笼型转子和绕线型转子两种绕组。三相异步电动机的定子绕组流过三相对称交流电流时，会产生一旋转磁场，旋转磁场以同步转速 n_0 切割转子导体，使其产生感应电流。转子电流与旋转磁场相互作用又产生电磁转矩，使转子沿旋转磁场的旋转方向而转动，其转速 n 小于同步转速 n_0，即存在转差 n_0-n，转差率 $s=\dfrac{n_0-n}{n_0}$。

2. 三相笼型异步电动机可采用直接起动、减压起动和丫/△起动。调速方法有变极调速、变频调速及改变转差率 s 调速，其电气控制方法有能耗制动和反接制动。

3. 常用的单相异步电动机有电容分相式和罩极式。

4. 直流电动机是利用电和磁相互作用产生电磁转矩来工作的，按励磁方式可分为他励、并励、串励和复励，并励和串励电动机应用较广。

5. 步进电动机作为执行元件，主要应用于自动控制系统中。

6. 电动工具的使用十分广泛，常用的电动工具主要有普通电钻、冲击电钻、电锤、角向磨光机、电剪刀和切割机等。

习题与思考题

6-1　如果改变三相异步电动机的转动方向，应采取什么措施？

6-2　如何根据转差率的大小来判别异步电动机的运行情况？

6-3　当异步电动机的定子绕组已经与电源接通，由于转子被阻，长时间不能转动，对电动机有何危害？如遇到这种情况，应采取何措施？

6-4　电动机功率选择太大有什么坏处？在什么情况下，电动机的功率因数和效率较高？

6-5　异步电动机在什么情况下进行星形联结或三角形联结？

6-6　有一台三相异步电动机，电源频率 $f=50\text{Hz}$，额定转速 $n_N=960\text{r/min}$。试确定该电动机的磁极对数、额定转差率及额定转速时转子电流的频率。

6-7　已知 Y112M-4 型三相异步电动机，同步转速 $n_0=1500\text{r/min}$，额定转速 $n_N=1440\text{r/min}$，空载时的转差率 $s_0=0.0026$。求该电动机的磁极对数 p、额定转差率 s_N 和空载转速 n。

6-8　一台三相异步电动机，如果某一相绕组断路，能否起动？如果是在运行过程中，有一条电源线断路，是否能在"两相"电的情况下继续运转？如果不能及时发现，会出现什么后果？

6-9 有一台三相异步电动机，铭牌标明 380V/220V，Y/△。试问当电动机接成Y联结和△联结起动时，起动电流和起动转矩是否一样大？当电源电压为 380V 时，能否采用Y-△联结起动？

6-10 一台三相笼型异步电动机的型号为 Y225S-4，额定功率为 37kW，$I_{st}/I_N = 7$，$T_{st}/T_N = 1.9$，规定接法为△联结。供电系统变压器容量为 1000kV·A。电动机在带有 90% 负载的情况下起动，试选择适当的起动方法。

6-11 简述电容分相式单相异步电动机的工作原理。

6-12 直流电动机的结构主要由哪几部分组成？简述直流电动机的励磁方式。

6-13 与其他类型的电动机相比较，步进电动机有何特点？简述其工作原理。

6-14 试比较各类电动工具的适用场合。

学习情境7
常用低压电器识别拆装与检测

教学目标

知识目标：
◆ 了解各种常用的低压电器的结构、工作原理、主要技术参数和选择方法等。
◆ 理解继电器-接触器控制系统的结构和意义。
◆ 掌握继电器-接触器控制系统基本控制环节、保护环节，从而奠定学习电气控制电路的基础。

技能目标：
◆ 学会接触器的检测与调试。
◆ 学会主令电器（按钮、转换开关等）的检测与调试。
◆ 学会继电器的检测与调试。

素质目标：
◆ 弘扬爱国主义精神，弘扬精益求精的专业精神、职业精神、工匠精神。

低压电器是指工作在交流1200V及以下、直流1500V及以下的电路中，以实现对电路中信号的检测、执行部件的控制、电路的保护和信号的变换等作用的电器。

7.1 刀开关

刀开关是一种手动电器，广泛应用于配电设备中作隔离电源用，有时也用于较小容量不频繁起动停止的电动机直接起动控制。刀开关由手柄、触头、铰链支座和绝缘底板等组成。

下面以HK2系列刀开关为例进行介绍。这种开关可作较小容量交流异步电动机的不频繁直接起动和停止及电路的隔离开关、小容量电源的开关等。

本系列开关是由刀开关和熔断体组合而成的一种电器，装置在一块瓷底板上，上面覆盖着胶木盖以保证用电的安全。图7-1为HK2系列刀开关的结构和外形图。图7-2为三极刀开关的图形及文字符号。它的结构简单、操作方便。熔体动作后（即熔断后），只要加以更换就可以了。

学习情境7 常用低压电器识别拆装与检测

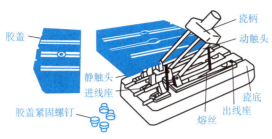

图 7-1　HK2 系列刀开关的结构和外形图　　　图7-2　三极刀开关的图形及文字符号

HK2 系列刀开关根据控制回路的电源种类、电压等级和电动机的额定电流（或额定功率）进行选择。

7.2　低压断路器

低压断路器又称自动空气断路器，俗称自动空气开关，是一种既有手动开关作用又能自动进行欠电压、失电压、过载和短路保护的电器。低压断路器有单极、双极、三极和四极断路器四种，可用于电源电路、照明电路、电动机主电路的分合及保护等。图 7-3 为 DZ20 系列及 DZ47-63 系列低压断路器外形图。图 7-4 为三极低压断路器的图形及文字符号。

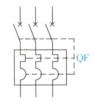

图 7-3　DZ20 系列及 DZ47-63 系列　　　图7-4　三极低压断路器的
　　　低压断路器外形图　　　　　　　　　　　图形及文字符号

1. 低压断路器的结构

低压断路器主要由主触头、操作机构、脱扣器和灭弧装置等组成。

2. 低压断路器的工作原理

图 7-5 为三极低压断路器的工作原理图。图中 1 为分闸弹簧、2 为主触头、3 为传动杆、4 为锁扣、5 为轴、6 为过电流脱扣器、7 为热脱扣器、8 为欠电压失电压脱扣器、9 为分励脱扣器。

低压断路器
的工作原理

当低压断路器的手柄推上后，主触头 2 闭合，三相电路接通，传动杆 3 被锁扣 4 钩住。如果主电路出现过电流现象，则过电流脱扣器 6 的衔铁吸合，顶杆将锁扣 4 顶开，主触头在分闸弹簧 1 的作用下复位，断开主电路，起到保护作用。如果出现过载现象，热脱扣器 7 将锁扣 4 顶开，如果出现欠电压失电压现象，欠电压失电压脱扣器 8 将锁扣 4 顶开。分励脱扣器 9 可由操作人员控制，使低压断路器跳闸。

3. 低压断路器的选用

低压断路器的选用应符合 GB/T 14048.2—2020《低压开关设备和控制设备　第 2 部分：断路

器》等国家标准要求。

选用原则：

1）断路器的类型应根据电路的额定电流及保护的要求来选择。

2）断路器的额定工作电压应高于或等于线路或设备的额定工作电压。

3）断路器的主电路额定工作电流应大于或等于负载工作电流。

4）断路器的过电流脱扣器的整定电流应大于或等于线路的最大负载电流。

5）断路器的欠电压脱扣器的额定电压等于主电路额定电压。

6）断路器的额定通断能力大于或等于电路的最大短路电流。

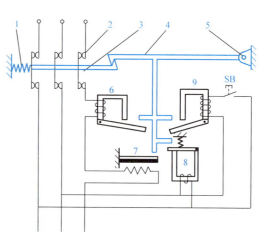

图 7-5　三极低压断路器工作原理图

1—分闸弹簧　2—主触头　3—传动杆　4—锁扣
5—轴　6—过电流脱扣器　7—热脱扣器
8—欠电压失电压脱扣器　9—分励脱扣器

7.3 熔断器

熔断器是一种用于短路与过载保护的电器。熔断器是线路中人为设置的"薄弱环节"，要求它能承受额定电流，而当短路发生的瞬间，则要求其充分显示出薄弱性来，首先熔断，从而保护电器设备的安全。熔断器主要由熔体、触头及绝缘底板（底座）等部分组成。

1. 熔断器的分类与常用型号

熔断器按结构形式不同可分为半封闭插入式、无填料密封管式和有填料密封管式等。按用途不同可分为工业用熔断器、半导体器件保护用熔断器和特殊用途用熔断器等。

熔断器的主要部件就是熔体。熔体的材料分为低熔点和高熔点材料。低熔点材料主要有铅锡合金、锌等，高熔点材料主要有铜、银和铝等。

图 7-6 为 RC1 系列半封闭插入式熔断器、RL1 系列螺旋式熔断器结构图。图 7-7 为熔断器的图形及文字符号。

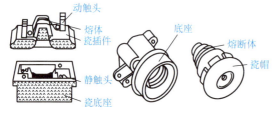

图 7-6　熔断器的结构示例

图 7-7　熔断器的图形及文字符号

2. 熔断器的主要技术参数

（1）额定电压　熔断器长期工作时能够正常工作的电压。

（2）额定电流　熔断器长期工作时允许通过的最大电流。熔断器一般是起保护作用的，负载正常工作时，电流是基本不变的，熔断器的熔体要根据负载的额定电流进行选择，只有选择合适的熔体，才能起到保护电路的作用。

（3）极限分断能力　熔断器在规定的额定电压下能够分断的最大电流值。它取决于熔断器的灭弧能力，与熔体的额定电流无关。

熔断器无论其型号如何，无论安装形式如何，无论其附加的功能如何，其主要作用只有一个，那就是，电流过大后其熔体因过热而熔断，从而断开电路，保护电路中的用电设备。

7.4 接触器

接触器是低压电器中的主要品种之一，广泛应用于电力传动系统中，用来频繁地接通和分断带有负载的主电路或大容量的控制电路，并可实现远距离的自动控制。接触器主要应用于电动机的自动控制、电热设备的控制以及电容器组设备的控制等。

接触器根据操作原理的不同可分为电磁式、气动式和液压式，绝大多数的接触器为电磁式接触器；根据接触器触头控制负载的不同可分为直流接触器（用作接通和分断直流电路的接触器）和交流接触器（用作接通和分断交流电路的接触器）两种；此外接触器还可按它的冷却情况分为空气冷却、油冷和水冷三种，绝大多数的接触器是空气冷却式。在此主要介绍最常用的空气电磁式交流接触器。

图 7-8 为交流接触器实物图，图 7-9 为交流接触器的结构和触头系统示意图。图 7-10 为交流接触器的图形及文字符号。

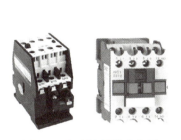

图 7-8 交流接触器实物图

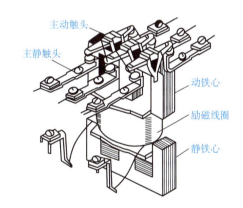

图 7-9 交流接触器的结构和触头系统示意图

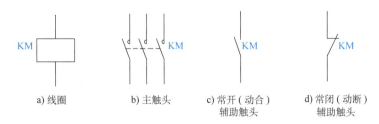

图 7-10 交流接触器的图形及文字符号

1. 交流接触器的构造和工作原理

交流接触器主要由以下 4 部分组成：

（1）电磁系统　包括线圈、上铁心（又叫衔铁、动铁心）和下铁心（又叫静铁心）。

（2）触头系统　包括主触头、辅助触头。辅助常开和常闭触头是联动的，即常闭触头打开后常开触头闭合。
　　接触器的主触头的作用是接通和断开主电路，辅助触头一般接在控制电路中，完成电路的各种控制要求。
　　（3）灭弧室　触头合、断时会产生很大电弧烧坏触头，为了迅速切断触头合、断时的电弧，一般容量稍大些的交流接触器都有灭弧室。
　　（4）其他部分　包括反作用弹簧、缓冲弹簧、触头压力弹簧片、传动机构、短路环和接线柱等。
　　接触器的线圈和静铁心固定不动。当线圈得电时，铁心线圈产生电磁吸力，将动铁心吸合，由于动触头与动铁心都是固定在同一根轴上的，因此动铁心就带动动触头向下运动，与静触头接触，使电路接通。当线圈断电时，吸力消失，动铁心依靠反作用弹簧的作用而分离，动触头就断开，电路被切断。

2. 接触器的主要技术参数

　　（1）额定电压　指接触器主触头的额定工作电压。
　　（2）额定电流　指接触器主触头的额定工作电流。
　　（3）吸引线圈的额定电压　直流线圈常用的电压等级为24V、48V、220V及440V等。交流线圈常用的电压等级为36V、127V、220V及380V等。
　　（4）额定操作频率　指每小时允许的操作次数。
　　（5）接通与分断能力　指接触器的主触头在规定的条件下，能可靠地接通和分断的电流值。
　　（6）线圈消耗功率　线圈消耗功率可以分为起动功率和吸持功率。
　　（7）动作值　指接触器的吸合电压和释放电压。

7.5　中间继电器

1. 中间继电器简介

　　中间继电器是用来远距离传输或转换控制信号的中间器件。其输入是线圈的通电或断电信号，输出是多对触头的通断动作。因此，它不但可用于增加控制信号的数目，实现多路同时控制，而且因为触头的额定电流大于线圈的额定电流，故还可用来放大信号。
　　图7-11为JZ7系列中间继电器的外形结构，其结构和工作原理与接触器类似。该继电器由静铁心、动铁心、线圈、触头系统和复位弹簧等组成。其触头对数较多，没有主、辅触头之分，各对触头允许通过的额定电流是一样的，额定电流多数为5A，有的为10A。吸引线圈的额定电压有12V、24V、36V、110V、127V、220V及380V等多种，可供选择，其图形和文字符号如图7-12所示。

2. 电磁式中间继电器工作原理

　　电磁式中间继电器的工作原理：当线圈通电以后，铁心被磁化产生足够大的电磁力，吸动衔铁并带动簧片，使动触头和静触头闭合或分开；当线圈断电后，电磁吸力消失，衔铁依靠弹簧的反作用力返回原来的位置，动触头和静触头又恢复到原来闭合或分开的状态。应用时只要把需要控制的电路接到触头上，就可利用继电器达到控制的目的。

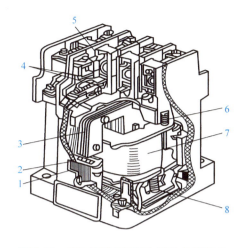

图 7-11 JZ7 系列中间继电器的外形结构
1—静铁心　2—短路环　3—衔铁
4—常开触头　5—常闭触头　6—反作用弹簧
7—线圈　8—缓冲弹簧

图 7-12 中间继电器的图形和文字符号

3. 电磁式中间继电器主要技术指标

JZ7 系列中间继电器的主要技术数据见表 7-1。

表 7-1　JZ7 系列中间继电器的主要技术数据

型号	触头额定电压/V	触头额定电流/A	常开触头数	常闭触头数	操作频率/(次/h)	线圈起动功率/V·A	线圈吸持功率/V·A
JZ7-44	500	5	4	4	1200	75	12
JZ7-62	500	5	6	2	1200	75	12
JZ7-80	500	5	8	0	1200	75	12

7.6　时间继电器

在感受外界信号后，经过一段时间才能使执行部分动作的继电器，称为时间继电器。对于电磁式时间继电器，当线圈在接收信号以后（通电或失电），其对应的触头使某一控制电路延时断开或闭合。时间继电器主要有空气阻尼式、电动式、晶体管式及直流电磁式等几大类。延时方式有通电延时和断电延时两种。

1. 空气阻尼式时间继电器

空气阻尼式时间继电器是根据空气阻尼的原理制成的。它主要由电磁系统、工作触头（微动开关）和延时机构等组成。当衔铁位于铁心和延时机构之间时为通电延时型，当铁心位于衔铁和延时机构之间时为断电延时型。图 7-13 为 JS7 系列空气阻尼式时间继电器外形及结构，图 7-14 为时间继电器的图形及文字符号。

JS7 系列空气阻尼式时间继电器工作原理：当线圈通电时，衔铁及固定在它上面的托板被铁心吸引而上升，这时固定在活塞杆上的推杆因失去托板的支托也向上运动，但由于与活塞杆相

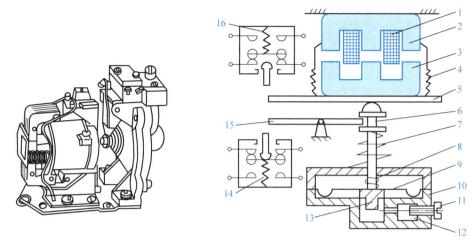

图 7-13 JS7 系列空气阻尼式时间继电器的外形及结构

1—线圈　2—铁心　3—衔铁　4—反作用力弹簧　5—推杆　6—活塞杆　7—塔形弹簧
8—弱弹簧　9—橡皮膜　10—空气室壁　11—调节螺钉　12—进气孔　13—活塞
14—延时触头　15—杠杆　16—瞬动触头

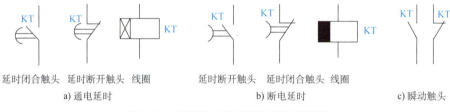

　　延时闭合触头　延时断开触头　线圈　　　延时断开触头　延时闭合触头　线圈
　　　　　　a) 通电延时　　　　　　　　　　　　　b) 断电延时　　　　　　　　c) 瞬动触头

图 7-14 时间继电器的图形及文字符号

连的橡皮膜向上运动时受到空气阻尼的作用，所以活塞杆上升缓慢，经过一定时间，才能触动微动开关的推杆使它的常闭触头断开、常开触头闭合。延时时间是从线圈通电开始到触头完成动作为止。通过延时调节螺钉，即调节进气孔的大小以改变延时时间。

JS7 系列空气阻尼式时间继电器的触头系统共有：延时闭合常开、延时闭合常闭、延时断开常闭、延时断开常开、常开瞬动和常闭瞬动六种。不同型号的 JS7 系列时间继电器具有不同的延时触头。

2. 电子式、数字式时间继电器

电子式、数字式时间继电器主要有 JS11、JS20、JS14P、H3BA、AH3、ASTP-Y/N 和 ATDV-Y/N 等。电子式时间继电器利用旋转刻度盘设定时间，数字式时间继电器利用数字按键设定时间，同时可通过数码管或液晶显示屏显示计时情况。其时间精度远远高于空气阻尼式时间继电器，现在电子式、数字式时间继电器的应用越来越广泛。

7.7　热继电器

电动机工作时，正常的温升是允许的，但是如果电动机长期工作在过载情况下，就会过度发热造成绝缘材料迅速老化，使电动机寿命大大缩短。为了防止上述情况产生，常采用热继电器作为电动机的过载保护装置。

图 7-15 为热继电器外形示例，图 7-16 为热继电器的图形及文字符号，图 7-17 为双金属片式热继电器结构原理图。

a) 线圈 b) 热继电器常开触头

c) 热继电器常闭触头

图 7-15　热继电器外形示例　　　　图 7-16　热继电器的图形及文字符号

热继电器主要由感温元件（或称热元件）、触头系统、动作机构、复位按钮、电流调节装置和温度补偿元件等组成。

感温元件由双金属片及绕在双金属片外面的电阻丝组成。双金属片是由两种膨胀系数不同的金属以机械碾压的方式而成为一体的。使用时将电阻丝串联在主电路中，触头串联在控制电路中。

当过载电流流过电阻丝时，双金属片受热膨胀，因为两片金属的膨胀系数不同，所以就弯向膨胀系数较小的一面，利用这种弯曲的位移动作，切断热继电器的常闭触头，从而断开控制电路，使接触器线圈失电，接触器主触头断开，电动机便停止工作，起到了过载保护的作用。在过载故障排除后，要使电动机再次起动，一般需2min 以后，待双金属片冷却，恢复原状后再按复位按钮，使热继电器的常闭触头复位。

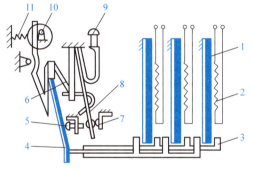

图 7-17　双金属片式热继电器结构原理图

1—主双金属片　2—电阻丝　3—导板
4—补偿双金属片　5—螺钉　6—推杆
7—静触头　8—动触头　9—复位按钮
10—调节凸轮　11—弹簧

7.8　控制按钮

控制按钮是一种低压控制电器同时也是一种低压主令电器。控制按钮有单式按钮、复式按钮和三联式按钮等，其触头对数有 1 常开 1 常闭，2 常开 2 常闭，以至 6 常开 6 常闭。对复式按钮来说，按下按钮时，它的常闭触头先断开，经过一个很短时间后，它的常开触头再闭合。有些控制按钮内装有信号灯，除用于操作控制外，还可兼作信号指示。

1. 控制按钮的组成与结构形式

控制按钮一般由按钮帽、复位弹簧、触头和外壳等部分组成。图 7-18 为控制按钮的原理和外形图，图 7-19 为控制按钮的图形及文字符号。

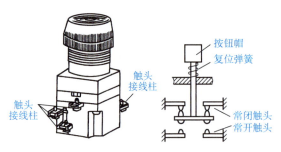

图 7-18 控制按钮的原理和外形图

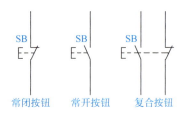

图 7-19 控制按钮的图形及文字符号

控制按钮可以做成很多种形式以满足不同的控制或操作的需要，结构形式有：钥匙型，按钮上带有钥匙以防止误操作；旋转式（又叫钮子开关），以手柄旋转操作；紧急式，带蘑菇钮头突出于外，常作为急停用，一般采用红色；掀钮式，用手掀钮操作；保护式，能防止偶然触及带电部分。控制按钮的颜色可分为：红、黄、蓝、白、绿和黑等，操作人员可根据按钮的颜色进行辨别和操作。

2. 控制按钮的常用型号

常用的控制按钮有 LA10、LA18、LA19、LA20 和 LA25 等国产型号及进口和合资生产的产品。

7.9 万能转换开关

万能转换开关采用叠装式元件组成，能对电路进行多种转换控制，它是一种低压控制电器，同时也是一种低压主令电器，广泛用于低压断路器、高压油断路器等操作机构的合闸控制、电磁控制站中线路的换接以及电流、电压换相测量等，还可以用于不频繁起动、停止的小容量电动机的控制。由于其用途广泛，故而称为万能转换开关。

图 7-20 为 LW12-16 型万能转换开关，图 7-21 为万能转换开关结构示意图，图 7-22 为万能转换开关的原理图。它由接触系统、操作机构、转轴、手柄和齿轮啮合机构等主要部件组成，用螺栓组装成整体。在每层触头底座上可装三对触头，由凸轮经转轴来控制这三对触头的通断。凸轮工作位置为 45°和 30°两种，凸轮材料为尼龙，根据开关控制回路的要求，凸轮也有不同的形式。

图 7-20 LW12-16 型万能转换开关

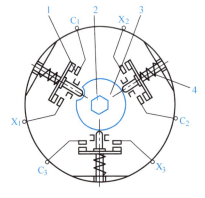

图 7-21 万能转换开关结构示意图
1—触头 2—转轴 3—凸轮 4—触头弹簧

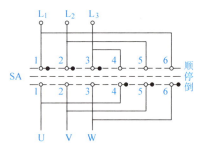

图 7-22 万能转换开关的原理图

7.10 行程开关

依据生产机械的行程发出命令,以控制其运动方向和行程长短的主令电器称为行程开关。若将行程开关安装于生产机械行程的终点处,用以限制其行程,则称为限位开关。

1. 行程开关分类及原理

行程开关按其结构可分为机械结构的接触式行程开关和电气结构的非接触式接近开关。机械接触式行程开关分为直动式、滚动式和微动式三种。这类开关是利用生产设备某些运动部件的机械位移而碰撞行程开关,使其触头动作。电气非接触式接近开关分为高频振荡型、感应型、电容型、光电型、永磁及磁敏元件型、超声波型等。这类开关不是靠挡块碰压开关发信号,而是在移动部件上装一金属片,在移动部件需要改变工作情况的地方装接近开关的感应头,其感应面正对金属片。当移动部件的金属片移动到感应头上面(不需接触)时,接近开关就输出一个信号,使控制电路改变工作情况。

图 7-23 为机械接触式行程开关,图 7-24 为行程开关和接近开关的图形及文字符号。

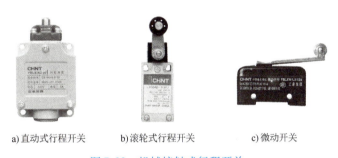

a) 直动式行程开关　　b) 滚轮式行程开关　　c) 微动开关

图 7-23　机械接触式行程开关

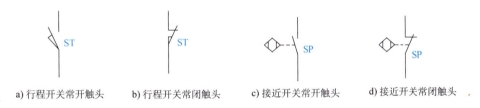

a) 行程开关常开触头　　b) 行程开关常闭触头　　c) 接近开关常开触头　　d) 接近开关常闭触头

图 7-24　行程开关和接近开关的图形及文字符号

(1) 直动式行程开关　直动式行程开关动作原理与控制按钮相同,其触头的分合速度取决于生产机械的移动速度,当移动速度低于 0.4m/min 时,触头分断太慢易产生电弧。图 7-25a 为直动式行程开关结构原理图。

(2) 滚轮式行程开关　图 7-25b 为滚轮式行程开关结构示意图。当滚轮受向左外力作用后,推杆向右移动,并压缩右边弹簧 2,同时下面的滚轮也很快沿着擒纵件向右滚动,小滚轮滚动又压缩弹簧 1,当滚轮滚过擒纵件的中点时,盘形弹簧和弹簧 1 都被擒纵件迅速转动,从而使动触头迅速地与右边静触头分开,并与左边静触头闭合。滚轮式行程开关适用于低速运行的机械。

(3) 微动开关　图 7-25c 为微动开关结构示意图。当推杆在机械作用力压下时,弓簧片产生机械变形,储存能量并产生位移,当达到临界点时,弹簧片连同桥式动触头瞬时动作。当外力失去后,推杆在弓簧作用下迅速复位,触头恢复原来状态。微动开关采用瞬动结构,触头换接速度

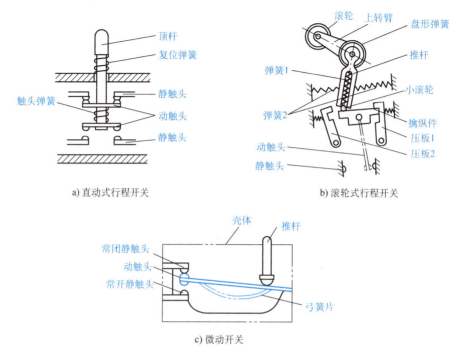

图 7-25 行程开关结构示意图

不受推杆压下速度的影响。

（4）接近开关　电感式接近开关由高频振荡器和放大器组成。振荡器的线圈在开关的作用表面产生一个交变磁场，当金属物体接近此作用表面时，金属中产生涡流而吸收了振荡器的能量，使振荡器减弱以至停振。振荡器的振荡及停振信号由整形放大器转换成二进制的开关信号，从而起到"开""关"的控制作用。

电容式接近开关由高频振荡器和放大器组成，包括一个传感器电极和一个屏蔽电极。这两部分组成了一个电容器。当被检测物体（金属或非金属物体）接近感应面时，电容器的电容值发生变化，如 RC 振荡电路的电容值随着被检测物体的接近而增大，此振荡电路被设置成当电容值增加时才开始振荡。当被检测物体接近时，RC 振荡器开始振荡，并将此信号送到信号触发器并由开关放大器输出开关信号。

2. 常用行程开关型号

常用的行程开关有 JLXK1、LX2、LX3、LX5、LX12、LX19A、LX21、LX22、LX29 和 LX32 等系列。常用的微动开关有 LX31、JW 等系列。常用的接近开关有 LJ、CWY、SQ 系列及引进国外技术生产的 3SG 系列等。

固态继电器与智能控制

固态继电器（Solid State Relay，SSR）是由微电子电路、分立电子元器件和电力电子功率器件组成的无触头开关。用隔离器件实现了控制端与负载端的隔离。固态继电器的输入端采用微小的控制信号，从而可直接驱动大电流负载。图 7-26 为固态继电器外观图。

学习情境7　常用低压电器识别拆装与检测

图 7-26　固态继电器外观图

对于控制电压固定的控制信号，采用阻性输入电路，保证控制电流大于 5mA。对于大的变化范围的控制信号（如 3～32V）则采用恒流电路，保证在整个电压变化范围内电流在大于 5mA 时可靠工作。隔离驱动电路：隔离电路采用光电耦合和高频变压器耦合（磁电耦合），光电耦合通常使用光敏二极管-光敏晶体管、光敏二极管-双向光控晶闸管、光伏电池，实现控制侧与负载侧隔离控制。高频变压器耦合是利用输入的控制信号产生的自激高频信号经耦合到二次侧，经检波整流、逻辑电路处理形成驱动信号。SSR 的功率开关直接接入电源与负载端，实现对负载电源的通断切换。主要使用大功率晶体管（开关管-Transistor）、单向晶闸管（Thyristor 或 VTH）、双向晶闸管（TRIAC）、功率场效应晶体管（MOSFET）、绝缘栅双极型晶体管（IGBT）。固态继电器可以方便地与 TTL、MOS 逻辑电路连接。

专用的固态继电器可以具有短路保护、过载保护和过热保护功能，与组合逻辑电路固化封装就可以实现用户需要的智能模块，直接用于控制系统中。

固态继电器已广泛应用于：①数控机械、医疗器械、电机控制、仪器仪表和遥控系统等工业自动化装置；②计算机外围接口设备；③电炉温度控制及恒温系统；④信号灯、闪烁器和舞台照明等灯光控制系统；⑤复印机、自动洗衣机等现代办公和生活设备；⑥作为电网功率因数补偿的电力电容的切换开关等；⑦化工、煤矿等需防爆、防潮和防腐蚀等场合。

情　境　总　结

1. 常用低压电器：刀开关、按钮和转换开关等属于手动电器，由工作人员手动操作。行程开关、低压断路器、熔断器、接触器和继电器等属于自动电器，它们根据指令或信号自动动作。

2. 继电器-接触器控制。用继电器、接触器及按钮等有触头的电路来实现自动控制，称为继电器-接触器控制。它工作可靠、维护简单，可对电动机进行起停、正反转和异地控制等。

习题与思考题

7-1　何为低压电器？
7-2　简述刀开关的作用及其主要组成部分。
7-3　熔断器在电路中起什么作用？
7-4　简述交流接触器的工作原理。
7-5　时间继电器的作用是什么？
7-6　热继电器的作用是什么？其保护功能与熔断器有何不同？
7-7　万能转换开关的用途主要有哪些？

学习情境8
电动机典型控制电路分析

教学目标

知识目标：
- 理解各类电动机或其他执行电器的电气控制方法。
- 掌握采用电气控制的方法来实现电动机或其他执行电器的起动、停止、正反转、调速和制动等运行方式的控制。
- 了解电气控制系统主要保护环节。

技能目标：
- 学会三相交流异步电动机典型起动控制电路装调。
- 学会三相交流异步电动机典型正反转控制电路装调。
- 学会三相交流异步电动机典型行程原则控制电路装调。
- 学会三相交流异步电动机减压起动控制电路装调。
- 学会三相异步电动机能耗制动控制电路的装调。

素质目标：
- 弘扬爱国主义精神，弘扬劳动光荣、技能宝贵和创造伟大的时代风尚。
- 弘扬精益求精的专业精神、职业精神和工匠精神。

电动机的作用是将电能转换成机械能，拖动各种机械设备工作。电动机及拖动系统的组成框图如图8-1所示。

图8-1 电动机及拖动系统的组成框图

8.1 单向控制电路

图 8-2 为接触器控制电动机单向运转电路。图中 QS 为三相刀开关，FU_1、FU_2 为熔断器，KM 为接触器，FR 为热继电器，M 为三相笼型异步电动机，SB_1 为停止按钮，SB_2 为起动按钮。其中，三相刀开关 QS、熔断器 FU_1、接触器 KM 的主触头、热继电器 FR 的热元件和电动机 M 构成主电路，起动按钮 SB_2、停止按钮 SB_1、接触器 KM 的线圈及其常开辅助触头、热继电器 FR 的常闭触头和熔断器 FU_2 构成控制回路。

电路工作分析：合上电源开关 QS，引入三相电源。按下起动按钮 SB_2，KM 线圈通电，其常开主触头闭合，电动机 M 接通电源起动。同时，与起动按钮并联的 KM 辅助常开触头也闭合。当松开 SB_2 时，KM 线圈通过其自身已闭合的常开辅助触头继续保持通电状态，从而保证了电动机连续运转。当需要电动机停止运转时，可按下停止按钮 SB_1，切断 KM 线圈电源，KM 常开主触头与辅助触头均断开，切断电动机电源和控制电路，电动机停止运转。

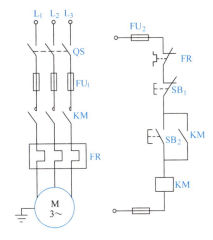

图 8-2 接触器控制电动机单向运转电路

这种依靠接触器自身辅助触头保持线圈通电的电路，称为自锁电路，辅助常开触头称为自锁触头。

电路的保护环节主要有：短路保护、过载保护、欠电压和失电压保护等。

8.2 点动控制电路

在生产实践中，某些生产机械常会要求既能正常起动，又能实现位置调整的点动工作。所谓点动，即按下按钮时电动机转动工作，松开按钮后，电动机即停止工作。点动主要用于机床刀架、横梁和立柱等的快速移动、对刀调整等。

图 8-3 为电动机点动与连续运转控制电路。其具体工作原理分析如下：

图 8-3a 为基本点动控制电路。按下 SB，接触器 KM 线圈通电，常开主触头闭合，电动机起动运转；松开 SB，接触器 KM 线圈断电，其常开主触头断开，电动机停止运转。

图 8-3b 为采用开关选择运行状态的点动控制电路。当需要点动控制时，只要把开关 SA 断开，即断开接触器 KM 的自锁触头，由按钮 SB_2 来进行点动控制；当

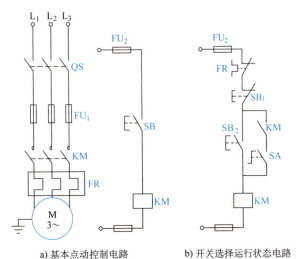

a) 基本点动控制电路　　b) 开关选择运行状态电路

图 8-3 电动机点动与连续运转控制电路

需要电动机正常运行时,只要把开关 SA 闭合,将 KM 的自锁触头接入控制电路,即可实现连续控制。

由以上电路工作原理分析看出,点动控制电路的最大特点是取消了自锁触头。

8.3 正、反转控制电路

在实际工作中,生产机械常常需要运动部件可以正、反两个方向运动,这就要求电动机能够实现可逆运行。由电动机原理可知,三相交流电动机可改变定子绕组与电源连接的相序来改变电动机的旋转方向。因此,借助于接触器来实现三相电源相序的改变,即可实现电动机的可逆运行。

图 8-4 为三相异步电动机可逆运行控制电路。图中 SB_1 为停止按钮、SB_2 为正转起动按钮、SB_3 为反转起动按钮,KM_1 为正转接触器、KM_2 为反转接触器。

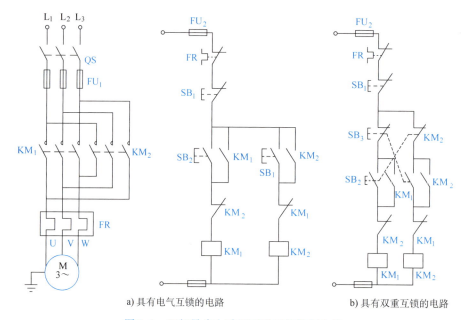

a) 具有电气互锁的电路   b) 具有双重互锁的电路

图 8-4 三相异步电动机可逆运行控制电路

电路工作原理分析:

1)由图 8-4a 可知,按下 SB_2,正转接触器 KM_1 线圈通电并自锁,主触头闭合,接通正序电源,电动机正转,按下停止按钮 SB_1,KM_1 线圈断电,电动机停止;再按下 SB_3,反转接触器 KM_2 线圈通电并自锁,主触头闭合,使电动机定子绕组电源相序与正转时相序相反,电动机反转运行,其串接在 KM_1 线圈电路中的 KM_2 的常闭辅助触头断开,锁住 KM_1 的线圈不能通电。

将 KM_1、KM_2 常闭辅助触头分别串接在对方线圈电路中,形成相互制约的控制,称为互锁。这种利用两个接触器(或继电器)的常闭辅助触头互相控制,形成相互制约的控制,称为电气互锁。

2)对于要求频繁实现可逆运行的情况,可采用图 8-4b 的控制电路。它是将正向起动按钮 SB_2 和反向起动按钮 SB_3 的常闭触头串接在对方常开触头电路中,利用按钮的常开、常闭触头的机械连接,在电路中形成相互制约的控制。这种接法称为机械互锁。这种具有电气、机械双重互锁的控制电路是常用的、可靠的电动机可逆运行控制电路,它既可以实现正向→停止→反向→

停止的控制，又可以实现正向→反向→停止的控制。

情境链接

▶ 混凝土搅拌机正、反转控制 ◀

目前在建筑行业中搅拌混凝土普遍使用锥形反转出料混凝土搅拌机，其工作特点是正转搅拌、反转出料。图 8-5 所示为 JZC350 型锥形反转出料混凝土搅拌机。

它的用途和特点：

本机用于搅拌塑性和低流动性混凝土，JZC350 型每次可搅拌 $0.35m^3$ 混凝土（指捣实后的体积），JZC350 型工作速率为 12～14m^3/h，适用于一般中小型建筑、道路、桥梁、水利工程及混凝土构件厂。

本机属双锥反转出料自落式混凝土搅拌机，具有结构简单、可靠、搅拌质量好、生产效率高、重量轻和操纵维修方便等优点，是比较先进的混凝土搅拌机。

图 8-5 JZC350 型锥形反转出料混凝土搅拌机

8.4 位置控制

在生产中，由于工艺和安全的需要，常要求按照生产机械中某一运动部件的行程或位置变化来对生产机械进行控制，例如吊钩上升到终点时要求自动停止，龙门刨床的工作台要求在一定范围内自动往返等，这类自动控制称为行程控制或位置控制。位置控制通常是利用行程开关来实现的。

图 8-6 为起重机上下限位控制电路，它能够按照所要求的空间限位使电动机自动停车。

在起重机上安装一块撞块，在起重机上下行程两端的终点处分别安装行程开关 ST_1 和 ST_2，将它们的常闭触头串在电动机正反转接触器 KM_1 和 KM_2 的线圈回路中。

当按下正转按钮 SB_2 时，正转接触器 KM_1 通电，电动机正转，此时起重机上升。到达顶点时，起重机撞块顶撞行程开关 ST_1，使其常闭触头断开，接触器线圈 KM_1 断电，于是电动机停转，起重机不再上升（此时应有抱闸将电动机转轴抱住，以免重物滑下）。此时即使再误按 SB_2，接触器线圈 KM_1 也不会通电，从而保证起重机不会运行超过 ST_1 所在的极限位置。

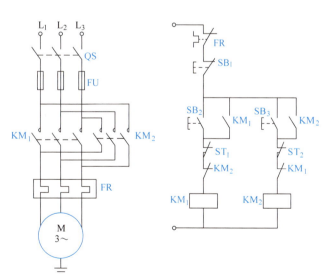

图 8-6 位置控制限位电路

当按下反转按钮 SB_3 时，反转接触器 KM_2 通电，电动机反转起重机下降，到达下端终点时顶撞行程开关 ST_2，电动机停转，吊车不再下降。

利用行程开关按照机械设备的运动部件的行程位置进行的控制，称为行程控制原则，是机械设备自动化和生产过程自动化中应用最广泛的控制方法之一。

8.5 顺序控制电路

在机床的控制电路中，常常要求电动机的起动和停止按照一定的顺序进行。如磨床要求先起动润滑油泵，然后再起动主轴电动机；铣床的主轴旋转后，工作台方可移动等。顺序工作控制电路有顺序起动、同时停止控制电路，有顺序起动、顺序停止控制电路，还有顺序起动、逆序停止控制电路。

图 8-7 为两台电动机顺序控制电路图，其电路工作分析如下：

图 8-7a 为两台电动机顺序起动、同时停止控制电路。在此电路的控制电路中，只有 KM_1 线圈通电后，其串入 KM_2 线圈控制电路中的常开触头 KM_1 闭合，才能使 KM_2 线圈存在通电的可能，以此制约了 M_2 电动机的起动顺序。当按下 SB_1 按钮时，接触器 KM_1 线圈断电，其串接在 KM_2 线圈控制电路中的常开辅助触头断开，保证了 KM_1 和 KM_2 线圈同时断电，其常开主触头断开，两台电动机 M_1、M_2 同时停止。

图 8-7b 为两台电动机顺序起动、逆序停止控制电路。其顺序起动工作不再分析，由读者自行分析。此控制电路停车时，必须先按下 SB_3 按钮，切断 KM_2 线圈的供电，电动机 M_2 停止运转；其并联在按钮 SB_1 下的常开辅助触头 KM_2 断开，此时再按下 SB_1，才能使 KM_1 线圈断电，电动机 M_1 停止运转。

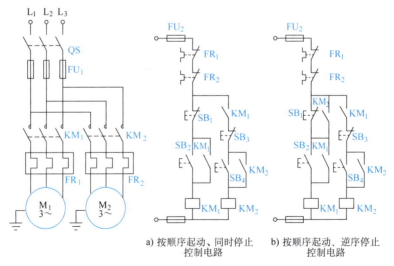

a) 按顺序起动、同时停止控制电路　　b) 按顺序起动、逆序停止控制电路

图 8-7　两台电动机顺序控制电路图

8.6 时间控制电路

时间控制指按照时间顺序进行运行状态切换的控制电路，一般用时间继电器来控制动作时间的间隔。

图 8-8 为利用时间继电器控制的顺序起动电路。其电路的关键在于利用时间继电器自动控制 KM_2 线圈的通电。当按下 SB_2 按钮时，KM_1 线圈通电，电动机 M_1 起动，同时时间继电器线圈 KT 通电，延时开始。经过设定时间后，串接入接触器 KM_2 控制电路中的时间继电器 KT 的常开触头闭合，KM_2 线圈通电，电动机 M_2 起动。

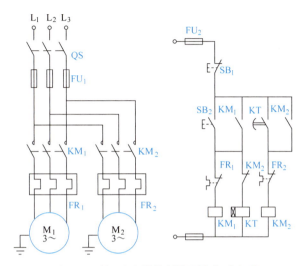

图 8-8 时间继电器控制的顺序起动电路

8.7 多地联锁控制

在大型生产设备上，为使操作人员在不同方位均能进行控制操作，常常要求组成多地联锁控制电路，如图 8-9 所示。

从图 8-9 电路中可以看出，多地控制电路只需多用几个起动按钮和停止按钮，无须增加其他电器元件。起动按钮应并联，停止按钮应串联，分别装在几个地方。

从电路工作分析可以得出以下结论：若几个电器都能控制某接触器通电，则几个电器的常开触头应并联接到某接触器的线圈控制电路，即形成逻辑"或"关系；若几个电器都能控制某接触器断电，则几个电器的常闭触头应串联接到某接触器的线圈控制电路，形成逻辑"与非"的关系。

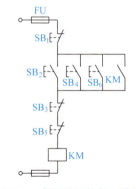

图 8-9 多地联锁控制电路图

8.8 Y-△联结减压起动控制电路

三相笼型电动机容量较大时，一般应采用减压起动，有时为了减小和限制起动时对机械设备的冲击，即使允许直接起动的电动机，也往往采用减压起动。

正常运行时定子绕组接成三角形联结的笼型三相异步电动机，可采用Y-△减压起动的方法达到限制起动电流的目的。

起动时，定子绕组接成星形联结，待转速上升到接近额定转速时，再将定子绕组的接线换接成三角形联结，电动机进入全电压正常运行状态。

图 8-10 为丫-△联结减压起动控制电路，适用于 125kW 及以下的三相笼型异步电动机作丫-△减压起动和停止控制。该电路由接触器 KM$_1$、KM$_2$、KM$_3$，热继电器 FR，时间继电器 KT，按钮 SB$_1$、SB$_2$ 等元件组成，并具有短路保护、过载保护和失电压保护等功能。

电路工作分析：

闭合电源开关 QS，按下起动按钮 SB$_2$，KM$_1$、KT、KM$_3$ 线圈同时通电并自锁，电动机三相定子绕组连接成星形联结接入三相交流电源进行减压起动；当电动机转速接近额定转速时，通电延时型时间继电器动作，KT 常闭触头断开，KM$_3$ 线圈断电释放；同时 KT 常开触头闭合，KM$_2$ 线圈通电吸合并自锁，电动机绕组连接成三角形联结全压运行。当

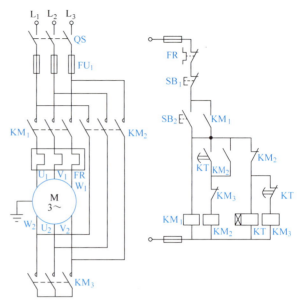

图 8-10 丫-△联结减压起动控制电路

KM$_2$ 通电吸合后，KM$_2$ 常闭触头断开，使 KT 线圈断电，避免时间继电器长期工作。KM$_2$、KM$_3$ 常闭触头为互锁触头，以防止同时接成星形联结和三角形联结造成电源短路。

◆▲ 电气控制系统的主要保护环节 ▲◆

电气控制系统除了要能满足生产机械加工工艺要求外，还应保证设备长期安全、可靠和无故障地运行，因此保护环节是所有电气控制系统不可缺少的组成部分，用来保护电动机、电网、电气控制设备以及人身安全等。

电气控制系统中主要的保护环节有短路保护、过载保护、零电压保护和欠电压保护等。

1. 短路保护

电动机、电器以及导线的绝缘损坏或线路发生故障时，都可能造成短路事故。很大的短路电流和电动力可能使电器设备损坏。因此要求一旦发生短路故障时，控制电路应能迅速、可靠地切断电路进行保护，并且保护装置不应受起动电流的影响而误动作。

常用的短路保护元件有熔断器和低压断路器。

1）熔断器价格便宜、断弧能力强，所以一般电路几乎无例外地使用它作短路保护。但是熔体的品质、老化及环境温度等因素对其动作值影响较大，用其保护电动机时，可能会因一相熔体熔断而造成电动机缺相运行。因此熔断器适用于对动作准确度和自动化程度要求较低的系统中，如小容量的笼型电动机、普通交流电源等。

2）低压断路器又称自动空气断路器，它有短路、过载和欠电压保护。这种开关在线路发生短路故障时，能使其过电流脱扣器动作，就会自动跳闸，将三相电源同时切断。自动开关结构复杂、价格较贵且不宜频繁操作，广泛应用于要求较高的场合。

2. 过载保护

电动机长时间超载运行，电动机绕组温度将超过其允许值，造成绝缘材料变脆，寿命减少，严重时会使电动机损坏。过载电流越大，达到允许温度的时间就越短。

常用的过载保护元件是热继电器。热继电器可以满足如下要求：当电动机为额定电流时，电动机为额定温度，热继电器不动作；在过载电流较小时，热继电器要经过较长时间才动作；过载电流较大时，热继电器则经过较短时间就会动作。

由于热惯性的原因，热继电器不会受电动机短时过载冲击电流或短路电流的影响而瞬时动作，所以在使用热继电器作过载保护的同时，还必须设有短路保护，选作短路保护的熔断器熔体的额定电流不应超过 4 倍热继电器发热元件的额定电流。

必须强调，短路、过电流和过载保护虽然都是电流保护，但由于故障电流的动作值、保护特性和保护要求以及使用元件的不同，它们之间是不能相互取代的。

3. 零电压保护和欠电压保护

在电动机运行中，如果电源电压因某种原因消失，那么在电源电压恢复时，如果电动机自行起动，将可能使生产设备损坏，也可能造成人身事故。对供电系统的电网来说，同时有许多电动机及其他用电设备自行起动也会引起不允许的过电流及瞬间网络电压下降。为防止电网失电后恢复供电时电动机自行起动的保护称为零电压保护。

电动机正常运行时，电源电压过分地降低将引起一些电器释放，造成控制电路工作不正常，甚至产生事故。电网电压过低，如果电动机负载不变，由于三相异步电动机的电磁转矩与电压的二次方成正比，则会因电磁转矩的降低而带不动负载，造成电动机堵转停车，电动机电流增大使电动机发热，严重时烧坏电动机。因此，在电源电压降到允许值以下时，需要采用保护措施，及时切断电源，这就是欠电压保护。通常是采用欠电压继电器，或设置专门的零电压继电器来实现。

在控制电路的主电路和控制电路由同一个电源供电时，具有电气自锁的接触器兼有欠电压和零电压保护作用。若因故障电网电压下降到允许值以下时，接触器线圈也释放，从而切断电动机电源；当电网电压恢复时，由于自锁已解除，电动机也不会再自行起动。

欠电压继电器的线圈直接跨接在定子的两相电源线上，其常开触头串接在控制电动机的接触器线圈控制电路中。自动开关的欠电压脱扣亦可作为欠电压保护。主令控制器的零位操作是零电压保护的典型环节。

情境总结

1. 三相异步电动机的直接起动控制电路是最基本的控制电路，其他控制电路都是以此为基础的。

2. 三相异步电动机的正、反转控制电路也是一个基本的控制电路，机械运动部件的上下、左右和前后这些方向相反的运动，都是以电动机的正、反转控制为基础的。

3. 为了安全运行，控制电路中设置了保护环节，即短路保护（由熔断器实现）、过载保护（由热继电器实现）和欠电压保护（由接触器本身实现）。

4. 分析控制电路时，首先要了解电动机或生产机械的工作要求，然后把主电路和控制电路分开来看。主电路以接触器的主触头为中心（还有和它串联的热继电器发热元件等），控制电路以接触器的线圈为中心（还有和它串联的按钮、常开和常闭触头等）。

习题与思考题

8-1 电气控制电路的基本控制有哪些?

8-2 电动机点动控制与连续运转控制的关键是什么？其主电路又有何区别？

8-3 何为互锁控制？实现电动机正、反转互锁控制的方法有哪两种？它们有何不同？

8-4 某机床主轴电动机为 M_1，要求 M_1：

（1）可进行可逆运行。

（2）可正向点动，两处起动、停止。

（3）可进行反接制动。

（4）有短路和过载保护。

试画出其电路图。

8-5 有两台电动机 M_1、M_2，要求：

（1）按下控制按钮 SB_1 电动机正转，过 10s 后电动机自动停止，再过 15s 电动机自动反转。

（2）M_1、M_2 能同时或分别停止。

（3）控制电路应有短路、过载和零电压保护环节。

试画出其电路图。

8-6 设计一继电器-接触器控制电路，完成 3 台电动机的控制。

控制要求：

（1）按钮 SB_2 控制电动机 M_1 的起动，按钮 SB_4 控制电动机 M_2 的起动，按钮 SB_6 控制电动机 M_3 的起动，按钮 SB_1、SB_3、SB_5 分别控制 3 台电动机的停止。

（2）按下 SB_2 后 M_1 起动，按下 SB_4 后 M_2 起动，按下 SB_6 后 M_3 起动。

（3）电动机 M_1 不起动，M_2、M_3 不能起动并且应有短路、零电压和过载保护。

请画出主电路和控制电路原理图。

8-7 试分析图 8-11 所示电气控制电路的工作原理。

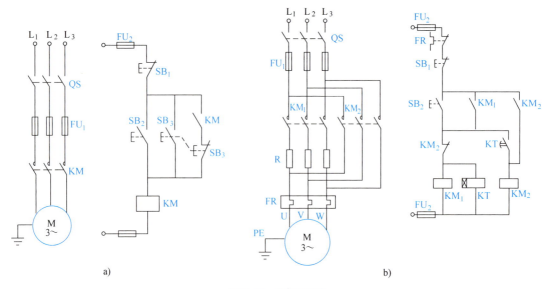

图 8-11 题 8-7 图

8-8 电动机主要的保护有哪些？通常它们各由哪些电器来实现？

学习情境9
岗位技能竞赛与电工考证必备知识

『必备知识1』

电阻标称阻值和偏差的标注

电阻器简称"电阻",它是家用电器以及其他电子设备中应用十分广泛的元件。电阻器利用它自身消耗电能的特性,在家用电器电路中起降压、分配电压、限制电路电流和向各种电子元件提供必要的工作条件(电压或电流)等功能。

1. 电阻标称阻值标注

(1) 直标法 直标法如图9-1所示,是将电阻值直接写到电阻上。

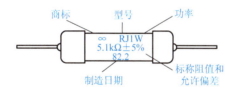

图9-1 直标法表示的电阻器

例如,电阻上标注20W6R8J:

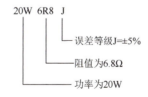

(2) 文字符号法 如5K1表示5.1kΩ,5Ω1表示5.1Ω,4M7表示4.7MΩ。用R代表单位为欧姆的电阻小数点,用m代表单位为毫欧姆的电阻小数点。例如：1R0 = 1.0Ω, R20 = 0.20Ω, 5R1 = 5.1Ω, R007 = 7.0mΩ, 4m7 = 4.7mΩ。

(3) 数码法 两位数码,如"15"表示 $1 \times 10^5 = 100000\Omega$；三位数码,如"103"表示 $10 \times 10^3 = 10000\Omega$；前面的数字表示有效数字,末位数字表示零的个数。这种标注方法在贴片电阻上广泛采用。

(4) 色标法 色标法是将电阻器的类别及主要技术参数的数值用颜色(色环或色点)标注在它的外表面上,可分两位、三位有效数字的阻值色标法,如图9-2所示。

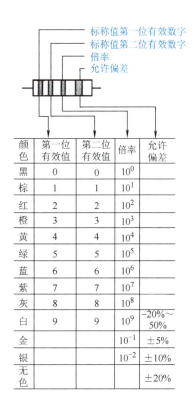
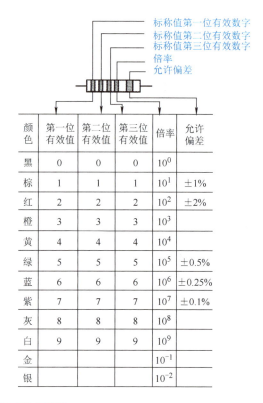

图 9-2 色标法表示的电阻器

三个色环电阻器阻值如图 9-3 所示。

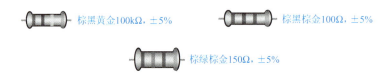

图 9-3 色标法表示的电阻器阻值

表 9-1 为色环电阻快速记忆口诀。

表 9-1 色环电阻快速记忆口诀

口诀		举例
棕红1、2，橙是3；4、5黄绿，6是蓝；7紫、8灰，白取9；黑色圆圆是0蛋；金银代表负1、2，颜色数码要记全	四环电阻：常用电阻四个环，环靠哪头从哪算：一、二环是有效数，三环倍乘是关键，四环表示误差数，一般使用不用管	红 紫 橙 金 $27 \times 10^3 \Omega = 27k\Omega$ $\pm 5\%$
	五环电阻：精密电阻有五环，前三环是有效数，倍乘误差四五环，运用自如真方便	灰 蓝 蓝 黑 棕 $866 \times 10^0 \Omega = 866\Omega$ $\pm 1\%$

一般四色环和五色环电阻表示允许偏差的色环的特点是该色环距离其他环的距离较远。较标准的表示应是表示允许偏差的色环的宽度是其他色环的 1.5~2 倍。在五环电阻中棕色环常既用作误差环，又作为有效数字环，且常在第一环和最后一环中同时出现，使人很难识别哪一个是第一环，哪一个是误差环。在实践中，可以按照色环之间的距离加以判别，通常第四环和第五环（即误差环、尾环）之间的距离要比第一环和第二环之间的距离宽一些，根据此特点可判定色环的排列顺序。如果靠色环间距仍无法判定色环顺序，还可以利用电阻的生产序列值加以判别。

2. 指针式万用表测电阻

（1）万用表选择合适的档位　为了提高测量精度，应根据电阻标称值的大小来选择档位。应使指针的指示值尽可能落到刻度的中段位置（即全刻度起始的 20%~80% 弧度范围内），以使测量数据更准确。

（2）万用表校零　采用指针式万用表检测，还需要执行将表针校（调）零这一关键步骤，方法是将万用表置于某一欧姆档后，红、黑表笔短接，调整微调旋钮，使万用表指针指向 0Ω 的位置，然后再进行测试。**注意：** 每选择一次量程，都要重新进行欧姆校零。

（3）用万用表测量与读数　将两表笔（不分正负）分别与电阻的两端引脚相接即可测出实际电阻值。测量时，待表针停稳后读取读数，然后乘以倍率，就是所测电阻值。

3. 数字式万用表测普通电阻

用数字式万用表测电阻，所测阻值更为准确。将黑表笔插入"COM"插座，红表笔插入"VΩ"插座。

万用表的档位开关转至相应的电阻档上，打开万用表电源开关（电源开关调至"ON"位置），再将两表笔跨接在被测电阻的两个引脚上，万用表的显示屏即可显示出被测电阻的阻值，如图 9-4 所示。

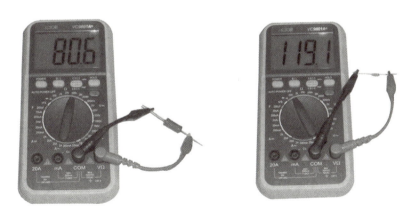

图 9-4　数字式万用表测电阻

数字式万用表测电阻一般无须调零，可直接测量。如果电阻值超过所选档位值，则万用表显示屏的左端会显示"1"，这时应将开关转至较高档位上。当测量电阻值超过 1MΩ 时，显示的读数需几秒才会稳定，这是用数字式万用表测量时出现的正常现象，这种现象在测高电阻值时经常出现。当输入端开路时，万用表则显示过载情形。另外，测量在线电阻时，要确认被测电路所有电源已关断及所有电容都已完全放电时才可进行。

注意： 若万用表测得的阻值与电阻标称阻值相等或在电阻的误差范围之内，则电阻正常；若两者之间出现较大偏差，即万用表显示的实际阻值超出电阻的误差范围，则该电阻不良；当万用表测得电阻值为无穷大（断路）、阻值为零（短路）或不稳定，则表明该电阻已损坏，不能再继续使用；检测电阻时，由于人体是具有一定阻值的导电电阻，手不要同时触及电阻两端引脚，以免在被测电阻上并联人体电阻造成测量误差。

『必备知识2』

电感标注及识别方法

将导线在绝缘支架上绕制一定的匝数（圈数）就构成了电感器。电感器种类繁多，形状各异，较常见的有：单层平绕空芯电感线圈、间绕空芯电感线圈、脱胎空芯线圈、多层空芯电感线圈、蜂房式电感线圈、带磁芯电感线圈、磁罐电感线圈、高频阻流圈、低频阻流圈和固定电感器等。

电感线圈型号命名如图9-5所示。

1. 直标法

在采用直标法时，直接将电感量标在电感器外壳上，并同时标允许偏差，如图9-6所示。

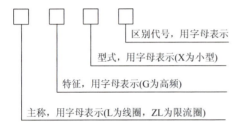

图9-5　电感线圈型号命名方式

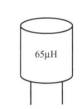

图9-6　电感器采用直标法

2. 文字符号法

用文字符号（阿拉伯数字和字母）表示电感的标称容量及允许偏差，当其单位为 μH 时用"R"作为电感的文字符号，其他与电阻器的标注法相同。文字符号的含义见表9-2。

表9-2　文字符号的含义

误差(%)	±0.1	±0.25	±0.5	±1	±5	±10	±20	+20 −10	+30 −20	+50 −20	+80 −20	+100 −0
字母代号	B	C	D	F	J	K	M			S	E	H
曾用代号				0	Ⅰ	Ⅱ	Ⅲ	Ⅳ	V	Ⅵ		
说明	精密元件				一般元件				适用于部分电容			

电感器采用文字符号标注法如图9-7所示。

图9-7中，左图元件表示电感量 4.7μH，偏差 ±20%；右图元件表示电感量：0.33μH，偏差 ±5%。

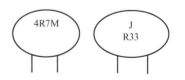

图9-7　电感器采用文字符号标注法示意图

3. 数码法

电感的数码标示法，前面的两位数为有效数，第三位为倍乘，单位为 μH，见表9-3。

表9-3　数码法标注电感

标注	47	470	471
参数	47μH	47μH	470μH

4. 色标法

电感器的色标法多采用色环标志法，通常为四色环，色环电感中前面两条色环代表有效值，第三条色环代表倍乘，第四色环为偏差。色码电感的单位为 μH。各色环颜色代表的含义如图 9-8 所示。

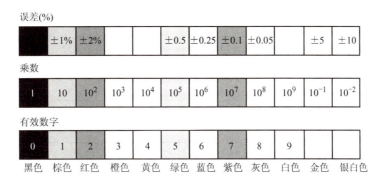

图 9-8　色标法不同颜色的含义

如图 9-9 所示，色环电感的第 1 条色环为红色，表示数值 2；第 2 条色环为紫色，表示数值 7；第 3 条色环为金色，表示 10^{-1}，表示电感量：$27 \times 10^{-1} = 27 \times 0.1 \mu H = 2.7 \mu H$。

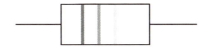

图 9-9　电感采用色标法标注

『必备知识 3』

电容标注及识别方法

电容器种类很多，主要分为两大类：固定电容器和可变电容器。固定电容器是指容量固定不变的电容器，固定电容器分为无极性电容器和有极性电容器。可变电容器又称可调电容器，是指容量可以调节的电容器。可变电容器可分为微调电容器、单联电容器和多联电容器等。

电容器型号命名如图 9-10 所示。

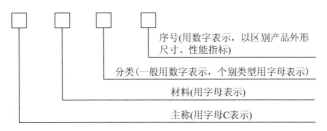

图 9-10　电容器型号命名

电容的类别和型号标志见表 9-4。

表 9-4 电容的类别和型号标志

第一部分	主称	C：电容
第二部分	介质材料	Z：纸介
		Y：云母
		C：瓷介
		D：电解
		T：低频瓷介
第三部分	形状结构	1/T：筒形
		2/G：管形
		Y：圆片形
		3、4/M：密封
		X：小型
		L：立式矩形
第四部分	序号	对主称、材料特征相同，仅尺寸性能指标略有差别，但基本上不影响互换的产品给同一序号，若尺寸、性能指标的差别已明显影响互换，则在序号后面用大写字母予以区别

电容器标注方法如下：

1. 直标法

在电容器外壳上直接标出标称容量和允许偏差，还有不标单位的情况，当用整数表示时，单位为 pF；用小数表示时，单位为 μF。

举例：2200 为 2200pF；0.056 为 0.056μF。

有时用小于四位数表示标称容量，例如 22 表示 22pF。

2. 色标法

顺着引线方向，第一、二环表示有效值，第三环表示倍乘。也有用色点表示电容器的主要参数。电容器的色标法与电阻相同。

电容器偏差标志符号：

H—0 ~ +100%　　　　R— -10% ~ +100%
T— -10% ~ +50%　　　Q— -10% ~ +30%
S— -20% ~ +50%　　　Z— -20% ~ +80%

3. 文字符号法

采用单位开头字母（p、n、μ、m、F）来表示单位量，允许偏差和电阻的表示方法相同。

小于 10pF 的电容，其允许偏差用字母代替：

B— ±0.1% pF
C— ±0.2% pF
D— ±0.5% pF
F— ±1% pF

电容器文字符号法示例见表 9-5。

表 9-5　电容器文字符号法示例

电容量	标注方法	电容量	标注方法
0.1pF	p1	1μF	1μ
0.59pF	p59	5.9μF	5μ9
1pF	1p	33μF	33μ
5.9pF	5p9	590μF	590μ
100pF	100p	1000μF	1m
1000pF	1n	5900μF	5m9
3300pF	3n3	33×10^3μF	33m
5900pF	5n9	590×10^3μF	590m
59000pF	59n	1F	1F
330000pF	330n	3.3F	3F3
590000pF	590n	5.9F	5F9

4. 数码法

数码法是用三位数来表示标称容量，再用一个字母表示允许偏差，如 104k、512M 等。

前两位数是表示有效值，第三位数为倍乘，即 10 的多少次方。对于非电解电容器，其单位为 pF，而对电解电容器而言单位为 μF。电容器数码法举例如下。

标称 223 的电容容量为：22×10^3pF = 22000pF = 0.022μF

电解电容 100 容量为：10×10^0μF = 10μF

电解电容 010 容量为：01×10^0μF = 1×10^0 = 1μF

标称 229 的电容容量为：22×10^{-1}pF = 2.2pF（这种表示法的容量范围仅限于 1.0～9.9pF）

『必备知识 4』

单相电度表的结构原理与接线安装

电度表又称电能表，是一种用来计算用电量（电能）的测量仪表，电度表可分为单相电度表和三相电度表，分别用在单相和三相交流电路中。根据工作方式的不同，电度表可分为感应式和电子式两种。电子式电度表是利用电子电路驱动计数机构来对电能进行计数的，而感应式电度表是利用电磁感应产生力矩来驱动计数机构对电能极性计数的。

常见的单相电度表的实物外形如图 9-11 所示。

1. 基本概念

（1）额定电压　单相电度表的额定电压有 220（250）V 和 380V 两种，分别用在 220V 和 380V 的单相电路中。

（2）额定电流　电度表的额定电流有多个等级。如 1A、2A、3A 和 5A 等。它们表明了该电度表能长期安全流过的最大电流。有时，电度表的额定电流标有两个值，后面一个写在括号中，如 2（4）A，这说明该电度表的额定电流为 2A，最大负载可达 4A。

（3）频率　国产交流电度表都用在 50Hz 的电网中，故其使用频率也都是 50Hz。

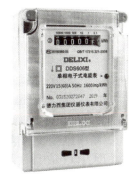

图 9-11　单相电度表实物图

(4) 电度表常数　对于感应式电度表，它表示每用 1kW·h 的电，电度表的铝盘所转动的圈数。例如，某块电度表的电度表常数为 700，说明电度表每走一个字，即每用 1kW·h 的电，铝盘要转 700 圈。根据电度表常数，可以测算出用电设备的功率比。

2. 感应式电度表的基本结构和原理

感应式单相电度表的结构如图 9-12 所示。

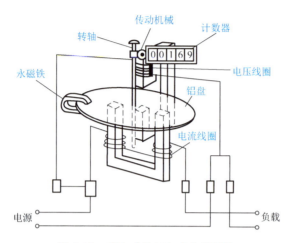

图 9-12　感应式单相电度表的结构

感应式单相电度表由以下几部分组成：

(1) 电磁机构　这是电度表的核心部分。它由两组线圈和各自的磁路组成。一组线圈称为电流线圈，它与被测负载串联，工作时流过负载电流；另一组线圈与电源并联，称为电压线圈。电度表工作时，两组线圈产生的磁通同时穿过铝盘，在这些磁通的共同作用下，铝盘受到一个正比于负载功率的转矩，使铝盘开始转动。其转速与负载功率成正比。铝盘通过齿轮机构带动计数器，可直接显示用电量。

(2) 计数器　它是电度表的指示机构，又称积算器。最终由它指示用电量的多少。

(3) 传动机构　也就是电磁机构和积算器之间的各种传动部件，由齿轮、蜗轮及蜗杆组成。铝盘的转数通过这一部分在计数器上显示出来。

(4) 制动机构　是一块可以调整的永磁铁。电度表正常工作时，铝盘受到一个转矩，此时会产生一个加速度，若不靠永磁铁的制动转矩，铝盘会越转越快。当制动转矩与电磁转矩平衡时，铝盘保持匀速转动。

(5) 其他部分　包括各种调节校准机构、支架、轴承和接线端子等。它们是电度表的辅助部分，但也是保证电度表正常工作必不可少的。

3. 单相电度表的倍率及计算方法

电度表以它的计数器来显示累计用电量。计数器每加个位 1，也就是常说的电度表走一个字，说明用电量为 1kW·h。假如电度表是通过电流互感器接入，而且电度表的额定电流是 5A，那么，在某一段时间的用电量，就应是这段时间的起始与终了时计数器的数字差与电流互感器的倍率的乘积。

4. 单相电度表的安装要求

1) 电度表应安装在清洁、干燥的场所，周围不能有腐蚀性或可燃性气体，不能有大量的灰尘，不能靠近强磁场。与热力管应保持 0.5m 以上的距离。环境温度应在 0～40℃ 之间。

2) 明装电度表距地面应在 1.8～2.2m 之间，暗装电度表应不低于 1.4m。装于立式盘和成套开关柜时，不应低于 0.7m。电度表应固定在牢固的表板或支架上，不能有振动。安装位置应便于抄表、检查和试验。

3) 电度表应垂直安装，垂度偏差不应大于 2°。

4) 电度表配合电流互感器使用时，电度表的电流回路应选用 $2.5mm^2$ 的独股绝缘铜芯导线，中间不能有接头，不能设开关与保险。所有压接螺钉要拧紧，导线端头要有清楚而明显的编号。互感器的二次绕组的一端要接地。

5. 单相电度表的接线

电子类电度表的接线方式分为直接接入式和经互感器接入式两类。

(1) 直接接入式　直接接入式接线，就是将电度表端子盒内的接线端子直接接入被测电路。根据单相电度表端子盒内电压、电流接线端子排列方式不同，又可将直接接入式接线分为一进一出（单进单出）和二进二出（双进双出）两种接线排列方式，这两种方式的接线原理都是一样的，如图 9-13 所示。

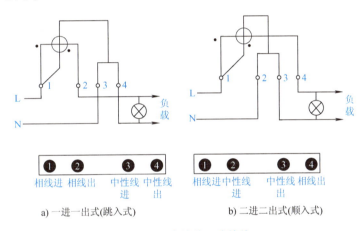

a) 一进一出式(跳入式)　　b) 二进二出式(顺入式)

图 9-13　直接接入式接线

(2) 经互感器接入式　当电度表电流或电压量限不能满足被测电路电流或电压的要求时，便需经互感器接入。有时只需经电流互感器接入，有时需同时经电流互感器和电压互感器接入。

若电度表内电流、电压同各端子连接片是连着的，可采用电压、电流线共用方式接线；若连接片是拆开的，则应采用电压、电流分开方式接线，如图 9-14 所示。

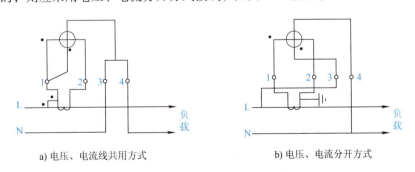

a) 电压、电流线共用方式　　b) 电压、电流分开方式

图 9-14　经互感器接入式接线

（3）单相电度表的实际接线

1）单相电度表的选择。选择单相电度表时，应考虑照明灯具和其他用电器具的总耗电量，电度表的额定电流应大于室内所有用电器具的总电流，电度表所能提供的电功率为额定电流和额定电压的乘积。

2）单相电度表的安装。单相电度表一般应安装在配电板的左边，而开关应安装在配电板的右边，与其他电器的距离大约为60mm。安装时应注意，电度表与地面必须垂直，否则将会影响电度表计数的准确性。

3）单相电度表的接线。单相电度表的接线盒内有四个接线端子，自左向右编号为①~④。接线方法是①、③接进线，②、④接出线，如图9-15所示。也有的电度表接线特殊，具体接线时应以电度表所附接线图为依据。

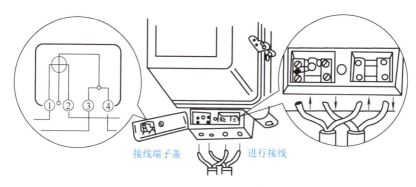

图9-15　单相电度表的接线方法

单相电度表接线时，要注意相线、中性线不可接错，中性线必须进表，相线、中性线不得反接，电源的相线要接电流线圈（否则会造成漏电且不安全）；表外接线不得有接头、电压连片必须连接牢固；开关、熔断器接负载侧。

『必备知识5』

功率表的结构原理与使用

测量电功率的仪表通常采用电动系测量机构，既可以测量直流电路的功率，也可以测量正弦和非正弦交流电路的功率，而且准确度高，因此获得广泛应用。

1. 电动式功率表的结构原理

电动式功率表的结构如图9-16所示，主要分为固定部分和可动部分。固定部分由两个平行对称的线圈组成，这两个线圈可以彼此串联或并联连接，从而得到不同的量限。可动部分主要有转轴和装在轴上的可动线圈、指针、空气阻尼器、产生反抗力矩和将电流引入动圈的游线组成。

电动式功率表的两种接线方式如图9-17所示，图中固定线圈串联在被测电路中，流过的电流就是负载电流。因此，这个线圈称为电流线圈。可动线圈在表内串联一个阻值很大的电阻 R 后与负载并联，流过线圈的电流与负载的电压成正比，因而这个线圈称为电压

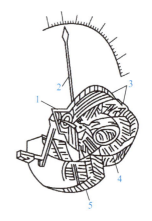

图9-16　电动式功率表的结构

1—游线　2—指针　3—线圈
4—可动线圈　5—空气阻尼器

线圈。固定线圈产生的磁场与负载电流成正比，该磁场与可动线圈中的电流相互作用，使可动线圈产生一个力矩，并带动指针转动。在任一瞬间，转动力矩的大小总是与负载电流及电压瞬时值的乘积成正比，但由于转动部分有机械惯性存在，因此偏转角决定了力矩的平均值，也就是电路的平均功率，即有功功率。

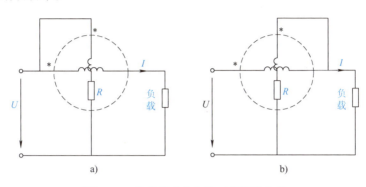

图 9-17　电动式功率表的两种接线方式

由于电动式功率表是单向偏转，偏转方向与电流线圈和电压线圈中的电流方向有关。为了使指针不反向偏转，通常把两个线圈的始端都标有"＊"或"±"符号，习惯上称为同名端或发电机端，接线时必须将有相同符号的端钮接在同一根电源线上。当弄不清电源线在负载的哪一边时，指针可能反转，这时只需将电压线圈端钮的接线对调一下，或将装在电压线圈中改换极性的开关转换一下即可。

图 9-17 所示的两种接线方式，都包含功率表本身的一部分损耗。在图 9-17a 的电流线圈中流过的电流显然是负载电流，但电压线圈两端的电压却等于负载电压加上电流线圈的电压降，即在功率表的读数中多出了电流线圈的损耗。因此，这种接法比较适用于负载电阻远大于电流线圈电阻（电流小、电压高及功率小的负载）的测量。例如，在荧光灯实验中镇流器功率的测量，其电流线圈的损耗就要比负载的功率小得多，功率表的读数就基本上等于负载功率。在图 9-17b 中，电压线圈上的电压虽然等于负载电压，但电流线圈中的电流却等于负载电流加上电压线圈的电流，即功率表的读数中多出了电压线圈的损耗。因此，这种接法比较适用于负载电阻远小于电压线圈电阻及大电流、大功率负载的测量。

在使用功率表时，不仅要求被测功率数值在仪表量限内，而且要求被测电路的电压和电流值也不超过仪表电压线圈和电流线圈的额定量限值，否则会烧坏仪表的线圈。因此，选择功率表量限，就是选择其电压和电流的量限。

2. 功率表的读数

功率表前面板示意图如图 9-18 所示。功率表通常有两个电流量限，两个或三个电压量限。若实验室设计的荧光灯电路实验的功率表电流量限为 0.5～1A，电流量程换接片按图 9-18 中实线的接法，即功率表的两个电流线圈串联，其量限为 0.5A；若换接片按虚线连接，即功率表两个电流线圈并联，量限为 1A。表盘上的刻度为 150 格。

功率表与其他仪表不同，功率表的表盘上并不标明瓦特数，而只标明分格数，所以从表盘上并不能直接读出所

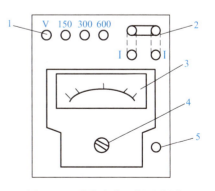

图 9-18　功率表前面板示意图
1—电压接线端子　2—电流接线端子
3—标度盘　4—指针零位调整器
5—转换功率正负的旋钮

测的功率值，而须经过计算得到。当选用不同的电压、电流量程时，每分格所代表的瓦特数是不相同的，设每分格代表的功率为 C（单位为 W），则：

$$C = \frac{电压量程 \times 电流量程 \times \cos\varphi}{表盘满刻度数}$$

$\cos\varphi$ 为功率表的功率因数，知道了 C 值和仪表指针偏转后指示格数 α，即可求出被测功率：

$$P = C\alpha$$

3. 功率表的使用说明

以 D34-W 型低功率因数功率表为例进行介绍，主要用于直流电路中测量小功率或交流 50Hz 电路中测量功率。

（1）功率表的技术指标　该表的准确度等级为 0.5 级，额定功率因数 $\cos\varphi = 0.2$。其基本技术特性如下。

1）仪表串联电路的额定电流为双量限，供应下列规格：0.25A/0.5A，0.5A/1A，1A/2A，2.5A/5A，5A/10A。

2）仪表并联电路的额定电压为三量限，供应下列规格：25V/50V/100V，50V/100V/200V，75V/150V/300V，150V/300V/600V。

（2）使用注意事项

1）使用时仪表应水平放置，并尽可能远离强电流导线或强磁场地点，以免使仪表产生附加误差。

2）仪表指针若不在零位，可利用表盖上的零位调整器进行调整。

3）测量时，如遇仪表指针反向偏转，应改变仪表面板上的"＋""－"换向开关极性。

4）功率表与其他指示仪表不同，指针偏转大小只表明功率值，并不显示仪表本身是否过载，有时表针虽未达到满刻度，只要 U 或 I 之一超过该表的量程就会损坏仪表。故在使用功率表时，通常需接入电压表和电流表进行监控。

5）功率表所测功率值包括了其本身电流线圈的功率损耗，所以在做准确测量时，应从测得的功率中减去电流线圈消耗的功率，才是所求负载消耗的功率。

『必备知识6』

三相电度表、电流互感器原理与接线

1. 三相电度表接线

三相电度表用于测量三相交流电路中电源输出（或负载消耗）的电能的电度表。它的工作原理与单相电度表完全相同，只是在结构上采用多组驱动部件和固定在转轴上的多个铝盘的方式，以实现对三相电能的测量。常见的三相电度表的实物外形如图 9-19 所示。

三相电度表分两单元和三单元，其工作原理与单相电度表基本相似。如三单元电度表可以看成是三个单相电度表的组合，即有三个电压线圈、三个电流线圈，一般有 11 个接线柱，其接线图如图 9-20 所示。

三相电度表在三相四线制中直接接线时，其安装接线图如图 9-21 所示。

间接式三相四线电度表安装接线图如图 9-22 所示。

图 9-19　三相电度表实物图

学习情境9　岗位技能竞赛与电工考证必备知识

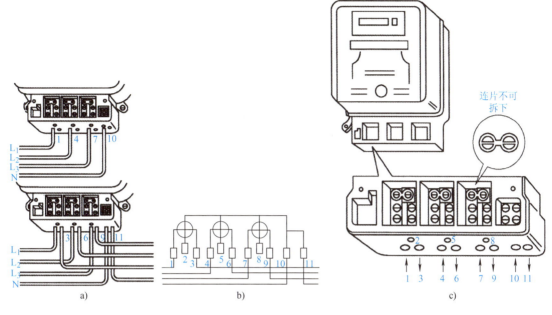

图 9-20　三相电度表接线图

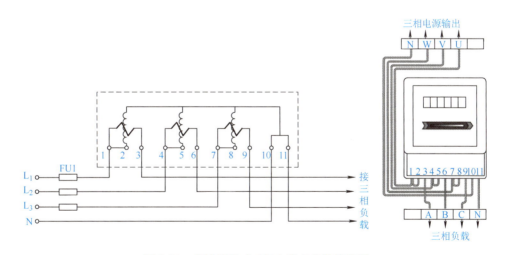

图 9-21　直接接线时三相电度表安装接线图

2. 电流互感器接线

电流互感器又称变流器，它就是将较大的电流变成较小的电流，在配电系统中供测量仪表和继电器保护使用，电流互感器就是一台一次侧匝数较少，二次侧匝数较多的变压器。使用时，一次侧与电源负载串联，二次侧接5A的电流表或电流线圈。

在低压配电系统中，常采用穿心式电流互感器，一次线圈就是穿过铁心的电器负载线，故它的器身中间设有一次线圈的贯通窗口，它没有一次线圈的两个接线点，只有二次侧的两个接线点。电流互感器实物及接线原理图如图9-23所示。

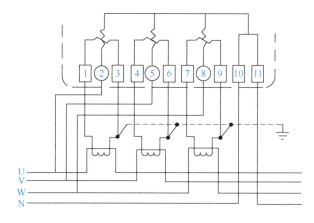

图 9-22　间接式三相四线电度表安装接线图

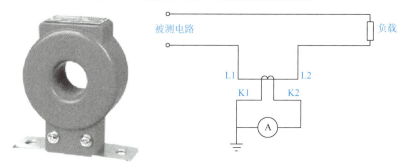

图 9-23　电流互感器实物及接线原理图

『必备知识 7』

接地电阻测量仪的使用

1. 接地电阻测量仪基本结构

接地电阻测量仪又称接地绝缘电阻表，主要用于测量电气系统、避雷系统等接地装置的接地电阻和土壤电阻率。它也是一种携带式指示仪表，形式多样用法也不尽相同，但工作原理同钳形电流表与绝缘电阻表基本一样。下面以 ZC-8 型接地电阻测量仪为例介绍其基本结构及使用方法。ZC-8 型接地电阻测量仪的外形及附件如图 9-24 所示。

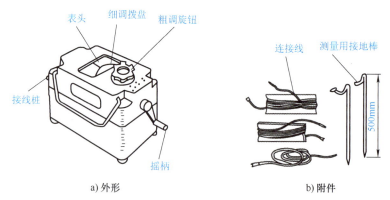

a) 外形　　　　　　　　　　　　b) 附件

图 9-24　ZC-8 型接地电阻测量仪的外形及附件

ZC-8 型接地电阻测量仪由高灵敏度的检流计 G、手摇交流发电机 M、电流互感器 TA 及调节电位器 R_P、测量用接地极 E、电压辅助电极 P 和电流辅助电极 C 等组成,被测接地电阻 R_x 接于 E 和 P 之间,原理图如图 9-25 所示。

2. 接地电阻测量仪量程

ZC-8 型接地电阻测量仪有两种量程,一种是 0 ~ 1 ~ 10 ~ 100Ω,另一种是 0 ~ 10 ~ 100 ~ 1000Ω。ZC-8 型接地电阻测量仪的数字盘上显示为 1,2,3,…,10 共 10 个大格,每个大格中有 10 个小格。三端钮的接地电阻测量仪倍数盘内有 1、10、100 三种倍

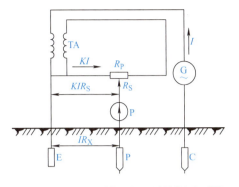

图 9-25　ZC-8 型接地电阻测量仪原理图

数,四端钮的接地电阻测量仪倍数盘内有 0.1、1、10 三种倍数。两种不同端钮数的接地电阻测量仪如图 9-26 所示。在规定转速内,仪表指针稳定时指针所指的数乘以所选择的倍数即是测量结果。如:当指针指在 8.8,而选择的倍数为 10 时,测量出来的电阻值为 8.8 × 10Ω = 88Ω。

a) 三端钮接地电阻测量仪

b) 四端钮接地电阻测量仪

图 9-26　两种不同端钮数的接地电阻测量仪

3. 对接地探针的要求

用接地电阻测量仪测量接地电阻,关键是探针本身的接地电阻,如果探针本身接地电阻较大,会直接影响仪器的灵敏度,甚至测不出来。一般电流探针本身的接地电阻不应大于 250Ω,电位探测针本身的接地电阻不应大于 1000Ω,这些数值对大多数种类的土质是容易达到的。如在高土壤电阻率地区进行测量,可将探针周围的土壤用盐水浇湿,探针本身的电阻就会大大降低。探针一般采用直径为 0.5cm、长度为 0.5m 的镀锌铁棒制作而成。

4. 仪表好坏检查

1)外观检查。先检查仪表是否有试验合格标志,接着检查外观是否完好;然后看指针是否居中;最后轻摇摇把,看是否能轻松转动。

2)开路检查。三端钮的接地电阻测量仪:将仪表电流端钮(C)和电位端钮(P)短接,然后轻摇仪表,仪表的指针直接偏向读数最大方向。四端钮的接地电阻测量仪:将仪表上的电流端钮(C1)和电位端钮(P1)短接,再将接地两端钮(C2、P2)短接,然后轻摇仪表,仪表的指针直接偏向读数最大方向。

3)短路检查。不管是三端钮的仪表还是四端钮的仪表,均将所有端钮连接起来,然后轻摇仪表,仪表的指针偏往"0"的方向。

通过上述三个步骤的检查后，基本上可以确定仪表是完好的。

5. 测量方法与步骤

1）将两个接地探针沿接地体辐射方向分别插入距接地体 20m、40m 的地下，插入深度为 400mm，如图 9-27a 所示。

2）将接地电阻测量仪平放于接地体附近并进行接线，其等效原理如图 9-27b 所示，接线方法如下。

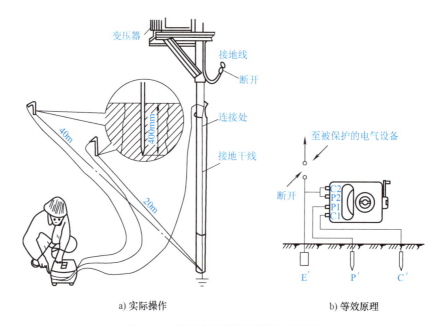

图 9-27　接地电阻测量仪操作示意图

① 用最短的专用导线将接地体与接地电阻测量仪的接线端 E′（三端钮的测量仪）或与 C2、P2 短接后的公共端（四端钮的测量仪）相连。

② 用最长的专用导线将距接地体 40m 的测量探针（电流探针）与测量仪的接线端 C′相连。

③ 用余下的长度居中的专用导线将距接地体 20m 的测量探针（电位探针）与测量仪的接线端 P′相连。

3）将测量仪水平放置后，检查检流计的指针是否指向中心线，否则调节"零位调整器"使测量仪指针指向中心线。

4）将"倍率标度"（粗调旋钮）置于最大倍数，并慢慢地转动发电机摇柄（指针开始偏移），同时旋动"测量标度盘"（细调拨盘）使检流计指针指向中心线。

5）当检流计的指针接近平衡时（指针接近中心线）加快转动摇柄，使其转速达到 120r/min 以上，同时调整"测量标度盘"，使指针指向中心线。

6）若"测量标度盘"的读数过小（小于 1）不易读准确，则说明倍率标度倍数过大。此时应将"倍率标度"置于较小的倍数，重新调整"测量标度盘"使指针指向中心线上并读出准确读数。

7）计算测量结果，即 $R_{地}$ ＝"倍率标度"读数×"测量标度盘"读数。

6. 注意事项

1）禁止在有雷电或被测物带电时进行测量。

2）仪表携带、使用时须小心轻放，避免剧烈振动。

3）摇测时，应从最大量程进行，根据被测物电阻的大小逐步调整量程。仪表的转速应保持在 120r/min。

4）若摇测时遇到较大的干扰，指针摆动幅度很大，无法读数，应先检查各连接点是否接触良好，然后再重测。如还是一样，可将摇速先增大后降低（不能低于规定值），直至指针比较稳定时读数，若指针仍有较小摆动，可取平均值。

5）测量接地电阻应在气候相对干燥的季节进行，避免雨后立即测量，以免测量结果不真实。

『必备知识 8』

常用电工工具的使用

1. 电工刀

电工刀是一种切削工具，主要用来切削电线、电缆绝缘层、绳索、木桩和软金属材料。如图 9-28 所示，电工刀的刀口磨制很讲究，应在单面上磨出圆弧状刃口，刃口部分要磨得锋利一些。

2. 螺钉旋具

螺钉旋具主要用来紧固或拆卸螺钉。螺钉旋具的规格按其性质分有非磁性材料和磁性材料两种；按握柄材料分有木柄、塑柄和胶柄；按其头部形状可分为十字形和一字形两种。一字螺钉旋具用于一字槽头的螺钉，十字螺钉旋具用于十字槽头的螺钉，如图 9-29 所示。

图 9-28　电工刀

a) 十字形

b) 一字形

图 9-29　螺钉旋具

一字形螺钉旋具的规格用柄部以外刀体长度的毫米数来表示，常用的有 100mm、150mm、200mm、300mm 和 400mm 五种。一字螺钉旋具用于一字槽头的螺钉。

十字形螺钉旋具用刀体长度和十字槽规格号表示，十字槽分为 Ⅰ、Ⅱ、Ⅲ、Ⅳ 四种型号，其中 Ⅰ 号适用于直径为 1~2.5mm 的螺钉，Ⅱ、Ⅲ、Ⅳ 号分别适用于 3~5mm、6~8mm、10~12mm 的螺钉。

3. 斜嘴钳

斜嘴钳又名偏口钳，其头部扁斜，主要用于剪切导线，尤其适合用来剪除元器件多余的引线。钳头手柄带有塑料套柄，使用方便，且能绝缘，一般能承受 500V 左右的电压，如图 9-30 所示。

4. 尖嘴钳

尖嘴钳头部细，适用于狭小的工作空间。电工用的尖嘴钳柄上套有耐压为 500V 以上的绝缘套管，如图 9-31 所示。

尖嘴钳的钳口和齿口可用来夹持螺钉、垫圈等，在装接电气控制电路板时，用于将导线端头

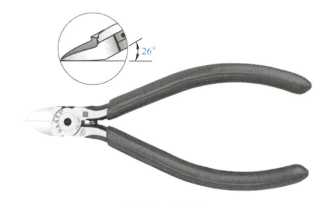

图 9-30　斜嘴钳

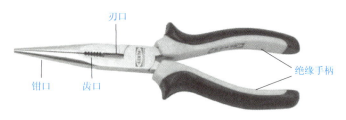

图 9-31　尖嘴钳

弯曲成一定圆弧的接线鼻，便于接线；刃口用来切断较细的导线。使用时，握住尖嘴钳的两个手柄，开始夹持或剪切工作。

带电操作时需注意检查绝缘柄的绝缘，不能同时切断相线和中性线，以免发生短路故障。

5. 剥线钳

剥线钳是用来剥除小直径电线、电缆端部塑料或橡胶绝缘的专用工具。它由钳头和手柄组成，如图 9-32 所示。钳头部分由压线口和切口组成，切口分为 0.5～6mm 的多个直径，以适应不同规格的线芯。使用时，电线必须放在大于其线芯直径的切口上切削，否则会损伤线芯。

剥线钳使用完毕后，要经常在它的机械运动部分滴入适量的润滑油。

6. 压线钳

压线钳又称压接钳，是用来压接导线线头与接线端头可靠连接的一种冷压模工具。压线钳有手动式压线钳、气动式压线钳和油压式压线钳。图 9-33 为手动式压线钳。

图 9-32　剥线钳

图 9-33　手动式压线钳

7. 钢丝钳

钢丝钳是用来钳夹和剪切工具的，由钳头和钳柄两部分组成，结构如图 9-34 所示。钢丝钳的钳头功能较多,钳口用来弯绞或钳夹导线线头,齿口用来紧固或起松螺母,铡口用来铡切导线线芯、钢丝或铁丝等较硬金属,刀口用来剪切导线或剖切导线绝缘层。

电工使用的钢丝钳,在钳柄上需套有交流耐压值不低于500V的绝缘套管。另外,在使用时,切勿用刀口钳断钢丝,以免刀口损伤;钳头不可替代手锤作为敲打工具使用;平时应防锈,轴销上应经常加机油润滑;破损了的绝缘套管应及时更换。

钢丝钳的规格用总长度(钳头+钳柄)来表示,常用的规格有6in、7in和8in三种(1in = 0.0254m)。

8. 活扳手

活扳手是用来紧固和拆卸螺钉、螺母的一种专用工具,由头部和柄部组成,如图9-35所示。头部由活扳唇、固定扳唇、扳口、蜗轮和轴销等构成,旋动蜗轮可调节扳口的大小。

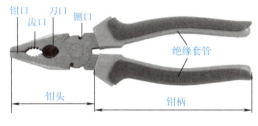

图9-34 钢丝钳结构

图9-35 活扳手

活扳手的规格较多,电工常用的有150mm(6in)、200mm(8in)、250mm(10in)和300mm(12in)四种规格。

在停用后,要及时擦拭干净。半年内不用者应涂油或用防腐法保存,停用一年以上的应涂油装入袋或箱内储存。

『必备知识9』

常用导线的连接

1. 导线绝缘层的去除

线头要进行电连接,就要去除线头的绝缘层。导线线头的连接处要有良好的导电性能,不能产生较大的接触电阻,否则通电后,连接处将会发热。因此,线头绝缘层要消除得彻底、干净,使线头与线头间有良好的接触。

(1)塑料线绝缘层的去除 塑料线绝缘层的去除方法主要有以下三种。

1)用剥线钳剥离塑料层,其方法如图9-36所示。

2)用钢丝钳剥离塑料层,其方法如图9-37所示。

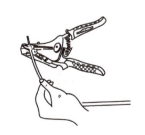

图9-36 用剥线钳剥离塑料层

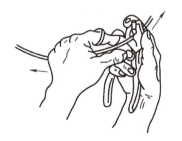

图9-37 用钢丝钳剥离塑料层

用钢丝钳剥离的方法，适用于线芯截面积为 2.5mm² 及以下的塑料线。用左手捏住导线，根据线头所需长度用钢丝钳刀口轻切塑料层，但不可切入线芯，然后用右手握住钢丝钳头部向外勒去塑料层。

3）用电工刀剥离塑料层，其方法如图 9-38 所示，同护套线剥离方法。

（2）塑料护套线绝缘层的去除　按照所需长度用刀尖在线芯缝隙间划开护套层，接着扳转用刀口切齐。绝缘层的剖削方法与塑料线绝缘层的剖削方法相同，但绝缘层的切口与护套层的切口间应留 5~10mm 的距离，如图 9-38 所示。

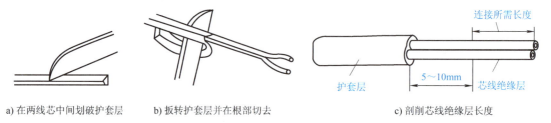

a) 在两线芯中间划破护套层　　b) 扳转护套层并在根部切去　　c) 剖削芯线绝缘层长度

图 9-38　护套线剥离方法

（3）橡胶线绝缘层的去除　先把编织保护层用电工刀尖划开（与剥离护套层的方法类似），然后用和剥塑料线绝缘层相同的方法剥去橡胶层，最后松散棉纱层至根部，用电工刀切去。

（4）花线绝缘层的去除　花线绝缘层分为外层和内层，外层是柔韧的棉纱编织物，内层是橡胶绝缘层和棉纱层。其剖削方法如下。

1）在所需线头长度处用电工刀在棉纱编织物保护层四周割切一圈，将棉纱编织物拉去。

2）在距棉纱编织物保护层 10mm 处，用钢丝钳的刀口切割橡胶绝缘层，注意不可损伤线芯，方法与图 9-38 所示相同。

3）将露出的棉纱层松开，用电工刀割去，如图 9-39 所示。

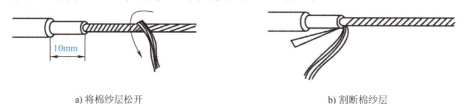

a) 将棉纱层松开　　　　　　　　　　　b) 割断棉纱层

图 9-39　花线绝缘层的剖削

2. 导线的连接

常用绝缘导线有单股、7 股和 19 股等多种，连接方法随线芯材质与股数不同而不同。

（1）单股线芯的直接连接　先把两根导线的线芯 X 形相交，如图 9-40a 所示；互相绞绕 2~3 圈，然后扳直线头，如图 9-40b 所示；将每个线头在线芯上紧贴并绕 6 圈，用钢丝钳切去余下的线芯，并钳平线芯的末端，如图 9-40c 所示。

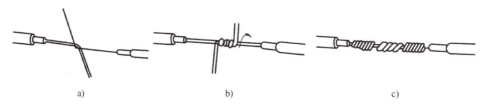

a)　　　　　　　　b)　　　　　　　　c)

图 9-40　单股线芯的直接连接

(2) 单股线芯 T 字分支连接 把支线线芯与干线线芯十字相交,按图 9-41 所示的方法,环绕成结状;再把支线线头抽紧扳直紧密地并缠在线芯上,缠绕长度为线芯直径的 8~10 倍。对于截面积较大的线芯,还要进行搪锡加固。

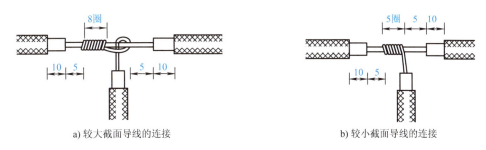

a) 较大截面导线的连接　　　　b) 较小截面导线的连接

图 9-41　单股线芯 T 字分支连接(单位: mm)

(3) 7 股线芯的直接连接

1) 将剖去绝缘层的线头拉直,接着把线芯全长的 1/3 根部进一步绞紧,然后把余下的 2/3 部分的线芯头按图 9-42a 所示的方法,分散成伞骨状,并把每股线芯拉直。

2) 把两伞骨状线芯头隔股对叉,然后捏平两端每股线芯,如图 9-42b、c 所示。

3) 先把一端的 7 股线芯按 2 股、2 股、3 股股分成三组,接着把第一组 2 股线芯扳起,垂直于线芯,如图 9-42d 所示。然后按顺时针方向紧贴线芯并缠两圈,再扳成与线芯平行的直角,如图 9-42e 所示。

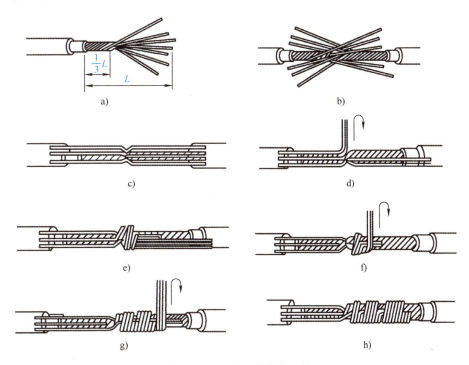

图 9-42　7 股线芯的直接连接

4) 按照上述方法继续紧缠第二组和第三组线芯。但在后一组线芯扳起时,应把扳起的线芯紧贴住前一组线芯已弯成直角的根部,如图 9-42f、g 所示。第三组线芯应紧缠 3 圈,在缠到第二圈时,应把前两组多余的线芯端剪去,线芯端切口应刚好被第三圈缠好后全部压没,不应有伸出第三圈的余端。当缠到两圈半时,把3股线芯的多余端头剪去,使之刚好缠满3圈,如图9-42h所示。用同样的方法再缠绕另一侧线芯。

(4) 7股线芯的T字分支连接　把分支线芯头的1/8处根部进一步绞紧,再把7/8处部分的7股线芯分成两组,如图9-43a所示。接着,用螺钉旋具把干线的线芯撬开分为两组,把支线4股线芯的一组插入干线的两组线芯中间,如图9-43b所示。然后把3股线芯的一组向干线一边按顺时针方向缠绕3~4圈,去余端并钳平切口,如图9-43c所示。另一组的4股线芯按相同的方法缠绕4~5圈后,剪去多余部分并钳平切口。

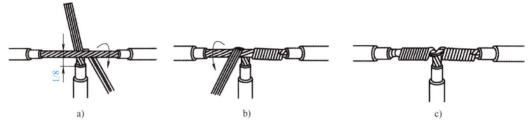

图9-43　7股线芯的T字分支连接

(5) 7股导线压接圈的弯法　7股导线线芯压接圈的弯制方法如图9-44所示。

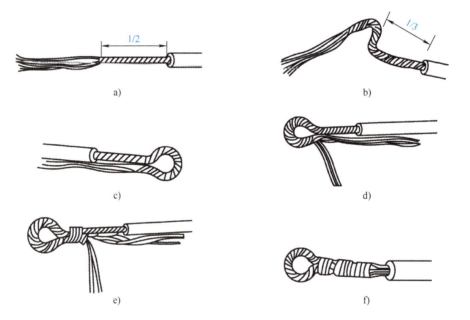

图9-44　7股导线线芯压接圈的弯制方法

(6) 19股线芯的直接连接　其方法与7股线芯的直接连接方法类似。在连接时,由于股数较多,可剪去中间几股。

(7) 19股线芯的T字分支连接　其方法与7股线芯的T字分支连接方法类似。其中,支路线芯按9根和10根分成两组。

(8) 软线与单股硬导线的连接　连接软线和单股硬导线时,可先将软线拧成单股导线,再在单股硬导线上缠绕7~8圈,最后将单股硬导线向后弯曲,以防止绑线脱落,如图9-45所示。

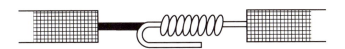

图 9-45 软线与单股硬导线的连接

3. 导线绝缘层的恢复

导线的绝缘层破损后必须予以恢复，导线连接后也必须恢复绝缘。恢复后的绝缘强度不应低于原有的绝缘强度。通常用黄蜡带、涤纶薄膜带和黑胶带作为恢复绝缘层的材料，黄蜡带和黑胶带一般选用 20mm 宽较适中，包缠也方便。

（1）绝缘带的缠绕方法　将黄蜡带从导线左边完整的绝缘层上开始包缠，包缠约两个带宽后方可进入无绝缘层的线芯部分，如图 9-46a 所示；包缠时，黄蜡带与导线保持 55°的倾斜角，每圈压叠带宽的 1/2，如图 9-46b 所示；包缠一层黄蜡带后，将黑胶带接在黄蜡带的尾端，按上述方法向另一个方向斜叠包缠，如图 9-46c、d 所示。

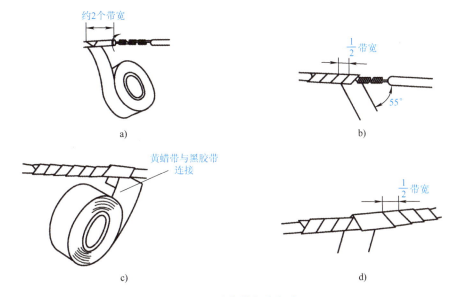

图 9-46 绝缘带包缠方法

（2）绝缘带包缠注意事项

1）恢复 380V 线路上的导线绝缘时，必须先包缠 1~2 层黄蜡带（或涤纶薄膜带），然后包缠 1 层黑胶带。

2）恢复 220V 线路上的导线绝缘时，先包缠 1 层黄蜡带（或涤纶薄膜带），然后包缠 1 层黑胶带，也可只包缠 2 层黑胶带。

3）在包缠绝缘带时，不能过疏，更不允许露出线芯，以免发生短路或触电事故。

4）绝缘带不可保存在温度很高的地点，也不可被油脂浸染。

『必备知识 10』

电工安全防护用具

安全防护用具是进行设备安装、运行和检修等操作过程中使用的保安工器具，用以防止工作中触电、电弧灼伤、高空坠落、摔跌和物体打击等人身伤害，保障操作者在工作时人身安全的各种专门用具和器具。

安全防护用具可分为绝缘安全用具和一般防护安全用具。绝缘安全用具指带电作业或使用电气工器具时，为防止工作人员触电必须使用的绝缘工具。绝缘安全用具依据绝缘强度和所起的作用可分为基本安全用具和辅助安全用具两大类，如图9-47所示。

图9-47　安全防护用具分类

基本安全用具是绝缘强度能长时间承受电气设备的额定电压，并能在该电压等级产生的过电压下保证人身安全的绝缘工具。基本安全用具主要包括高压验电器、绝缘棒和绝缘夹钳等，它们可直接接触带电体。

辅助安全用具的绝缘强度不足以承受电气设备的额定电压，不允许直接接触高压电气设备的带电部分，只能用于加强基本安全用具的保安作用，防止跨步电压或接触电压触电、电弧灼伤对操作人员的伤害。辅助安全用具主要包括绝缘垫（台）、绝缘手套和绝缘鞋等劳动防护用品。

一般防护安全用具本身不具备绝缘性能，只能起到防护作用，一旦发生事故，可以减轻对工作人员伤害的程度。对电气工作来说，主要用来防止停电检修设备误送电或与邻近带电设备发生感应电压时，减轻对工作人员的伤害程度；防止工作人员走错间隔、误登带电设备导致触电伤亡；防止跨越安全距离产生电弧灼伤。对一切登高作业人员来说，防止发生高空坠落事故。这类安全用具主要包括接地线、安全帽、临时遮栏、标示牌和安全带。另外，登高用的梯子、脚扣和升降板也属于一般防护安全用具。

1. 安全帽

安全帽是保护使用者头部免受外物伤害的个人防护用具，凡是需防护高处落物（器材工具等）或有可能使头部受到伤害的情况下，无论高处、地面工作还是其他配合人员都应佩戴安全帽。施工人员在现场作业中要全程佩戴安全帽，如图9-48所示。

安全帽的佩戴要符合标准，新领的安全帽，首先检查是否有劳动部门允许生产的证明及产品合格证，再看帽壳是否破损、薄厚不均，缓冲层及调整带和弹性带是否齐全有效，不符合规定的立即调换。戴安全帽前应将帽后调整带按自己

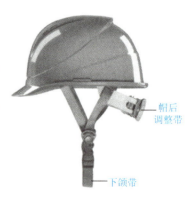

图9-48　安全帽

头型调整到适合的位置,然后将帽内弹性带系牢。缓冲衬垫的松紧由带子调节,人的头顶和安全帽顶部空间的垂直距离一般在 25～50mm 之间,安全帽的下颌带必须扣在颌下,并系牢,松紧要适度。

由于安全帽在使用过程中会逐渐损坏,所以要定期检查。检查安全帽是否有龟裂、下凹和磨损等情况,发现异常现象要立即更换,不准继续使用。任何受过重击、有裂痕的安全帽,不论有无损坏现象,均应报废。安全帽用毕应放置在室内干燥、通风并远离电源 0.5m 的地方。

2. 安全带

安全带是一种用于预防高处作业人员坠落伤亡的防护用具。

安全规程规定:在没有栏杆的脚手架上工作,高度超过 1.5m 时,应使用安全带,或采取其他可靠的安全措施。在电力建设高空安装施工、发电厂高空检修、架空线或变电站户外构架作业时,都应系安全带。

安全带使用前的外观检查:安全带应无磨损、切剪和边缘破损等情况,检查缝纫连接无任何撕裂、松弛或机缝线掉落情况,检查五金配件无裂纹、断裂和生锈情况,检查连接器无卡死情况,若检查发现任何一种不安全状况,则停止使用该安全带。安全带应每月进行一次外观检查,每半年进行一次静拉力实验。

安全带使用过程中必须做到高挂低用,挂钩悬挂处必须高于腰部,如图 9-49 所示,并将活梁卡子系紧。

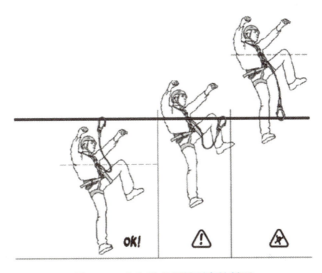

图 9-49 安全带必须做到高挂低用

安全带保管中应注意:安全带上各部件不得任意拆掉,更换新绳时要注意加绳套。安全带使用期 3～5 年,发现缺陷提前报废。安全带可放入低温肥皂水中擦洗,不可用热水,也不准在日光下暴晒或火烤;存放时应避免与高温、明火、酸类物质、有锐角的坚硬物体及化学药品接触。

3. 脚扣

脚扣是架空线路工作人员登高作业时攀登电杆的安全用具。如图 9-50 所示,它是由钢或铝合金材料制作的,由近似半圆形的电杆套扣和带有皮带脚扣环的脚登板组成。半圆

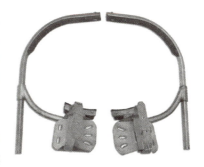

图 9-50 脚扣

形套扣内圆带尖齿的用于攀登木杆，不带齿的用于攀登水泥杆。

攀登前，首先按照电杆规格选择合适的脚扣，并进行外观检查，有腐蚀、裂纹的不得使用，其次对脚扣做人体冲击试登，即在登高离地 0.5m 处，借人体重量猛力向下蹬踩，若脚扣无变形、损坏，方可使用。使用脚扣必须经过训练，掌握攀登技能，否则易发生跌伤事故。

不准用绳子或电线代替脚扣的系脚皮带，脚扣用毕应整齐存放在工具箱，不能随意扔摔。脚扣应每月进行一次外观检查，每半年进行一次静拉力试验。

4. 绝缘手套

绝缘手套是用特种橡胶制成的，如图 9-51 所示，一般作为辅助安全用具。在结构上，其套身应有足够的长度，戴上后应超过手腕 10cm，它分 12kV、5kV 两种。《安全生产法》规定，高压设备发生接地时，室内不得接近故障点 4m 以内，室外不得接近故障点 8m 以内。进入上述范围人员必须穿绝缘靴，接触设备的外壳和架构时应戴绝缘手套。一般地，在低压设备上操作时，只要戴上绝缘手套，就可直接带电操作，可作为基本安全用具使用；若在高压电气设备、线路上操作时，它只能作为辅助安全用具使用。绝缘手套应按表 9-6 做耐压试验。

图 9-51　绝缘手套

表 9-6　绝缘手套耐压试验标准

名称	电压等级/kV	试验周期	交流耐压/kV	泄漏电流/mA	时间
绝缘手套	高压	每 6 个月一次	8	≤9	5min
	低压		2.5	≤2.5	

绝缘手套使用前应进行外观检查，外表应无磨损、破漏和划痕等。检查时应向手套筒吹气，压紧筒边朝手指方向卷曲，卷到一定程度，若手指鼓起，证明无砂眼漏气，可以使用。有漏气裂纹的应禁止使用，不合格的手套要及时清除，避免错用。

5. 绝缘棒

绝缘棒又称操作棒或绝缘拉杆。它主要用于断开或闭合高压隔离开关、跌落式熔断器、户外真空断路器、户外六氟化硫断路器，安装和拆除携带型接地线，进行带电测量和实验工作等，如图 9-52 所示。

图 9-52　绝缘棒

使用绝缘棒前，必须核准与所操作电气设备的电压等级是否相符，绝缘棒表面应用清洁的干布擦拭，使表面干燥、清洁。使用时，工作人员应戴绝缘手套、穿绝缘鞋/靴；遇下雪、下雨天在室外使用绝缘棒时，绝缘棒应装有防雨的伞形罩。使用过程中，必须防止绝缘棒与其他物体碰撞而损坏表面绝缘漆。绝缘棒不得移作他用，也不得直接与墙壁或地面接触，防止破坏绝缘性能。工作完毕应将绝缘棒放在干燥的特制的架子上，或垂直地悬挂在专用挂架上。绝缘棒应定期进行绝缘试验，不合格的应及时更换。

绝缘棒应每 3 个月做一次外观检查，表面应光洁无纹、无机械损伤及绝缘层无损坏，每年按表 9-7 的要求做耐压试验。

表 9-7　绝缘棒耐压试验标准

名称	电压等级/kV	试验周期	交流耐压/kV	时间
绝缘棒	6～10	每年一次	44	5min
	35～154		4 倍相电压	
	220		3 倍相电压	

6. 绝缘夹钳

绝缘夹钳是在 35kV 及以下电力系统中，装卸熔断器或执行其他类似工作的工具。绝缘夹钳由工作钳口、绝缘部分与握手部分组成，如图 9-53 所示。

使用绝缘夹钳时应做到：戴护目镜、绝缘手套、穿绝缘鞋（靴）或站在绝缘垫（台）上，精神集中，注意保持身体平衡，握紧绝缘夹，不使其滑脱落下；潮湿天气应使用专门的防雨绝缘夹钳。不允许在绝缘夹钳上装接地线，以免接地线在空中游荡，触碰带电部分造成接地短路或人身触电事故。

绝缘夹钳使用完毕，应保存在专用的箱子或匣子里，以防受潮或磨损。绝缘夹钳应每 3 个月做一次外观检查，并对钳口进行开闭活动性能检查，每年按表 9-8 进行耐压试验。

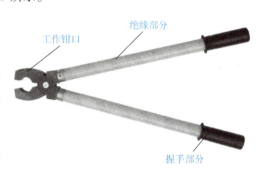

图 9-53　绝缘夹钳

表 9-8　绝缘夹钳耐压试验标准

名称	电压等级/kV	试验周期	交流耐压/kV	时间
绝缘夹钳	35 及以下	每年一次	3 倍相电压	5min
	110		260	
	220		440	

7. 绝缘靴

绝缘靴（鞋）如图 9-54 所示，它的作用是使人体与地面隔离绝缘。在进行低压操作或防护跨步电压时，可作基本安全用具使用，在高压操作时可作为保持绝缘的辅助安全工具。

绝缘靴（鞋）是由特种胶制成的，使用前应注意进行外观检查，外表应无磨损、破漏和划痕。如有砂眼气孔，不准使用；当发现绝缘鞋底面磨光并露出黄色绝缘层时，要及时清除换新。绝缘靴每半年按表 9-9 做耐压试验。

图 9-54　绝缘靴

表 9-9　绝缘靴耐压试验标准

名称	电压等级/kV	试验周期	交流耐压/kV	泄漏电流/mA	时间
绝缘靴	高压	每 6 个月一次	15	≤7.5	5min

8. 绝缘垫

绝缘垫又称绝缘毯，也是由特种胶制成的，其保安作用与绝缘靴相同，如图 9-55 所示。绝缘垫一般铺设在配电装置室地面及控制屏、保护屏、发电机和调相机励磁机端处，用以带电操作时增强操作人员对地绝缘，避免单相短路、电气设备绝缘损坏时的接触电压、跨步电压对人体造成伤害。

使用绝缘垫时应注意保持其清洁、干燥，不得与酸、碱及各种油类物接触，以免腐蚀老化、龟裂和变黏，降低绝缘性能。若发生上述情况，应及时更换，也要避免阳光直射或锐利金属划刺。存放时要避免与热源距离太近，以免加剧老化变质。

9. 携带型接地线

携带型接地线如图 9-56 所示，是用于在高压电气设备停电检修或进行清扫等工作之前，为防设备突然来电，或因邻近高压带电设备产生感应电压，对人体产生触电危害而放置在停电设备上的一种防护用具，也可用于放尽停电设备的剩余电荷。

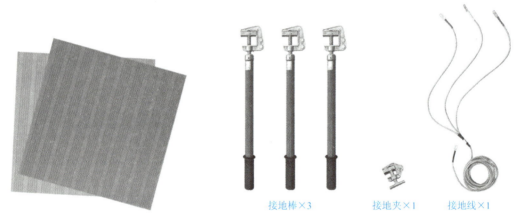

图 9-55　绝缘垫　　　　　　　图 9-56　携带型接地线

携带型接地线在结构上由专用夹头和多股软铜线组成，通过夹头将接地线与接地装置短路线连接起来，把短路线设置在需要短路接地的电气设备上。多股软铜线的截面积不得小于 $25mm^2$，并应符合短路电流通过时不致因高热而熔断的要求，此外还须具有足够的机械强度。

使用携带型接地线前必须认真检查接地线是否完好，夹头和铜线连接应牢固，一般由螺钉拴紧，再加焊锡焊牢。接地线须经验电确定断电后，由两人戴上绝缘手套用绝缘棒操作。装设接地线时的装拆顺序为先接接地端，后接导体端，拆接地线顺序与此相反。夹头必须夹紧，以防短路电流较大时，因接触不良熔断或因电动力作用而脱落，严禁用缠绕办法短路或接地。禁止在接地线和设备之间连接隔离开关、断路器，以防工作过程中断开而失去接地作用。接地线的放置位置应编号，对号入座，避免误拆、漏拆接地线造成事故。

『必备知识11』

三相异步电动机常见故障检修

电动机经过长期的运行，会发生各种故障。及时判断故障原因并进行相应处理是防止故障扩大、保证设备正常运行的重要工作。表 9-10 为三相异步电动机的常见故障现象、故障原因和处理方法，供分析处理故障时参考。

学习情境9　岗位技能竞赛与电工考证必备知识

表 9-10　三相异步电动机的常见故障现象、故障原因和处理方法

故障现象	故障原因	处理方法
通电后电动机不起动，无异常声音，也无异味和冒烟	（1）无三相电源（至少两相断路） （2）熔丝熔断（至少两相熔断） （3）过电流继电器整定值调得过小，通电后即起作用，断开电路 （4）控制设备接线错误	（1）检查电源回路开关，熔丝、接线盒处是否有断点，予以修复 （2）检查熔丝型号、熔断原因，换新熔丝 （3）调节继电器整定值与电动机配合 （4）改正接线
通电后电动机不起动，然后熔丝烧断	（1）定子绕组相间短路 （2）电动机缺一相电源，或定子线圈一相反接 （3）新修的电动机定子绕组接线错误 （4）定子绕组接地 （5）熔丝截面过小 （6）电源线短路或接地	（1）查出短路点，予以修复 （2）检查刀开关是否有一相未合好，或电源回路有一相断线，消除反接故障 （3）查出误接处，并予以更正 （4）消除接地 （5）更换熔丝 （6）消除接地点
通电后电动机不起动，电动机内有"嗡嗡"声	（1）绕组引出线末端接错或绕组内部接反 （2）定、转子绕组有断路（一相断线）或电源一相失电 （3）电动机负载过大或转子卡住 （4）电源回路接点松动，接触电阻大 （5）电源电压过低 （6）小型电动机装配太紧或轴承内油脂过硬 （7）轴承卡住	（1）检查绕组极性，判断绕组首末端是否正确 （2）查明断点，予以修复 （3）减轻电动机负载或查出并消除机械故障 （4）紧固松动的接线螺钉，用万用表判断各接头是否假接，予以修复 （5）检查是否把规定的三角形联结误接为星形联结，是否由于电源导线过细使压降过大，予以修正 （6）重新装配使之灵活；更换合格油脂 （7）修复轴承
额定负载运行时转速低于额定值	（1）电源电压过低（低于额定电压） （2）三角形联结的电动机误接成星形联结 （3）笼型电动机的转子断笼或脱焊 （4）定、转子局部线圈错接、反接 （5）修复电动机绕组里增加匝数过多 （6）电动机过载 （7）绕线转子绕组中断相或某一相接触不良 （8）绕线电动机的集电环与电刷接触不良，从而使接触电阻增大，损耗增大，输出功率减少 （9）控制单元接线松动 （10）电源断相 （11）定子绕组的并联支路或并绕导线断路 （12）绕线电动机转子回路串电阻过大 （13）机械损耗增加，从而使总负载转矩增大	（1）测量电源电压，设法改善 （2）检测接线方式，纠正接线错误 （3）采用焊接法或冷接法修补笼型电动机的转子断条 （4）查出误接处，予以改正 （5）恢复电动机的正确匝数 （6）减少电动机负载 （7）对于绕线式电动机滑环接触不良，应及时修理与更换 （8）调整电刷压力，用细砂布磨好电刷与集电环的接触面 （9）检查控制回路的接线，特别是给定端与反馈接头的接线，保持接线正确可靠 （10）对于由于熔断器断路出现的断相运行，应查出原因，处理所更换熔断器的熔丝 （11）检查断路处并修复 （12）适当减小转子回路串接的变阻器阻值 （13）对于机械损耗过大的电动机，应检查损耗原因，处理故障

(续)

故障现象	故障原因	处理方法
电动机三相电流相差大	(1) 绕组首尾端接错 (2) 重绕时，定子三相绕组匝数不相等 (3) 电源电压不平衡 (4) 绕组存在匝间短路、线圈反接等故障	(1) 检查绕组首尾端接错处，并纠正 (2) 重新绕制定子绕组，保证三相绕组匝数相同 (3) 测量电源电压，设法消除不平衡 (4) 查找匝间短路故障点，将反接线圈纠正，消除绕组故障
电动机空载电流大	(1) 电源电压过高 (2) 修复时，定子绕组匝数减少过多 (3) 星形联结电动机误接为三角形联结 (4) 转子装反，使定子铁心未对齐，有效长度减短 (5) 气隙过大或不均匀 (6) 大修拆除旧绕组时，使用热拆法不当，使铁心烧损	(1) 检查电源，设法恢复额定电压 (2) 重绕定子绕组，恢复正确匝数 (3) 改接为星形联结 (4) 重新装配 (5) 更换新转子或调整气隙 (6) 检查铁心或重新计算绕组，适当增加匝数
电动机运行时有异常响声	(1) 轴承磨损或油内有沙粒等异物 (2) 新修电动机的转子与定子绝缘纸或槽楔相擦 (3) 定子、转子铁心松动 (4) 轴承缺油 (5) 风道堵塞或风扇摩擦风罩 (6) 定子、转子铁心相擦 (7) 电源电压过高或不平衡 (8) 定子绕组错接或短路 (9) 电动机安装基础不平 (10) 转子不平衡 (11) 轴承严重磨损 (12) 电动机断相运行	(1) 更换或清洗轴承 (2) 修剪绝缘，削低槽楔 (3) 检修定子、转子铁心，固定松动的铁心 (4) 加润滑油 (5) 清理风道，重新安装风罩 (6) 消除擦痕，必要时车削小转子 (7) 检查并调整电源电压 (8) 消除定子绕组故障 (9) 检查紧固安装螺栓及其他部件，保持平衡 (10) 校正转子中心线 (11) 更换磨损的轴承 (12) 检查定子绕组供电回路，查出断相原因，做相应处理
电动机运行中振动过大	(1) 气隙不均匀 (2) 磨损轴承间隙过大 (3) 转子不平衡 (4) 铁心变形或松动 (5) 轴承弯曲 (6) 联轴器（带轮）中心未校正 (7) 风扇不平衡 (8) 机壳或基础强度不够 (9) 电动机地脚螺栓松动 (10) 笼型转子开焊、断路，绕线转子断路 (11) 定子绕组故障	(1) 调整气隙，使之均匀 (2) 检修轴承，必要时更换 (3) 校正转子动平衡 (4) 校正重叠铁心 (5) 校直轴承 (6) 重新校正，使之符合规定 (7) 检修风扇，校正平衡，纠正其几何形状 (8) 进行加固 (9) 紧固地脚螺栓 (10) 修复转子绕组 (11) 修复定子绕组

（续）

故障现象	故障原因	处理方法
电动机外壳带电	（1）误将电源线与接地线搞错 （2）电动机的引出线破损 （3）电动机绕组绝缘老化或损坏，对机壳短路 （4）电动机受潮，绝缘能力降低	（1）检测电源线与接地线，纠正接线 （2）修复引出线端口的绝缘 （3）绕组绝缘严重损坏应及时更换 （4）用绝缘电阻表测量绝缘电阻是否正常，确定受潮程度，若较严重，则应进行干燥处理

岗课赛证实训工作页

项目1 电路与电路分析基础

实训工单1 万用表测电流、电压

任务描述

本任务要求学生了解万用表的结构，学会用万用表测量电压、电流。

任务目标

1）掌握万用表的功能特点和基本结构。
2）会使用万用表测量电压。
3）会使用万用表测量电流。
4）树立安全操作意识，培养良好的职业道德和职业习惯。

任务调研

万用表是一种多用途电子测量仪器，也称为万用计、多用计和多用电表等，分为指针万用表和数字万用表两种类型。

万用表可测量直流电流、直流电压、交流电流、交流电压、电阻和音频等，主要用于物理、电气和电子等测量领域，实物图如实训图1-1所示。

指针万用表

数字万用表

实训图1-1 万用表实物图

根据现有的学习材料和网络学习互动平台,通过观看微课或者学生自己从网上、教材、课外辅导书或其他媒体收集项目资料,小组共同讨论,做出工作计划,并对任务实施进行决策。

器材准备

	序号	名称	数量	规格型号
元件	1	电阻	若干	
仪表	2	指针万用表	1	
	3	数字万用表	1	
	4	30V 直流可调稳压电源	1	
	5	自耦变压器	1	

任务实施

1. 实训前准备

1)检查着装是否合格,按 6S 标准检查实训台。

2)按器材领取仪器和耗材;检查领到的工具、仪表和材料外观是否完好,有无绝缘破损,性能是否合格,规格是否正确。

2. 测交流电压

1)将两种万用表选交流电压档后备用。

2)将自耦变压器按表格要求连续改变输出值。

3)将万用表红黑表笔分别接自耦变压器输出端。

4)将测得交流电压值填入实训表 1-1。

实训表 1-1　测量交流电压值

	24V		36V		48V		127V		220V		380V	
	所选量程	测量值	所选量程	测量值	所选量程	测量值	所选量程	测量值	所选量程	测量值	所选量程	测量值
指针式												
数字式												

注意:测量时注意安全,超过 36V 时要戴绝缘手套,并严格按照万用表操作要求操作;养成单手持笔的习惯,防止触电伤人。

3. 测直流电压

1)将两种万用表档位调至直流电压档后备用。

2)将稳压电源按表格要求连续改变输出值。

3)将万用表红黑表笔分别接稳压电源输出端的正负极。

4)将测得直流电压值填入实训表 1-2。

实训表 1-2　测量直流电压值

	6V		9V		12V		24V		30V		36V	
	所选量程	测量值	所选量程	测量值	所选量程	测量值	所选量程	测量值	所选量程	测量值	所选量程	测量值
指针式												
数字式												

注意：测量时注意红黑表笔极性，测量时稳压电源不允许短路。

4. 测量直流电流

1）将两种万用表选直流电流档后备用。

2）按实训图 1-2 连接。自己选择各电阻阻值，电流从万用表红表笔流入，黑表笔流出。

3）用两种万用表测量并将结果填入实训表 1-3。

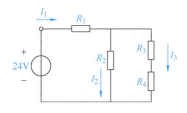

实训图 1-2

实训表 1-3　测量电流值

	I_1		I_2		I_3		三者之间关系
	所选量程	测量值	所选量程	测量值	所选量程	测量值	
指针式							
数字式							

注意：万用表测量时一定串入电路，不允许并入电路。

⚠ 问题思考

『思考问题 1』测量电压产生误差的原因是什么？

『思考问题 2』为什么用电阻档测量电压会有烧坏万用表的危险？

实训工单 2　电阻的识别与检测

📌 任务描述

本任务要求学生读取电阻参数，使用万用表测试电阻阻值，用伏安法测电阻并分析结果。

🎤 任务目标

1）能够准确读取电阻参数。

2）会使用万用表测电阻阻值。

3）会使用伏安法测电阻。

4）通过电阻识读与检测培养精益求精的工匠精神。

🔍 任务调研

电阻器简称"电阻"，它是家用电器以及其他电子设备中应用十分广泛的元件。电阻器利用它自身消耗电能的特性，在家用电器电路中起降压、分配电压、限制电路电流和向各种电子元件提供必要的工作条件（电压或电流）等功能。

根据现有的学习材料和网络学习互动平台，通过观看微课或者学生自己从网上、教材、课外辅导书或其他媒体收集项目资料，小组共同讨论，做出工作计划，并对任务实施进行决策。

『引导问题1』简单描述指针万用表测试阻值的步骤？

『引导问题2』简单描述数字万用表测试阻值的步骤？

 器材准备

	序号	器材名称	数量	规格型号
元件	1	电阻	若干	
仪表	2	指针万用表	1	
	3	数字万用表	1	
	4	直流电流表	1	
	5	直流电压表	1	

 任务实施

1. 识读色环电阻阻值

将识别结果写入实训表1-4。

实训表1-4　色环电阻识别结果

由色环写阻值			由阻值写色环		
色环	阻值	误差	阻值	误差	色环
红-黄-黑-金			510Ω	±10%	
棕-红-金-银			0.5Ω	±5%	
黄-紫-黑-金			47kΩ	±2%	
紫-绿-红-金			1Ω	±1%	
棕-黑-黑-银			2MΩ	±10%	

2. 阻值测量

使用万用表对电阻元件进行阻值测量，与读取的电阻值进行对比，计算误差，并将结果记录在实训表1-5中。

实训表1-5　电阻测量结果

	标称值		实测值	
	电阻	误差	电阻	误差
R_1				
R_2				
R_3				
R_4				

3. 使用伏安法测量电阻值

分别按实训图 1-3 所示的两种电路接法（内接和外接）进行测量，将测量结果填入实训表 1-6 中，并进行比较。

注意：

1）使用万用表测量电路中的电阻值时，一定要先断开电路。

2）使用万用表测量时，不能在测量的同时换档，否则容易烧坏万用表，应先断开表笔，换档后再测量。

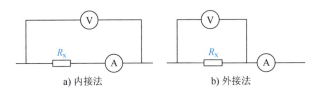

实训图 1-3　伏安法测电阻的两种电路接法

实训表 1-6　内接法和外接法的测量结果

	内接法			外接法		
	电压/V	电流/A	电阻/Ω	电压/V	电流/A	电阻/Ω
R_1						
R_2						
R_3						
R_4						

⚠ 问题思考

『思考问题 1』在任务实施过程中如何判断电阻好坏？

『思考问题 2』内接法和外接法测得的电阻值和实际值有何不同？为什么？

项目 2　正弦交流电路分析

实训工单 1　电感的识别与检测

任务描述

本任务要求学生掌握各种电感器的种类、作用和标识方法，会通过外观检查和万用表对电感进行检测。

任务目标

1）能够准确读取各种标注表示的电感参数。

2）掌握使用万用表检测电感的方法。

🔍 任务调研

将导线在绝缘支架上绕制一定的匝数（圈数）就构成了电感器。

根据现有的学习材料和网络学习互动平台，通过观看微课视频或者学生自己从网上、教材、课外辅导书或其他媒体收集项目资料，小组共同讨论，做出工作计划，并对任务实施进行决策。

『引导问题』电感器有哪些参数表示方法？

器材准备

	序号	名称	数量	规格型号
元件	1	电感	若干	
仪表	2	万用表	1	

任务实施

注意：

1）使用万用表检测电路中的电感时，一定要先断开电路。

2）使用万用表测量时，不能在测量的同时换档，否则容易烧坏万用表，应先断开表笔，换档后再测量。

1. 电感的识别

观看样品，熟悉各种电感的外形、结构和参数标注，并查看电感的外表是否有电感量的标称值，在实训表 2-1 中列出所给电感的类型、参数值。

2. 外观检查

从电感线圈外观检查是否有破裂、线圈是否有松动或变位现象，引脚是否牢靠，还可进一步检查磁心旋转是否灵活，有无滑扣等，在实训表 2-1 中列出所给电感的外观检查结果。

实训表 2-1　电感的识别与检测

电感型号	电感类型	电感参数	外观检查	通断检测	绝缘检测

3. 通断检测

电感线圈的好坏可以用万用表进行初步检测，即检测电感线圈是否有断路与短路等情况。

1）检测时，万用表置于 $R \times 1$ 档，将两表笔分别碰接电感线圈的引脚，当被测的电感器电阻值为 0 时，说明电感线圈内部短路，不能使用。

2）如果测得电感线圈有一定阻值，说明正常。

3）当测得的阻值为 ∞ 时，说明电感线圈或引脚与线圈接点处发生了断路，此时不能使用。

在实训表 2-1 中列出所给电感的通断检测结果。

4. 绝缘检测

将万用表置于 $R×10k$ 档,检测电感线圈的绝缘情况,这项检测主要是针对具有铁心或金属屏蔽罩的电感线圈进行的。测得线圈引线与铁心或金属屏蔽罩之间的电阻,均应无穷大,否则说明该电感线圈绝缘不良。在实训表 2-1 中列出所给电感的通断检测结果。

⚠ 问题思考

『思考问题 1』电感的主要特性是什么?如何检测电感的好坏?

『思考问题 2』如何使用专门的电感测量仪检测电感器的电感量和 Q 值?

实训工单 2　电容的识别与检测

ℹ 任务描述

本任务要求学生掌握各种电容器的种类、作用和标识方法,会通过外观检查和万用表对电容进行检测。

🎤 任务目标

1) 能够准确读取各种标注法的电容参数。
2) 掌握使用万用表检测电容的方法。

🔍 任务调研

电容器是一种可以存储电荷的元件。相距很近且中间有绝缘介质(如空气、纸和陶瓷等)的两块导电极板就构成了电容器。

学生可以通过网络搜索常见电容器的实物外形图,根据现有的学习材料和网络学习互动平台,通过观看微课视频或者学生自己从网上、教材、课外辅导书或其他媒体收集项目资料,小组共同讨论,做出工作计划,并对任务实施进行决策。

『引导问题』电容器有哪些参数表示方法?

🔗 器材准备

	序号	名称	数量	规格型号
元件	1	电容	若干	
仪表	2	指针万用表	1	
	3	数字万用表	1	

📝 任务实施

注意:
1) 使用万用表检测电路中的电容时,一定要先断开电路。
2) 使用万用表测量时,不能在测量的同时换档,否则容易烧坏万用表,应先断开表笔,换档后再测量。

1. 电容的识别

观看样品，熟悉各种电容的外形、结构和参数标注，并查看电容的外表是否有电容量的标称值，在实训表 2-2 中列出所给电容的型号、类型和参数。

实训表 2-2　电容的识别与检测

电容型号	电容类型	电容标识参数	外观检查	无极性电容检测	有极性电容的极性判断	有极性电容检测

2. 外观检查

从电容器的外观检查是否有破裂，引脚是否牢靠等。

3. 无极性电容器的检测

检测无极性电容时，万用表拨至 $R \times 10k$ 或 $R \times 1k$ 档（对于容量小的电容器选 $R \times 10k$ 档位），测量电容器两引脚之间的阻值，根据现象，判断检测结果。

1）如果电容器正常，表针先往右摆动，然后慢慢返回到无穷大处，容量越小向右摆动的幅度越小，该过程如实训图 2-1 所示。表针摆动过程实际上就是万用表内部电池通过表笔对被测电容器充电的过程，被测电容器容量越小充电越快，表针摆动幅度越小，充电完成后表针就停在无穷大处。

2）若检测时表针无摆动过程，而是始终停在无穷大处，则说明电容器不能充电，该电容器开路失效。

3）若表针能往右摆动，也能返回，但回不到无穷大，则说明电容器能充电，但绝缘电阻小，该电容器漏电。

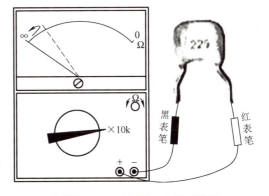

实训图 2-1　无极性电容器的检测

4）若表针始终指在阻值小或 0 处不动，则说明电容器不能充电，并且绝缘电阻很小，该电容器短路。

注意：对于容量小于 $0.01\mu F$ 的正常电容器，在测量时表针可能不会摆动，故无法用万用表判断是否开路，但可以判别是否短路和漏电。如果怀疑容量小的电容器开路，万用表又无法检测时，可找相同容量的电容器代换，如果故障消失，就说明原电容器开路。

4. 有极性电容器的极性判断

由于有极性电容器有正、负之分，在电路中又不能乱接，所以在使用有极性电容器前需要判别出正、负极。有极性电容器的正、负极判别方法如下：

1）对于未使用过的新电容器，可以根据引脚长短来判别。引脚长的为正极，引脚短的为负极，如实训图 2-2 所示。

2）根据电容器上标注的极性判别。电容器上标"+"为正极，标"-"为负极，如实训图 2-3 所示。

实训图 2-2　长引脚为正极　　　　　　实训图 2-3　标"-"的引脚为负极

3）用万用表判别，万用表拨至 $R\times10k$ 档，测量电容器两极之间的电阻。正、反各测一次，如实训图 2-4a 所示，每次测量时表针都会先向右摆动，然后慢慢往左返回，待表针稳定不移动后再观察阻值大小，两次测量会出现阻值一大一小，以阻值大的那次为准，如实训图 2-4b 所示，黑表笔接的为正极，红表笔接的为负极。

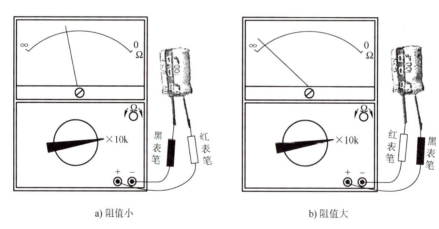

a) 阻值小　　　　　　　　　　　　b) 阻值大

实训图 2-4　用万用表检测电容器的极性

5. 有极性电容器的检测

万用表拨至 $R\times1k$ 或 $R\times10k$ 档（对于容量很大的电容器，可选择 $R\times100$ 档），测量电容器正、反向电阻。

1）如果电容器正常，在测正向电阻（黑表笔接电容器正极引脚，红表笔接负极引脚）时，表针先向右大幅度摆动，然后慢慢返回到无穷大处（用 $R\times10k$ 档测量可能到不了无穷大处，但非常接近也是正常的），如实训图 2-5a 所示。

2）在测反向电阻时，表针也是先向右摆动，也能返回，但一般回不到无穷大处，如实训图 2-5b 所示。即正常有极性电容器的正向电阻大，反向电阻小。

3）若正、反向电阻均为无穷大，则说明电容器开路。

4）若正、反向电阻都很小，则说明电容器漏电。

5）若正、反向电阻均为 0，则说明电容器短路。

⚠ 问题思考

『思考问题 1』电容器怎么检测好坏？

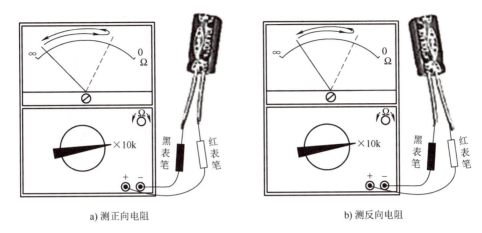

a) 测正向电阻　　　　　　　　　　b) 测反向电阻

实训图 2-5　有极性电容器的检测

『思考问题 2』如何使用有电容量量程数字万用表检测电容器（实训图 2-6）？

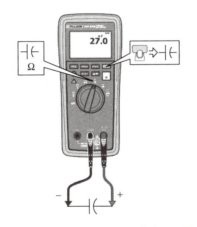

实训图 2-6　有电容量量程数字万用表

实训工单 3　单相电度表的安装与调试

📥 任务描述

本任务要求学生掌握单相电度表的结构、原理，会进行单相电度表电路的安装、调试与故障排除。

🎙 任务目标

1）掌握单相电度表的结构与原理。
2）掌握单相电度表的接线方法。
3）规范完成单相电度表的安装与调试。

🔍 任务调研

电度表又称电能表，是一种用来计算用电量（电能）的测量仪表，电度表可分为单相电度表和三相电度表,分别用在单相和三相交流电路中。根据工作方式的不同,电度表可分为感应式和电子式两种。电子式电度表是利用电子电路驱动计数机构来对电能进行计数的,而感应式电度表是利用电磁感应产生力矩来驱动计数机构对电能极性计数的。常见的单相电度表的实物外形如实训图 2-7 所示。

根据现有的学习材料和网络学习互动平台,通过观看微课视频或者学生自己从网上、教材、课外辅导书或其他媒体收集项目资料,小组共同讨论,做出工作计划,并对任务实施进行决策。

『引导问题』说明单相感应式电度表的结构。

实训图 2-7　单相电度表实物外形图

器材准备

	序号	名称	数量	规格型号
工具	1	一字螺钉旋具	1	
	2	十字螺钉旋具	1	
	3	斜口钳	1	
	4	尖嘴钳	1	
耗材	5	白炽灯及灯座	1	15W
	6	拉线开关	1	
	7	7 股铜软线	若干	BV1.5mm
	8	端子排	若干	
仪表	9	单相电度表	1	220V 10A
	10	验电笔	1	
	11	万用表	1	

任务实施

注意:

1) 电度表的选择要使它的型号和结构与被测的负载性质和供电制式相适应,它的电压额定值要与电源电压相适应,电流额定值要与负载相适应。

2) 要弄清电度表的接线方法,然后再接线。接线一定要细心,接好后仔细检查。如果发生接线错误,轻则造成计量不准或电表反转,重则导致烧表,甚至危及人身安全。

1. 实训前准备

1) 按照电工实训安全规范检查自己的着装和物品是否合格,按 6S 标准检查实训台。

2) 按材料清单领取材料和工具

检查领到的工具和材料外观是否完好,有无绝缘破损,性能是否合格,规格是否正确。通过目视检查和用万用表检查单相电度表等主要器件的外观、通断和绝缘情况。

2. 单相电度表电路安装

按照实训图 2-8,进行单相电度表电路安装(先读懂原理图,再操作)。

岗课赛证实训工作页

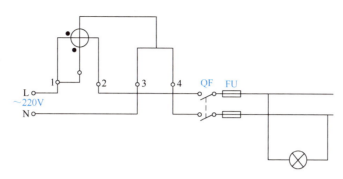

实训图 2-8　单相电度表电路原理图

1) 根据所给实物及电路原理图，画出盘面布置图（按比例）。布置图要美观、合理。

2) 根据选用的实际元器件及电路原理图、盘面布置图，画出接线图。经同组同学检查签字确认后备用。

3) 参照盘面布置图、接线图和原理图进行接线安装。接线应符合电工安全规范，按照电工安装工艺要求操作。元器件要求安装牢固、端正，紧固点不少于 2 个点。元器件之间要留有 10cm 间距。走线要横平竖直，元器件之间走线不应有接头。相线、中性线和保护地线颜色要统一，每 20cm 要有线卡固定。接线完成用万用表测试有无短路、断路后经教师允许方可通电。通电顺序从电源侧到负载侧，断电顺序从负载侧到电源侧。

操作注意事项：
① 电度表安装前必须检查有无铅印，有无产品合格证书。
② 与表配合的接线要求为铜线或铜接头，不宜用铝线。

163

③ 电度表所带的负载应在额定负载的 5%～150% 内选取。
④ 电度表运行的转盘应从左到右转动。切断电源后,转盘还会转动。
⑤ 电度表安装必须按接线图接线,一般采用跳入式接线,即接入的是相线,出去的也是相线,接入的是中性线,出去的也是中性线。
⑥ 电度表要垂直安装,安装一定要牢固,至少要有 3 个安装点。

3. 对单相电度表电路进行通电调试

1) 对单相电度表电路进行检查,确认无误后进行通电调试。
2) 调试成功后,经教师允许后断电拆线,将实训台恢复原状。

⚠ 问题思考

『思考问题』电子式单相电度表的原理与接线方法是什么样的?

实训工单 4　照明电路的安装与调试

✏ 任务描述

本任务要求学生掌握常用照明电路的组成、原理,会进行常用照明电路的安装、调试与故障排除。

🎤 任务目标

1) 了解电工元器件安装工艺要求。
2) 掌握白炽灯电路安装与调试。
3) 掌握荧光灯电路安装与调试。
4) 进一步熟悉电工操作安全规范和 6S 现场管理。

🔍 任务调研

照明电路常见的有白炽灯照明电路、节能灯照明电路和荧光灯照明电路等。

根据现有学习材料和网络学习平台,通过观看微课或者学生自己从网上、教材、课外辅导书或其他媒体收集项目资料,小组共同讨论,做出工作计划,并对任务实施进行决策。

『引导问题』照明电路通常需要由哪些元器件构成?

器材准备

	序号	名称	数量	规格型号
工具	1	一字螺钉旋具	1	
	2	十字螺钉旋具	1	
	3	斜口钳	1	
	4	尖嘴钳	1	
耗材	5	拉线开关	1	
	6	白炽灯泡	1	15W 220V
	7	螺旋灯口	1	E27 型

（续）

	序号	名称	数量	规格型号
耗材	8	荧光灯灯管	2	220V 10W
	9	灯脚座	2	
	10	辉光启动器及辉光启动器座	2	
	11	镇流器	1	
	12	单刀双掷开关	2	86 型
	13	单刀单掷开关	1	86 型
	14	单相三孔插座	1	5A
	15	断路器	1	220V
	16	7 股铜软线	若干	BV1.5mm
	17	端子排	若干	
仪表	18	验电笔	1	
	19	万用表	1	

知识链接

1. 白炽灯

白炽灯结构简单，使用可靠，价格低廉，其相应的电路也简单，因而应用广泛，其主要缺点是发光效率较低，寿命较短。白炽灯如实训图 2-9 所示。

白炽灯泡由灯丝、玻壳和灯头三部分组成。灯丝一般都由钨丝制成，壳由透明或不同颜色的玻璃制成。40W 以下的灯泡，将玻壳内抽成真空；40W 以上的灯泡，在玻壳内充有氩气或氮气等惰性气体，使钨丝不易挥发，以延长寿命。灯泡的灯头有卡口式和螺口式两种形式，功率超过 300W 的灯泡，一般采用螺口式灯头，因为螺口式灯座比卡口式灯座的接触和散热要好。

实训图 2-9　白炽灯

2. 常用灯座

常用的灯座有卡口吊灯座、卡口式平灯座、螺口吊灯座和螺口式平灯座等，如实训图 2-10 所示。

实训图 2-10　常用灯座

3. 常用开关

开关的品种很多，常用的开关有接线开关、顶装拉线开关、防水接线开关、平开关和暗装开关等，如实训图 2-11 所示。

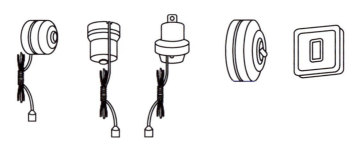

实训图 2-11 常用开关

4. 控制方式

白炽灯的控制方式有单联开关控制和双联开关控制两种方式，如实训图 2-12 所示。

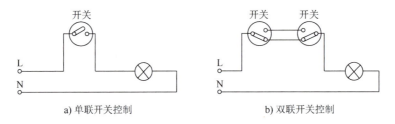

a) 单联开关控制　　　　　　　b) 双联开关控制

实训图 2-12 白炽灯的控制方式

5. 插座

按使用要求，插座种类繁多，功能各异，有带开关和不带开关的双孔、三孔和四孔插座，此外还有电话插座、电视插座和宽带网插座等。各类插座分别有明插座、暗插座和拖线板插座，以及具有保护功能的插座等。

双孔插座适用于单相负载，但没有接地线。三孔插座适用于有接地线的单相负载，家用电器都应该用具有接地位置的三孔单相插座。四孔插座用于三相负载，其中一个较大的孔为接地线。保护功能的插座是当全部插头插入时才能接通的插座。

6. 插座接线

插座接线孔的排列顺序为：单相双孔插座的左孔接中性线，右孔接相线；单相三孔和三相四孔插座的上孔均接保护地线。插座接线孔排列顺序如实训图 2-13 所示。

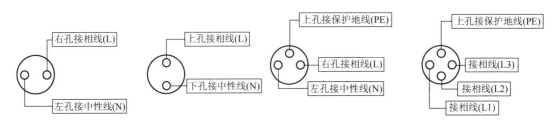

实训图 2-13 插座接线孔排列顺序

7. 荧光灯电路原理图

荧光灯电路原理图如实训图 2-14 所示。

当荧光灯接通电源后，电源电压经镇流器、灯丝，加在辉光启动器的 U 形动触片和静触片之间，辉光启动器放电。放电时的热量使双金属片膨胀并向外弯曲，动触片与静触片接触，接通电路，使灯丝预热并发射电子，同时，由于U形动触片与静触片相接触，使两片间电压为零而停止光放电，使U形动触片冷却并恢复原形，脱离静触片，在动触片断开瞬间，镇流器两端会产生一个比电源电压高得多的感应电动势。这个感应电动势加在灯管两端，使灯管内惰性气体被电离引起电弧光放电，随着灯管内温度升高，液态汞就汽化游离，引起汞蒸气弧光放电而发出肉眼看不见的紫外线，紫外线激发灯管内壁的荧光粉后，发出近似月光的灯光。

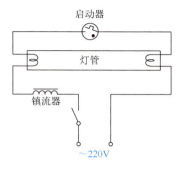

实训图 2-14 荧光灯电路原理图

任务实施

注意：

1）白炽灯的安装高度通常应在 2m 以上，环境差的场所应达 2.5m 以上。
2）照明开关的安装高度不应低于 1.3m。
3）对于螺口灯座，应将螺旋铜圈极与中性线相连，相线与灯座中心铜极相连。

1. 实训前准备

1）按照电工实训安全规范检查自己的着装和物品是否合格，按 6S 标准检查实训台。
2）按材料清单领取和检查材料和工具。

2. 白炽灯电路安装调试

按照实训图 2-15，进行一个开关控制一盏灯的照明电路安装（先读懂原理图，再操作）。

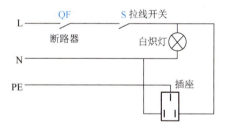

实训图 2-15 一个开关控制一盏灯的照明电路原理图

1）根据所给实物及电路原理图，画出盘面布置图（按比例）。布置图要美观、合理。

2）根据选用的实际元器件及电路原理图、盘面布置图，画出接线图。经同组同学检查签字

确认后备用。

3）参照盘面布置图、接线图和原理图进行接线安装。接线应符合电工安全规范，按照电工安装工艺要求操作。元器件要求安装牢固、端正，紧固点不少于2个点。元器件之间要留有10cm间距。走线要横平竖直，元器件之间走线不应有接头。相线、中性线和保护地线颜色要统一，每20cm要有线卡固定。照明灯具使用螺口灯泡时，相线应接顶心，开关应接在相线上；接线完成用万用表测试有无短路、断路后经教师允许方可通电。通电顺序从电源侧到负载侧，断电顺序从负载侧到电源侧。开关闭合灯亮，开关打开灯灭。插座用试电笔测试各插孔情况。

4）通电成功后，经教师允许后断电拆线，将实训台恢复原状。

3. 荧光灯照明电路安装调试

按照实训图2-16，进行双管荧光灯照明电路安装（先读懂原理图，再操作）。

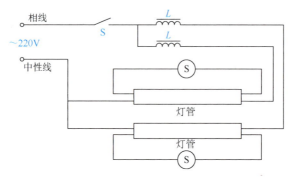

实训图2-16　双管荧光灯照明电路原理图

1）根据所给实物及电路原理图，画出盘面布置图（按比例）。布置图要美观、合理。

2）根据选用的实际元器件及电路原理图、盘面布置图，画出接线图。经同组同学检查签字确认后备用。

3）参照盘面布置图、接线图和原理图进行接线安装。接线应符合电工安全规范，按照电工安装工艺要求操作。元器件要求安装牢固、端正，紧固点不少于2个点。灯脚之间距离根据实际灯管长度确定，既要牢固，又要使灯管方便取出（留5mm余量），镇流器、开关均装在相线上，接线完成后用万用表测试有无短路、断路后经教师允许方可通电。通电顺序从电源侧到负载侧，断电顺序从负载侧到电源侧。

4）通电成功后，经教师允许后断电拆线，将实训台恢复原状。

4. 结束实训

按6S标准整理实训台，归还材料和工具。确保实训台断电和清洁后，经教师允许结束实训。

⚠ 问题思考

『思考问题1』为什么安装照明电路时，相线一定要通过保险盒和开关进入灯座？

『思考问题2』如果照明电路接完后灯不亮，怎样检查线路故障？

项目3 三相交流电路分析

实训工单1 功率表的使用

⬇ 任务描述

熟悉功率表的结构、性能和规格；熟练掌握功率表的安装及测量方法。

🎤 任务目标

1）认识功率表的结构、工作原理。

2）会正确选择功率表的功率量程。
3）会对功率表进行正确的接线测量。
4）能够对功率表测量结果准确读数。
5）正确连接测量、精准读数，培养一丝不苟、精益求精的工匠精神。

任务调研

功率表可以测量直流电路的功率，也可以测量正弦和非正弦交流电路的功率，而且准确度高，获得广泛应用。在理论学习中功率等于电压、电流和功率因数这三者的乘积，在实际生产生活中需要将待测部分与功率表正确连接并选择合适的量程将功率大小准确测出。

功率表是电动系仪表，用于直流电路和交流电路中测量电功率，其测量结构主要由固定的电流线圈和可动的电压线圈组成，电流线圈与负载串联，反映负载的电流；电压线圈与负载并联，反映负载的电压。功率表有低功率因数功率表和高功率因数功率表。

根据现有的学习材料和网络学习互动平台，通过观看微课或者学生自己从网上、教材、课外辅导书或其他媒体收集项目资料，小组共同讨论，做出工作计划，并对任务实施进行决策。

『引导问题1』功率表主要由哪些部分构成？
『引导问题2』如何切换功率表上不同量限的电流线圈？
『引导问题3』如何正确读取功率表上的指针示数？

器材准备

	序号	器材名称	数量	规格型号
工具	1	一字螺钉旋具	1	
	2	剥线钳	1	
	3	压线钳	1	
	4	照明组件	1	
耗材	5	导线	1m	
	6	冷压端头	若干	
仪表	7	功率表	3	D34-W

任务实施

1. 量程的选择

功率表的电压量程和电流量程根据被测负载的电压和电流来确定，要大于被测电路的电压、电流值。只有保证电压线圈和电流线圈都不过载，测量的功率值才准确，功率表也不会被烧坏。

实训图3-1a为D34-W型功率表面板图，该表有四个电压接线柱，其中一个带有＊标的接线柱为公共端，另外三个是电压量程选择端，有25V、50V和100V量程。四个电流接线柱没有标明量程，需要通过对四个接线柱的不同连接方式改变量程，即：通过活动连接片使两个0.25A的电流线圈串联，得到0.25A的量程，见实训图3-1b。通过活动连接片使两个电流线圈并联，得到0.5A的量程，见实训图3-1c。

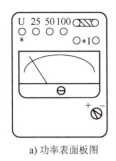 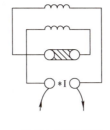 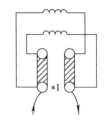

a) 功率表面板图　　　　b) 两电流线圈串联　　　　c) 两电流线圈并联

实训图 3-1　D34-W 型功率表

2. 线路连接方法

用功率表测量功率时，需使用四个接线柱，两个电压线圈接线柱和两个电流线圈接线柱，电压线圈要并联接入被测电路，电流线圈要串联接入被测电路。通常情况下，电压线圈和电流线圈的带有 * 标端应短接在一起，否则功率表除反偏外，还有可能损坏。

通过具体实例说明一下功率表的连接方法。当根据电路参数，选择电压量程为 50V，电流量程为 0.25A 时，功率表的实际连线如实训图 3-2 所示。

3. 功率表的读数

若电压量限选 300V，电流量限选 0.5A，功率因数为 1，则每格 $C = \dfrac{300V \times 0.5A \times 1}{150} = 1W$，即指示格数乘以 1 为被测功率数值。

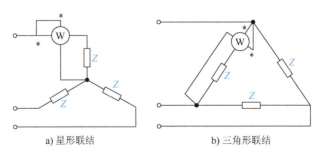

实训图 3-2　功率表的实际连线

若功率表电压量限选 300V，电流量限选 1A，用额定功率因数为 1 的功率表去测量，则每格 $C = \dfrac{300V \times 1A \times 1}{150} = 2W$，即指示格数乘以 2 才是实际被测功率值。

4. 三相功率的测量

如实训图 3-3 所示，一表法测功率：用一个单相功率表测得一相功率，然后乘以 3 即得三相负载的总功率。

a) 星形联结　　　　b) 三角形联结

实训图 3-3　一表法测功率

如实训图 3-4 所示，二表法测功率：用两只单相功率表来测量三相功率，三相总功率为两个功率表的读数之和。若负载功率因数小于 0.5，则其中一个功率表的读数为负，会使这个功率表的指针反偏。为了避免指针反偏，需将其电压线圈或电流线圈反接，这时三相总功率为两个功率表的读数之差。

如实训图 3-5 所示，三表法测功率：用 3 只单相功率表来测量三相功率，三相总功率为 3 个功率表的读数之和。

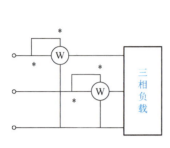

实训图 3-4　二表法测功率

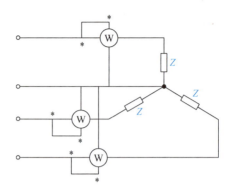

实训图 3-5　三表法测功率

问题思考

『思考问题 1』在测量过程中发现功率表指针反偏时应该如何操作？

『思考问题 2』功率表的工作原理是什么？如何正确接线、读数及测量？

实训工单 2　三相电度表的安装

任务描述

本任务要求学生掌握三相电度表的结构、原理，会进行三相电度表电路的安装、调试与故障排除。

任务目标

1）掌握三相电度表的结构与原理。
2）掌握三相电度表的接线方法。
3）规范完成三相电度表的安装与调试。

任务调研

三相电度表是用于测量三相交流电路中电源输出（或负载消耗）的电能的电度表。它的工作原理与单相电度表完全相同，只是在结构上采用多组驱动部件和固定在转轴上的多个铝盘的方式，以实现对三相电能的测量。常见的三相电度表的实物外形如实训图 3-6 所示。

根据现有的学习材料和网络学习互动平台，通过观看微课视频或者学生自己从网上、教材、课外辅导书或其他媒体收集项目资料，小组共同讨论，做出工作计划，并对任务实施进行决策。

实训图 3-6　三相电度表实物外形图

器材准备

	序号	器材名称	数量	规格型号
工具	1	一字螺钉旋具	1	
	2	十字螺钉旋具	1	
	3	剥线钳	1	
	4	斜口钳	1	
	5	尖嘴钳	1	
耗材	6	线卡	若干	
	7	线槽	若干	
	8	白炽灯及灯座	3	15W、20W 和 40W 各 1 只
	9	拉线开关	3	
	10	7 股铜软线	若干	BV1.5mm
	11	端子排	1	
仪表	12	验电笔	1	
	13	三相电度表	1	380V 5A
	14	穿心式电流互感器	1	0.5 级

任务实施

注意：

1）电度表的选择要使它的型号和结构与被测的负载性质和供电制式相适应，它的电压额定值要与电源电压相适应，电流额定值要与负载相适应。

2）要弄清电度表的接线方法，然后再接线。接线一定要细心，接好后仔细检查。如果发生接线错误，轻则造成计量不准或电度表反转，重则导致烧表，甚至危及人身安全。

1. 实训前准备

1）按照电工实训安全规范检查自己的着装和物品是否合格，按 6S 标准检查实训台。

2）按材料清单领取材料和工具。检查领到的工具和材料外观是否完好，有无绝缘破损，性能是否合格，规格是否正确。通过目视和用万用表检查单相电度表等主要器件的外观、通断和绝缘情况。

2. 电路安装

按照实训图 3-7，进行三相电度表电路安装（先读懂原理图，再操作）。

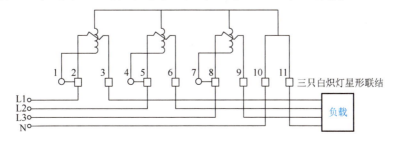

实训图 3-7　三相电度表电路原理图

1）根据所给实物及电路原理图，画出盘面布置图（按比例），布置图要美观、合理。

2）根据选用的实际元器件及电路原理图、盘面布置图，画出接线图，经同组同学检查签字确认后备用。

3）参照盘面布置图、接线图和原理图进行接线安装。接线应符合电工安全规范，按照电工安装工艺要求操作。元器件要求安装牢固、端正，紧固点不少于2个点。元器件之间要留有10cm间距。走线要横平竖直，元器件之间走线不应有接头。相线、中性线和保护地线颜色要统一，每20cm要有线卡固定。接线完成用万用表测试有无短路、断路后经教师允许方可通电。通电顺序从电源侧到负载侧，断电顺序从负载侧到电源侧。

操作注意事项：

① 电度表安装前必须检查有无铅印，有无产品合格证书。

② 与表配合的接线要求为铜线或铜接头，不宜用铝线。

③ 电度表所带的负载应在额定负载的5%～150%内选取。

④ 电度表运行的转盘应从左到右转动。切断电源后，转盘还会转动。

⑤ 电度表安装必须按接线图接线，一般采用跳入式接线，即接入的是相线，出去的也是相线，接入的是中性线，出去的也是中性线。

⑥ 电度表要垂直安装，安装一定要牢固，至少要3个安装点。

⑦ 电度表的计数器均为五位数据，标牌窗口的形式分为红格、全黑格、全黑格×10三种。当计数器指示值为38555时，红格表示为3855.5，全黑格表示38555，全黑格×10表示为385550。

4）对三相电度表电路进行检查，确认无误，进行通电调试。

5）调试成功后，经教师允许后断电拆线，将实训台恢复原状。

3. 经电流互感器电路安装

按照实训图3-8和实训图3-9，进行三相电度表经电流互感器电路安装（先读懂原理图，再操作）。

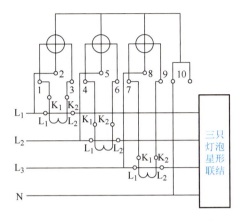

实训图3-8　三相电度表经电流互感器电路原理图

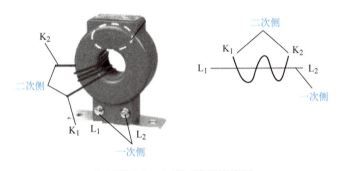

实训图3-9　电流互感器接线图

1）根据所给实物及电路原理图，画出盘面布置图（按比例）。布置图美观、合理。

2）根据所给实物及电路原理图、盘面布置图，画出接线图，经同组同学检查签字确认后备用。

3）参照盘面布置图、接线图和原理图进行接线安装。

互感器安装注意事项：

① 安装前，必须查看电流互感器产品合格证书，并检查外观有无缺陷。

② 电流互感器在使用时，二次侧在任何情况下都不允许开路，但允许短路。

③ 电流互感器二次侧和铁心必须可靠接地。

④ 电流互感器应安装在金属架上，并与其他用电体保持一定距离。

⑤ 如电流互感器变比太大，电器负载线穿过贯通窗口时可多缠绕几圈，但读数时要除以缠绕的圈数。

⑥ 电度表需要经电压或电流互感器接入时，可采用 0.5 级互感器。实际读数应为计数器读数乘上互感器的变比。

4）安装完经检查后，经教师允许方可通电。通电顺序从电源侧到负载侧，断电顺序从负载侧到电源侧。

5）通电成功后，经教师允许后断电拆线，将实训台恢复原状。

4. 结束实训

按 6S 标准整理实训台，归还材料和工具。确保实训台断电和清洁后，经教师允许结束实训。

问题思考

『思考问题 1』描述三相感应式电度表的结构？

『思考问题 2』描述三相感应式电度表的接线方法？

『思考问题 3』电子式三相电度表的原理与接线方法是什么样的？

实训工单 3　接地电阻测量仪的使用

任务描述

学会用接地电阻测量仪测量接地电阻。

岗课赛证实训工作页

🎤 任务目标

1）认识接地电阻测量仪的基本结构。
2）掌握接地电阻测量仪的正确使用方法。
3）明确注意事项，做到准确读数。
4）正确连接测量、精准读数，培养一丝不苟、精益求精的工匠精神。

🔍 任务调研

生产实际中，为了保证电气设备的安全和正常工作以及保证人身安全，电气设备的某些导电部分应与接地体用接地线进行连接。如果接地电阻不符合要求，不但安全得不到保证，而且容易造成事故。因此，定期测量接地装置的接地电阻是安全用电的保障。

接地线和接地体都采用金属导体制成，接地装置的接地电阻应包括接地线电阻、接地体电阻、接地体与土壤的接触电阻以及接地体与零电位（大地）之间的土壤电阻。接地电阻的大小主要和接地体与大地的接触面积及接触好坏有关，还与土壤的性质及湿度有关。

根据现有的学习材料和网络学习互动平台，通过观看微课或者学生自己从网上、教材、课外辅导书或其他媒体收集项目资料，小组共同讨论，做出工作计划，并对任务实施进行决策。

『引导问题1』接地电阻测量仪由哪些部分组成？
『引导问题2』说明接地电阻测量仪的测量步骤。
『引导问题3』接地探针布置位置及插入深度有何要求？

器材准备

	序号	器材名称	数量	规格型号
工具	1	一字螺钉旋具	1	
	2	剥线钳	1	
	3	钢丝钳	1	
	4	刻度尺	1	
	5	皮尺	1	量程>50m
耗材	6	专用连接线	若干	
仪表	7	接地电阻测量仪	1	ZC-8

📝 任务实施

1）用接地电阻测量仪测量某接地系统的接地电阻，并将有关数据记入实训表3-1中。

实训表3-1 接地电阻测量记录1

接地装置名称	接地电阻测量仪		探针间距			探针入地深度/cm		接地电阻值/Ω
	型号	量程	E-P	P-C	E-C	P	C	

2）用接地电阻测量仪测定实训室或附近某避雷装置或电气设备接地系统的接地电阻，并将

177

有关数据记入实训表 3-2 中。

实训表 3-2　接地电阻测量记录 2

接地装置名称	接地电阻测量仪		探针间距			探针入地深度/cm		接地电阻值/Ω
	型号	量程	E-P	P-C	E-C	P	C	

⚠ 问题思考

『思考问题 1』在测量过程中示数不稳定应该如何处理？

『思考问题 2』如果接地探针插入深度不够，会对测量结果造成什么影响？

项目 4　电力系统与安全用电

实训工单 1　常用电工工具的使用

🛈 任务描述

本任务要求学生能根据现场实际情况选用适当的工具，正确使用并维护保养。

🎤 任务目标

1）会根据任务要求，选用适当的工具。
2）会使用各种电工工具。
3）会维护各种电工工具。
4）树立安全操作意识，培养良好的职业道德和职业习惯。

🔍 任务调研

常用电工工具主要有电工刀、螺钉旋具、斜嘴钳、尖嘴钳、剥线钳、压线钳、钢丝钳和活扳手等。实物如实训图 4-1 所示。

实训图 4-1　电工工具实物图

根据现有的学习材料和网络学习互动平台，通过观看微课或者学生自己从网上、教材、课外辅导书或其他媒体收集项目资料，小组共同讨论，做出工作计划，并对任务实施进行决策。

『引导问题 1』写出上图中工具的名称。

『引导问题 2』哪些工具可以剖削电线的绝缘层？

器材准备

序号	器材名称	数量	规格型号
工具			
1	电工刀	1	
2	一字螺钉旋具	1	
3	十字螺钉旋具	1	
4	斜嘴钳	1	
5	尖嘴钳	1	
6	剥线钳	1	
7	压线钳	1	
8	钢丝钳	1	
9	活扳手	1	
耗材			
10	导线	1m	
11	冷压端头	10	
12	一字螺钉、螺母	1套	
13	十字螺钉、螺母	1套	

任务实施

1. 用电工刀剖削塑料单芯硬线

如实训图 4-2 所示，使用电工刀时，应将刀口朝外，一般左手持导线，右手握刀柄，刀口以 45°倾角切入并向前推削，扳转塑料层并在根部切去。电工刀的刀柄是没有绝缘的，不能在带电体上进行操作。电工刀使用完毕应把刀身折入刀柄内。

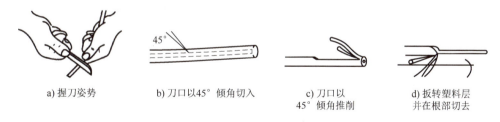

a) 握刀姿势　　b) 刀口以45°倾角切入　　c) 刀口以45°倾角推削　　d) 扳转塑料层并在根部切去

实训图 4-2　电工刀剖削塑料单芯硬线

注意：电工刀不可剖削多股软线。

2. 用螺钉旋具紧固和松开螺钉

旋转螺钉需较大力气的时候，手心抵住柄端，手紧握柄，让螺钉旋具口端与螺栓或螺钉槽口处于垂直吻合状态，如实训图 4-3a 所示。当开始拧松或最后拧紧时，应用力将螺钉旋具压紧后再用手腕力扭转螺钉旋具，以顺时针的方向旋转为上紧，逆时针为下卸。

当旋转螺钉不需太大力气时，可使手心轻压螺钉旋具柄，用拇指、中指和食指快速转动螺钉旋具，如实训图 4-3b 所示。

操作注意事项：

① 带电操作时，要先检查手柄的绝缘状况，绝缘良好才可使用；电工不可使用金属杆直通柄顶的螺钉旋具；使用中，手不得触及螺钉旋具的金属杆。这些都是为了防止间接触电。

② 螺钉旋具头部形状和尺寸应与螺钉槽头的形状和大小相匹配，不能用小螺钉旋具旋大螺钉，或者用大螺钉旋具拧小螺钉，更不能将其当錾子用。

3. 斜嘴钳剪切导线

剪线时，要使钳头朝下，用刃口剪切导线，如实训图4-4所示。在不能变动剪切方向时，可用另一只手遮挡，防止剪下的线头飞出伤眼。

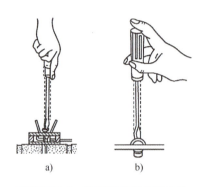

实训图4-3　螺钉旋具的使用方法

实训图4-4　斜嘴钳剪切导线

4. 尖嘴钳的使用方法

用尖嘴钳将直径1～2mm的单股铜线弯成压接圈，步骤如实训图4-5所示。

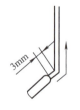   

a) 离绝缘层根部　　b) 按略大于螺钉　　c) 剪去多余线芯　　d) 修正圆圈至圆
3mm处向外侧折角　　直径弯曲圆弧

实训图4-5　单股铜线压接圈的步骤

5. 用剥线钳对废旧导线做剥削练习

剥线钳的使用方法如实训图4-6所示。

1）根据缆线的粗细型号，选用稍大于线芯直径的切口切剥，以免损伤线芯。
2）将准备好的电缆放在剥线工具的刀刃中间，选择好要剥线的长度。
3）握住剥线工具手柄，将电缆夹住，缓缓用力使电缆外表皮慢慢剥落。
4）松开工具手柄，取出电缆线，这时电缆金属整齐露出，其余绝缘塑料完好无损。

6. 用压线钳压接预绝缘端子

操作时，先将剥去绝缘的导线端头插入预绝缘端子的孔内，并使被压裸线的长度超过压痕的长度，将其放在钳口腔内后将手柄压合到底，使钳口完全闭合，当锁定装置中的棘爪与齿条失去啮合，则听到"嗒"的一声，即为压接完成，此时钳口便能自由张开，如实训图4-7所示。

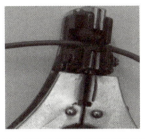

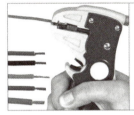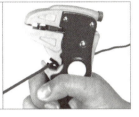

实训图 4-6　剥线钳的使用方法　　　　　　　　实训图 4-7　压接预绝缘端子

压接时，钳口、导线和冷压端头的规格必须相配；压接时必须使端头的焊缝对准钳口凹模；压接时必须在压接钳全部闭合后才能打开钳口。

7. 钢丝钳

钳口用来弯铰或钳夹导线线头，齿口用来紧固或起松螺母，刀口用来剪切导线或剖切软导线的绝缘层，铡口用来铡切钢丝与铅丝等较硬的金属线材，如实训图 4-8 所示。

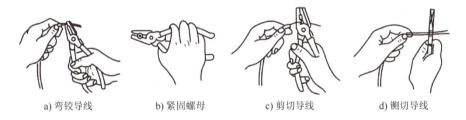

a) 弯铰导线　　　　b) 紧固螺母　　　　c) 剪切导线　　　　d) 铡切导线

实训图 4-8　钢丝钳的用法

电工所用的钢丝钳，在钳柄上须套有交流耐压值不低于 500V 的绝缘套管。另外，在使用时，切勿用刀口钳断钢丝，以免刀口损伤；钳头不可代替锤子作为敲打工具用；平时应防锈，轴销上应经常加机油润滑；破损了的绝缘套管应及时更换。

8. 用活扳手扳紧和松开大螺母和小螺母

使用时应根据螺钉或螺母的规格旋动涡轮，调节好扳口的大小。夹牢工件的两侧面，手握住手柄转动，紧固或拆卸螺钉、螺母，如实训图 4-9 所示。

a) 扳较大螺母时的握法　　　　b) 扳较小螺母时的握法

实训图 4-9　活扳手使用方法

使用活扳手的注意事项：
① 扳动较大螺钉或螺母时，需用较大力矩，手应握在手柄尾部。
② 扳动较小螺钉或螺母时，需用力矩不大，手可握在接近头部的地方，并可随时调节涡轮，收紧板口，防止打滑。
③ 活扳手不可反用，不准用钢管接长手柄来施加较大力矩。
④ 活扳手不可当作撬棍和锤子使用。

问题思考

『思考问题1』在剥削导线时，有哪些注意事项？
『思考问题2』工具使用完毕后，需要做哪些工作？

实训工单2 常用导线的连接

任务描述

本任务要求学生学会剖削常用导线绝缘层、连接导线线头并恢复其绝缘层。

任务目标

1）会选用合适的工具剖削导线绝缘层。
2）会连接导线线头。
3）会恢复导线绝缘层。
4）树立安全操作意识，培养良好的职业道德和职业习惯。

任务调研

在供电系统中，导线连接的故障率最高，为使电气设备和线路能安全可靠地运行，必须保证连接接头的质量。

根据现有的学习材料和网络学习互动平台，通过观看微课或者学生自己从网上、教材、课外辅导书或其他媒体收集项目资料，小组共同讨论，做出工作计划，并对任务实施进行决策。

『引导问题』导线连接的基本要求是什么？

器材准备

	序号	器件名称	数量	规格型号
耗材	1	塑料单股铜芯线	1m	
	2	塑料7股软线	1m	
	3	塑料19股软线	1m	
	4	塑料护套线	1m	
	5	橡胶线	1m	
	6	花线	1m	
	7	黑胶带	1m	
	8	黄蜡带	1m	

（续）

	序号	器件名称	数量	规格型号
工具	9	电工刀	1	
	10	剥线钳	1	
	11	钢丝钳	1	

任务实施

1. 剖削导线绝缘层

将有关数据记入实训表 4-1 中。

实训表 4-1 导线绝缘层剖削记录

导线种类	导线规格	剖削长度	剖削工艺要点
塑料单股铜芯线			
塑料 7 股软线			
塑料 19 股软线			
塑料护套线			
橡胶线			
花线			

2. 导线连接训练

将常用导线进行连接，并将连接情况记入实训表 4-2 中。

实训表 4-2 导线连接记录表

导线种类	连接方式	导线规格	线头长度	绞合圈数	密缠长度	线头连接工艺要点
单股线芯	直接连接					
	T 形连接					
7 股线芯	直接连接					
	T 形连接					

3. 线头绝缘层恢复

用符合要求的绝缘材料包缠导线绝缘层，并将包缠情况记入实训表 4-3。

实训表 4-3 线头绝缘层恢复记录表

线路工作电压	所用绝缘材料	各自包缠层数	包缠工艺要点
380V			
220V			

问题思考

『思考问题 1』19 股线芯的直接连接，需要使用哪些工具，连接方法是什么？

『思考问题 2』19 股线芯 T 形连接，需要使用哪些工具，连接方法是什么？

实训工单3　高、低压验电器的使用

🛈 任务描述

通过高、低压验电器的使用，培养学生技能操作能力，通过本项目的学习，可有效促进学生养成严格按照操作规程工作的习惯，同时学会选择、辨别高、低压验电器。

🎤 任务目标

1）掌握高、低压验电器的使用方法。
2）会选择、辨别高、低压验电器。
3）会使用高、低压验电器验电。
4）掌握一定的操作方法，树立安全用电意识，提升动手能力，培养良好的行为习惯和自我管理能力。

🔍 任务调研

验电器是检验导线和电气设备是否带电的一种电工常用工具。根据电气设备电压等级，分为高压验电器或者低压验电器，高压验电器适用于500V以上各级交流输配电线路和设备的验电，无论是白天或夜晚、室内变电所站或室外架空线上，都能正确、可靠地使用，是电力系统电气部门必备的安全工具。低压验电器适用于检测500V及以下的电气设备、线路是否带电，也可用来区分交、直流电。

根据现有的学习材料和网络学习互动平台，通过观看微课或者学生自己从网上、教材、课外辅导书或其他媒体收集项目资料，小组共同讨论，做出工作计划，并对任务实施进行决策。

⚙ 器材准备

	序号	名称	数量	规格型号
器材	1	插座	1	
	2	电池	1	
仪器	3	高压验电器	1	
	4	低压验电器	1	

☑ 工作原理

1. 低压验电器

低压验电器又称试电笔、电笔，为使用方便，一般外形制成钢笔或螺钉旋具式样。实训图4-10为螺钉旋具式样低压验电器，它由触摸极、二极管、电阻、测试触头和笔身组成。

使用低压验电器时，必须按照实训图4-11所示的正确方法，一手触及触摸极，同时使测试触头与待测体接触。当用验电器测量带电导体时，电流经带电导体、验电器、人体和大地形成回路，只要带电导体与大地之间的电压达到60V，验电器中的二极管就会发光。

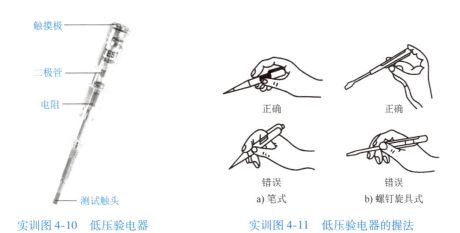

实训图 4-10　低压验电器　　　　实训图 4-11　低压验电器的握法

2. 高压验电器

高压验电器一般靠发光或音响指示有电。高压验电器按结构原理可分为氖管式、回转式和声光报警式验电器。实训图 4-12 为声光报警式高压验电器。

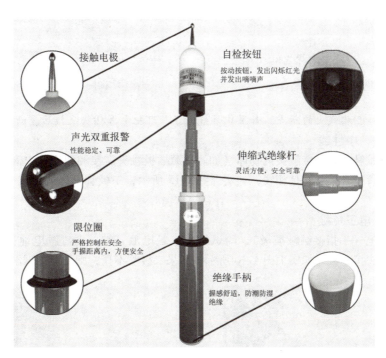

实训图 4-12　声光报警式高压验电器

验电时必须选用合格而且电源等级合适的验电器。在检修设备进出线两侧各相分别验电，验电前，应先在有电设备上进行试验，确认验电器良好。如果在木杆、木梯及其他木架构上验电，可在验电器上接地线，但必须经值班负责人许可。高压验电必须戴绝缘手套，在一经合闸即可送电到工作地点的断路器和隔离开关的操作把手上，均应悬挂"禁止合闸，有人工作！"的标识牌。

任务实施

1. 试电笔自检

使用试电笔之前，首先要检查试电笔里有无安全电阻，再检查试电笔外观是否有损坏，有无受潮或进水，检查合格后才能使用。

如实训图 4-13 所示，一手接触测试触头，另一手接触触摸极，灯亮表示电笔正常，电池充足；如果不亮，需检查试电笔，通常是电池电量不足，需更换电池。

2. 线路断点测试

手抓试电笔测试触头，将触摸极靠近或接触电线，沿着电线检查，二极管灭说明此处为断点；二极管亮说明此处连接正常，如实训图 4-14 所示。

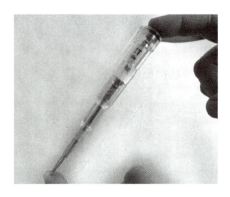

实训图 4-13　试电笔自检

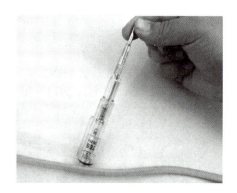

实训图 4-14　断点测试

注意：只可检测相线上的断点，如果中性线断了，可把电源插头反接后重新测试。

3. 判断相线、中性线

用试电笔测试触头直接接触被测物体（如测电源插板触头需接触到插孔内铜片），手无须接触触摸极，二极管亮时接触的是相线，如实训图 4-15 所示；二极管不亮或者仅有微光时接触的是中性线。

4. 判断直流电正负极

一手持试电笔（手指接触触摸极），测试触头接触电池一端，手碰触电池另一端，二极管亮，说明测试触头接正极，如实训图 4-16 所示；如果二极管不亮，则说明测试触头接负极。

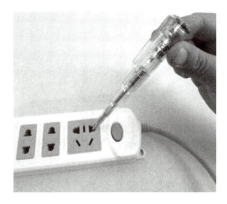

实训图 4-15　判断相线、中性线

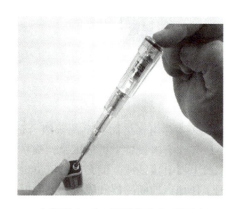

实训图 4-16　判断直流电正负极

注意：判断正负极时，电池电压需在 3V 以上，电压太低测试将不准确。

5. 高压验电器的使用

使用高压验电器前，注意所测设备（线路）的电压等级，对应规定长度，选择合适的型号；检验产品合格证，对高压验电器进行外观检查，如绝缘部分有无污垢、损伤和裂纹，声、光显示是否完好。

验电时，工作人员应戴上符合要求的绝缘手套，不可一个人单独测试，身旁要有人监护，人与带电体应保持足够的安全距离（10kV 时为 0.7m 以上），应注意手握部位不得超过护环，避免发生危险。按照验电"三步骤"进行操作，即先将验电器逐步靠近带电部分，直到验电器发出有电指示信号，证明验电器是良好的，然后再对被验设备进行验电。验电无电时还要重新在带电部分复核检验，验电器再次发出带电指示信号，证明验电可靠。

对高压验电器使用完毕后，应及时将表面尘埃擦拭干净，并且最好放在干燥通风的地方进行妥善保管，验电器应按规定进行检查、试验。

实训工单 4　常用安全防护用具的使用

🔽 任务描述

本任务要求学生能根据现场实际情况选用适当的安全防护用具，正确使用并维护保养。

🎤 任务目标

1）会根据任务要求，选用适当的安全防护用具。
2）能根据现场情况合理使用安全防护用具，保证作业人员安全。
3）会维护保养安全防护用具。
4）树立安全操作意识，培养良好的职业道德和职业习惯。

🔍 任务调研

安全防护用具是进行设备安装、运行和检修等操作过程中使用的保安工器具，用以防止工作中触电、电弧灼伤、高空坠落、摔跌和物体打击等人身伤害，保障操作者在工作时人身安全的各种专门用具和器具。

根据现有的学习材料和网络学习互动平台，通过观看微课或者学生自己从网上、教材、课外辅导书或其他媒体收集项目资料，小组共同讨论，做出工作计划，并对任务实施进行决策。

『引导问题 1』写出实训图 4-17 中安全防护用具的名称。

实训图 4-17　安全防护用具实物图

『引导问题2』安全防护用具的作用是什么？

器材准备

	序号	器材名称	数量	规格型号
工具	1	安全帽	1	
	2	安全带	1	
	3	脚扣	1套	
	4	绝缘棒	1	
	5	绝缘手套	1副	
	6	绝缘夹钳	1	
	7	绝缘靴	1双	
	8	绝缘垫	1	
	9	携带型接地线	1	

任务实施

1. 绝缘手套的检查与使用

（1）绝缘手套的检查　用户购进手套后，如发现在运输、储存过程中遭雨淋、受潮发生霉变，或有其他异常变化，应到法定检测机构进行电性能复核试验。在使用前必须进行充气检验，发现有任何破损则不能使用。检查时应将手套筒吹气，压紧筒边朝手指方向卷曲，卷到一定程度，若手指鼓起，证明无砂眼漏气，可以使用。有漏气裂纹的应禁止使用，不合格的手套要及时清除，避免错用。

（2）绝缘手套的使用　绝缘手套套身应该有足够长度，戴上后应超过手腕10cm。作业时，应将衣袖口套入筒口内，以防发生意外。使用后，应将内外污物擦洗干净，待干燥后，撒上滑石粉放置平整，以防受压受损，且勿放于地上。

绝缘手套应储存在干燥通风、室温－15～＋30℃、相对湿度50%～80%的库房中，远离热源，离开地面和墙壁20cm以上。避免受酸、碱和油等腐蚀品的影响，不要露天放置，避免阳光直射，勿放于地上。使用6个月时必须进行预防性试验。

2. 绝缘靴（鞋）的检查与使用

（1）绝缘靴（鞋）的检查　购买绝缘靴时，应查验靴上是否有绝缘永久标记，如红色闪电符号，靴底应有耐压伏数等标志，查验鞋内有无合格证、安全鉴定证和生产许可证编号等。绝缘靴的表面不可有破损，若鞋底花纹磨光，漏出内部颜色时，则不能使用。

（2）绝缘靴（鞋）的使用　应根据作业场所电压高低正确选择绝缘靴。低压绝缘靴禁止在高压电气设备上作为安全辅助用具使用，高压绝缘靴可作为高压和低压电气设备上的辅助安全用具使用，但不论是穿低压或高压绝缘靴，均不得直接用手接触电气设备。

穿用绝缘靴时，应将裤管套入靴筒内，穿用绝缘鞋时，裤管不宜长及鞋底外沿条高度，更不能长及地面，应保持布帮干燥。布面绝缘鞋只能在干燥环境下使用，避免布面潮湿。

非耐酸、碱和油的橡胶底，不可与酸、碱和油类物质接触，并应防止尖锐物刺伤。

问题思考

『思考问题1』高空作业时，应佩戴什么安全防护用具？
『思考问题2』安全防护用具使用完毕后，需要做哪些工作？

实训工单5　触电急救模拟训练

任务描述

通过本任务的学习，养成良好的行为习惯，促进安全用电意识的提升、安全用电行为的养成，同时会根据触电者的触电症状，选择合适的急救方法。

任务目标

1）掌握安全电压数值以及触电对人体的伤害。
2）掌握常见触电方式以及触电原因并能预防触电。
3）会根据触电者的触电症状，选择合适的急救方法。
4）能在实际应用中遵守用电安全原则，对触电人员进行急救。
5）树立安全用电意识，培养良好的行为习惯和自我管理能力。

任务调研

根据电力部门规定：凡对地电压在1kV以上者为高压，对地电压在1kV以下者为低压。安全电压是指不致使人直接致死或致残的电压。对地电压低于36V为安全电压。触电是外部电流流经人体，造成人体器官组织损伤乃至死亡。

根据现有的学习材料和网络学习互动平台，通过观看微课或者学生自己从网上、教材、课外辅导书或其他媒体收集项目资料，小组共同讨论，做出工作计划，并对任务实施进行决策。

『引导问题1』在工作和生活中，如何保证用电安全？
『引导问题2』触电急救的基本原则是什么？

器材准备

	序号	名称	数量	规格型号
器材	1	CPR（心肺复苏）人体教学模型	1	
	2	垫子	1	
设备	3	计算机	1	
	4	投影仪	1	
	5	触电急救视频资料	1	

触电急救

1. 立即切断电源

切断电源的方法一是关闭电源开关、拉闸或拔去插销；二是用干燥的木棒、竹竿和扁担等不导电的物体挑开电线，使触电者尽快脱离电源。急救者切勿直接接触伤员，防止自身触电。

2. 对症抢救的原则

1）触电者神志清醒，但有些心慌、四肢发麻、全身无力或触电者在触电过程中曾一度昏迷，但已清醒过来。应使触电者安静休息、不要走动，严密观察，必要时送医院诊治。

2）触电者已经失去知觉，但心脏还在跳动、还有呼吸，应使触电者在空气清新的地方舒适、安静地平躺，解开妨碍呼吸的衣扣、腰带。如果天气寒冷要注意保持体温，并迅速请医生到现场诊治。

3）如果触电者失去知觉，呼吸停止，但心脏还在跳动，应立即进行口对口人工呼吸，并及时请医生到现场。

4）如果触电者呼吸和心脏跳动完全停止，应立即进行口对口人工呼吸和胸外心脏按压急救，并迅速请医生到现场。

3. 常用抢救训练

（1）口对口人工呼吸法　在进行人工呼吸和急救前，应迅速将触电者的衣扣、领带和腰带等解开，清除口腔内的假牙、异物和黏液等，保持呼吸道畅通。口对口人工呼吸时触电者仰卧，肩下可以垫些东西使头尽量后仰，鼻孔朝天。救护人在触电者头部左侧或右侧，一手捏紧鼻孔，另一只手掰开嘴巴（如果张不开嘴巴，可以用口对鼻，但此时要把口捂住，防止漏气），深吸气后紧贴其嘴巴大口吹气，吹气时要使他胸部膨胀，然后很快把头移开，让触电者自行排气。儿童只能小口吹气，以胸廓上抬为准。抢救一开始的首次吹气两次，每次时间约 1~1.5s。口对口呼吸法如实训图 4-18 所示。

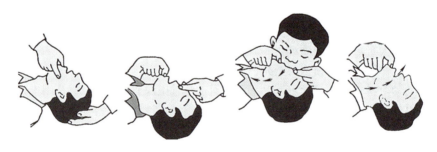

实训图 4-18　口对口呼吸法

（2）胸外心脏按压法　让触电者仰面躺在平硬的地方，救护人员立或跪在触电者一侧肩旁，两手掌根相叠（儿童可用一只手），两臂伸直，掌根放在心口窝稍高一点的地方（胸骨下 1/3 部位），掌根用力下压（向触电者脊背方向），使心脏里面的血液挤出。成人压陷 3~4cm，儿童用力轻些，按压后掌根很快抬起，让触电者胸部自动复原，血液又充满心脏。胸外心脏按压要以均匀速度进行，每分钟 80 次左右。每次放松时，掌根不必完全离开胸壁。做心脏按压时，手掌位置一定要找准，用力太猛容易造成骨折、气胸或肝破裂，用力过轻则达不到心脏起跳和血液循环的作用。应当指出，心跳和呼吸是相关联的，一旦呼吸和心跳都停止了，应当同时进行口对口人工呼吸和胸外心脏按压。如果现场仅一个人抢救，则两种方法应交替进行，救护人员可以跪在触电者肩膀侧面，每吹气 1~2 次，再按压 10~15 次。按压吹气 1min 后，应在 5~7s 内判断触电者的呼吸和心跳是否恢复。如触电者的颈动脉已有搏动但无呼吸，则暂停胸外心脏按压，而再进行 2 次口对口人工呼吸，接着每 5s 吹气一次，如脉搏和呼吸都没有恢复，则应继续坚持心肺复苏法抢救。在抢救过程中，应每隔数分钟再进行一次判定，每次判定时间都不能超过 5~7s。实施胸外心脏按压法时，切不可草率行事，必须认真坚持，直到触电者苏醒或者其他救护人员、医生赶到。胸外心脏按压法如实训图 4-19 所示。

任务实施

1）组织学生观看口对口人工呼吸法和胸外心脏按压法的教学录像。

2）每三名同学一组，人员分工表见实训表 4-4，其中一人做触电模拟员，模拟停止呼吸的触电者；一人做施救员，模拟施救作业；一人做记录员，观察时间和施救者动作是否规范、适当并做记录。"触电者"仰卧于棕垫上，"施救员"按要求调整好"触电者"的姿势，按正确要领进行吹气和换气。"施救员"必须掌握好吹气、换气的时间和动作要领。

实训图 4-19　胸外心脏按压法

实训表 4-4　人员分工表

分工	人数	要求	作业内容
触电模拟员	1 人	掌握常见的触电方式以及触电对人体的伤害	"触电者"仰卧于棕垫上
施救员	1 人	掌握触电的原理及触电急救方法	"施救人"按要求调整好"触电者"的姿势，按正确要领进行吹气和换气；找准胸外按压位置，按正确手法和时间要求对"触电者"施行口对口人工呼吸和胸外心脏按压
记录员	1 人	掌握正确的触电急救步骤和方法	按照评分标准进行全程考核

3）一人模拟心脏停止跳动的触电者，另一人模拟施救人。"触电者"仰卧于棕垫上，"施救员"按要求摆好"触电者"的姿势，找准胸外按压位置，按正确手法和时间要求对"触电者"施行胸外心脏按压。

4）三名同学轮流换位，认真体会操作要领，直至全部掌握口对口人工呼吸法和胸外心脏按压法。

问题思考

『思考问题 1』常见的触电种类和方式有哪些？
『思考问题 2』怎样预防触电？
『思考问题 3』在任务实施中，触电急救的注意事项是什么？

项目 5　磁路与变压器

实训工单 1　小型变压器的检查

任务描述

掌握小型变压器的结构、工作原理及其作用，能正确选用和测试变压器。若变压器在运行过程中出现异常，则能根据变压器维护检修规程，采用正确的检修方法排除故障，并完成小型变压器的检修测试。

电工技术与技能训练

任务目标

1) 变压器的工作原理及基本结构。
2) 小型变压器的选用与故障分析。
3) 小型变压器的检查操作。
4) 动手实践，工完料净场地清洁。

任务调研

变压器是一种静止的电气设备。它是根据电磁感应原理，将某一等级的交流电压和电流转换成同频率的另一等级的电压和电流的设备，即具有变换电压、变换电流和变换阻抗的作用，因此无论在电力系统、电气测量、电子线路还是自动控制系统中都具有广泛的应用。

根据现有的学习材料和网络学习互动平台，通过观看微课或者学生自己从网上、教材、课外辅导书或其他媒体收集项目资料，小组共同讨论，做出工作计划，并对任务实施进行决策。

『引导问题1』变压器主要由哪些部分组成？
『引导问题2』变压器为什么可以改变电压的大小？
『引导问题3』变压器工作过程中主要的损耗有哪些？

器材准备

	序号	器材名称	数量	规格型号
仪表	1	万用表	1	
	2	绝缘电阻表	1	
	3	交流电压表	1	
	4	直流毫安表	1	
工具	5	尖嘴钳	1	
	6	螺钉旋具	1	
器材	7	小型变压器	1	
	8	滑杆电阻器	1	75Ω/10A
	9	可调电压源	1	

故障分析

变压器的故障分析如下：

1. 引出线端头断裂

若一次回路有电压而无电流，一般是一次线圈的端头断裂；若一次回路有较小的电流而二次回路既无电流也无电压，一般是二次线圈端头断裂。端头断裂通常是线头折弯次数过多、猛拉线头、焊接处霉断（焊剂残留过多）或引出线过细等原因造成的。

若断裂线头处在线圈的最外层，可掀开绝缘层，挑出线圈上的断头，焊上新的引出线，包好绝缘层即可；若断裂线头在线圈内层，一般无法修复，需要拆开重绕。

2. 线圈匝间短路

存在匝间短路，短路处的温度会剧烈上升。若短路发生在同层排列左右两匝或多匝之间，过热现象稍轻；若发生在上下层之间的两匝或多匝之间，过热现象则严重；通常是遭受外力撞击或漆包线绝缘老化等原因造成的。

如果短路发生在线圈的最外层，可掀去绝缘层后，在短路处局部加热（对浸过漆的线圈，可用电吹风加热）。待漆膜软化后，用薄竹片轻轻挑起绝缘已破坏的导线，若线芯未损伤，可插入绝缘纸，裹住后掀平；若线芯已损伤，应剪断，去除已短路的一匝或多匝导线，两端焊接后垫妥绝缘纸，掀平。用以上两种方法修复后均应涂上绝缘漆，吹干，再包上外层绝缘。如果故障发生在无骨架线圈两边沿口的上下层之间，一般也可按上述方法修复。若故障发生在线圈内部，一般无法修理，需拆开重绕。

3. 内部噪声过大

变压器的铁心噪声有电磁噪声和机械噪声两种。电磁噪声通常是设计时铁心磁通密度选用得过高，或变压器过载，或存在漏电故障等原因造成的；机械噪声通常是铁心没有压紧，在运行时硅钢片发生机械振动造成的。

如果是电磁噪声，属于设计原因的，可换用质量较高的同规格硅钢片；属于其他原因的，应减轻负载或排除漏电故障。如果是机械噪声，应压紧铁心。

4. 线圈漏电

线圈漏电故障的基本特征是铁心带电和线圈温升增高，通常是线圈受潮或绝缘老化引起的。若是受潮，烘干后故障即可排除；若是绝缘老化，严重的一般较难排除，轻度的可拆去外层包裹的绝缘层，烘干后重新浸漆。

5. 线圈过热

线圈过热通常是过载、漏电或设计不佳所致；若是局部过热，则是匝间短路造成的。

6. 输出电压下降

这一故障通常是一次侧输入的电源电压不足（未达到额定值）、二次绕组存在匝间短路、铁心短路、漏电或过载等原因造成的。

任务实施

用给定的设备器材，分别用交流法和直流法判别变压器同名端；用绝缘电阻表、万用表测试变压器相关参数，判断变压器是否正常；若在运行过程中出现异常，能采用正确的检修方法排除故障并编写检修报告。

1. 判别变压器同名端

变压器同名端是指在同一交变磁通的作用下的任一时刻，一次线圈和二次线圈中都具有相同电动势极性的端头。判别变压器同名端的方法有两种，即交流法和直流法。

（1）交流法 把两个线圈的任意两端（X 和 x）连接，如实训图 5-1 所示。然后在 AX 上加一低电压 u_{AX}，测量 U_{AX}、U_{Aa}、U_{ax}。若 $U_{Aa} = |U_{AX} - U_{ax}|$，则说明 A 与 a、X 与 x 为同名端；若 $U_{Aa} = |U_{AX} + U_{ax}|$，则说明 A 与 x、X 与 a 为同名端。

（2）直流法 将开关 S 突然闭合，若电流表正偏，则 A 与 a 为同名端；若电流表反偏，则 A 与 x 为同名端，如实训图 5-2 所示。

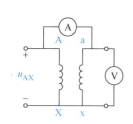

实训图 5-1　用交流法测变压器的同名端

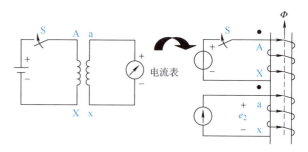

实训图 5-2　用直流法测变压器的同名端

2. 绝缘电阻的检查

绝缘电阻的检查包括一次、二次侧之间，线圈与铁心之间，线圈匝间三个方面的绝缘检查。用绝缘电阻表测量各绕组间和它们对铁心（地）的绝缘电阻，对于 400V 以下的变压器，其值不低于 90MΩ。

3. 通电检查

1）开路检查。测量二次电压和一次电流是否正常，并记录数据；测变压器的变比是否正常。

① 空载电压测试。当一次电压加到额定值时，二次侧各绕组的空载电压允许误差为：二次侧高压绕组误差 $\Delta U_1 \leqslant \pm 5\%$；二次侧低压绕组误差 $\Delta U_2 \leqslant \pm 5\%$；中心抽头电压误差 $\Delta U \leqslant \pm 5\%$。

② 空载电流测试。

当一次侧输入额定电压时，其空载电流为 5%～8% 的额定电流值。

2）额定负载检查。测量一次、二次电流和电压，看是否正常。

3）变压器工作一段时间后，检查变压器温度是否过高，是否有异常声音。

4）记录该小型变压器的型号、额定电压、额定电流、二次电压、容量及变压比等参数。

⚠ 问题思考

『**思考问题 1**』如果某小型变压器在运行过程中温升过高或冒烟，可能的故障原因是什么？

『**思考问题 2**』如果某小型变压器运行噪声过大，可能的原因是什么？

项目 6　电动机

实训工单 1　使用绝缘电阻表测量电动机绕组绝缘电阻

🔽 任务描述

学会用绝缘电阻表检查设备的绝缘电阻。

🎤 任务目标

1）绝缘电阻表的基本结构。
2）掌握绝缘电阻表的正确使用方法。
3）明确注意事项，做到准确读数。

4）工完料净场地清洁，养成良好的操作习惯。

🔍 任务调研

绝缘电阻表，是常用的高阻测量仪表，可用来测量电路、电机绕组、电缆和电气设备等的绝缘电阻。是电力、邮电、通信、机电安装和维修以及利用电力作为工业动力或能源的工业企业部门常用而必不可少的仪表。

根据现有的学习材料和网络学习互动平台，通过观看微课或者学生自己从网上、教材、课外辅导书或其他媒体收集项目资料，小组共同讨论，做出工作计划，并对任务实施进行决策。

『引导问题』绝缘电阻表常应用于哪些场合，与万用表欧姆档的区别是什么？

器材准备

	序号	器材名称	数量	规格型号
工具	1	绝缘电阻表	1	
	2	一字螺钉旋具	1	
	3	剥线钳	1	
	4	钢丝钳	1	
器材	5	三相笼型异步电动机	1	
	6	铜芯绝缘软线	若干	

☑ 仪表认识

1. 基本结构

常用的绝缘电阻表是由磁电系比率表、高压直流电源（包括手摇发电机和晶体管直流变换器两种）和测量线路等组成的。高压直流电源在测量时向仪表与被测绝缘电阻提供测量用直流高电压，一般有500V、1000V、2500V和5000V等几种。使用时要求与被测电气设备的工作电压相适应。

绝缘电阻表有三个接线柱，其中两个较大的接线柱上标有"接地E"和"线路L"，另一个较小的接线柱上标有"保护环"或"屏蔽G"，其结构如实训图6-1所示。

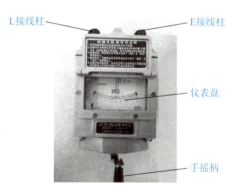

实训图6-1　绝缘电阻表的结构图

2. 绝缘电阻表的接线和测量方法

（1）照明及动力线路对地绝缘电阻的测量　如实训图6-2a所示，将绝缘电阻表接线柱E可靠接地，接线柱L与被测电路连接。按顺时针方向由慢到快摇动绝缘电阻表的手柄，待绝缘电阻表指针稳定后（约1min）读数。这时，绝缘电阻表指示的数值就是被测线路的对地绝缘电阻值，单位是MΩ。

（2）电动机绝缘电阻的测量　电动机绕组对地绝缘电阻的测量接线如实训图6-2b所示。接线柱E接电动机机壳（应清除机壳上接触处的漆或锈等），接线柱L接电动机绕组。摇动绝缘电阻表的手柄读数，测出电动机对地绝缘电阻。拆开电动机绕组的星形或三角形联结的连线。用绝缘电阻表的两接线柱 E 和 L 分别接电动机的两相绕组，如实训图 6-2c 所示。摇动绝缘电阻表的手柄读数，此接法测出的是电动机绕组的相间绝缘电阻。

（3）电缆绝缘电阻的测量　测量时的接线方法如实训图 6-2d 所示。将绝缘电阻表接线柱 E 接电缆外壳，接线柱 G 接在电缆线芯与外壳之间的绝缘层上，接线柱 L 接电缆线芯，摇动绝缘电阻表的手柄读数，测量结果是电缆线芯与电缆外壳的绝缘电阻值。

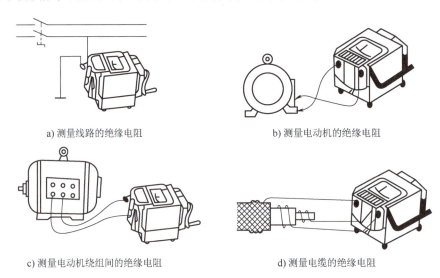

a) 测量线路的绝缘电阻　　　　　　　　b) 测量电动机的绝缘电阻

c) 测量电动机绕组间的绝缘电阻　　　　d) 测量电缆的绝缘电阻

实训图 6-2　绝缘电阻表的接线图

3. 绝缘电阻表的选用

选用绝缘电阻表时，其额定电压一定要与被测电气设备或线路的工作电压相适应，测量范围也应与被测绝缘电阻的范围相适合。

实训表 6-1 列举了不同额定电压的绝缘电阻表的选用要求。

实训表 6-1　不同额定电压的绝缘电阻表的选用要求

测量对象	被测绝缘的额定电压/V	所选绝缘电阻表的额定电压/V
线圈绝缘电阻	500 以下	500
	500 以上	1000
电动机及电力变压器线圈绝缘电阻	500 以下	1000～2500
发电机线圈绝缘电阻	380 以下	1000
电气设备绝缘	500 以下	500～1000
	500 以上	2500
绝缘子	—	2500～5000

4. 使用绝缘电阻表的注意事项

1）测量电气设备绝缘电阻时，必须先断电，经短路放电后才能测量。

2）测量时，绝缘电阻表应放在水平位置上，未接线前先转动绝缘电阻表做开路试验，指针是否指在"∞"处；再把绝缘电阻表的接线柱 L 和接线柱 E 短接，轻摇手柄，看指针是否为

"0"。若开路指"∞",短路指"0",则说明绝缘电阻表是完好的。

3)绝缘电阻表接线柱的引线应采用绝缘良好的多股软线,同时各软线不能绞在一起。

4)绝缘电阻表测完后应立即使被测物放电,在绝缘电阻表手柄未停止转动和被测物未放电前,不可用手触及被测物的测量部分或拆除导线,以防触电。

5)测量时,摇动手柄的速度由慢逐渐加快,并保持120r/min左右的转速约1min,此时读数较为准确。如果被测物短路,指针指零,应立即停止摇动手柄,以防表内线圈发热烧坏。

6)在测量了电容器、较长的电缆等设备的绝缘电阻后,应先将接线柱L的连接线断开,再停止摇动,以避免被测设备向绝缘电阻表倒充电而损坏仪表。

7)测量电解电容的介质绝缘电阻时,应按电容器耐压的高低选用兆欧表。接线时,使接线柱L与电容器的正极连接,接线柱E与负极连接,切不可反接,否则会使电容器击穿。

任务实施

将一台三相笼型异步电动机的接线盒拆开,取下所有接线桩之间的连接片,使三相绕组U1、U2,V1、V2,W1、W2各自独立。用绝缘电阻表测量三相绕组之间、各相绕组与机座之间的绝缘电阻,将测量结果记入实训表6-2中。

实训表6-2 电动机绕组绝缘电阻的测量

电动机额定值				兆欧表		绝缘电阻/MΩ					
功率/kW	电流/A	电压/V	接法	型号	规格	U—V	U—W	V—W	U 相对地	V 相对地	W 相对地

问题思考

『思考问题1』测量绝缘电阻时,摇速要达到每分钟多少转?什么情况下才能读数?

『思考问题2』用绝缘电阻表测量高压电缆时,G端子的作用是什么?

实训工单2 使用钳形电流表测量电动机起动电流和空载电流

任务描述

学会用钳形电流表直接测量电动机起动电流和空载电流。

任务目标

1)掌握钳形电流表基本结构。
2)掌握钳形电流表的正确使用方法。
3)明确注意事项,做到准确读数。
4)注意操作规范,安全作业。

任务调研

电工仪表中测量电流时,如果用电流表测量就必须与被测电路串联,在实际操作时,需断开电路,很不方便。而钳形电流表却是一种不需断开电路就可以直接测电路交流电流的携带式仪表。

根据现有的学习材料和网络学习互动平台，通过观看微课或者学生自己从网上、教材、课外辅导书或其他媒体收集项目资料，小组共同讨论，做出工作计划，并对任务实施进行决策。

『引导问题1』测量电流的方法和手段都有哪些？

『引导问题2』如何实现非接触测量电流的大小？

器材准备

	序号	器材名称	数量	规格型号
工具	1	钳形电流表	1	
	2	一字螺钉旋具	1	
	3	剥线钳	1	
	4	钢丝钳	1	
	5	三相笼型异步电动机	1	
	6	铜芯绝缘软线	若干	

工作原理

1. 基本结构与原理

钳形电流表主要由一只电流互感器、旋钮、钳形扳手和一只整流式磁电系有反作用力仪表所组成，其结构如实训图 6-3 所示。其工作原理和变压器一样，一次线圈就是穿过钳形铁心的导线，相当于 1 匝的变压器的一次线圈，这是一个升压变压器。二次线圈和测量用的电流表构成二次侧回路。当导线有交流电流通过时，就是这一匝线圈产生了交变磁场，在二次侧回路中产生了感应电流，被检测出大小后显示在表头上。

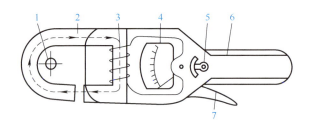

实训图 6-3　钳形电流表结构

1—被测导线　2—铁心　3—二次绕组　4—表头　5—量程调节开关　6—胶木手柄　7—铁心开关

2. 钳形电流表的使用方法

1）测量前，先机械调零。

2）估计被测电流的大小，将其量程转换开关转到合适的挡位。

3）若无法估计，应从最大量程开始测量，逐步变换。

4）手持胶木手柄，用食指等四指勾住铁心开关，用力握，打开铁心开关，将被测导线从铁心开口处引入铁心中央。松开铁心开关使铁心闭合，钳形电流表指针偏转，当指针稳定，进行读数。

5）再打开铁心开关，取出被测导线，即完成测量工作。

3. 钳形电流表使用时的注意事项

1）被测线路电压不得超过钳形电流表所规定的使用电压，以防止绝缘击穿，导致触电事故的发生。

2）若不清楚被测电流大小，则应由大到小逐级选择合适挡位进行测量，不能用小量程挡测大电流。

3）测量过程中不得转动量程开关。需要转换量程时，应先脱离被测线路。

4）为提高测量值的准确度，被测导线应置于钳口中央。

5）测量5A以下较小电流时，可将被测导线多绕几圈再放入钳口测量。被测的实际电流等于仪表读数除以放进钳口中导线的圈数。

任务实施

取用实验室三相异步电动机，按电动机铭牌规定，恢复有关接线桩之间的连接片，使三相绕组按出厂要求连接，并将其接入三相交流电路。令其通电运行，用钳形电流表检测其起动瞬时的起动电流和转速达额定值后的空载电流，并将检测结果记入实训表6-3中。

实训表6-3 电动机起动电流和空载电流的测量

钳形电流表		起动电流		空载电流		导线在钳口绕两匝后的空载电流	
型号	规格	量程	读数	量程	读数	量程	读数

问题思考

『思考问题1』如果测试电流值较小可通过什么方式提高测量值的准确性？

『思考问题2』在结束测量后应如何操作可有效延长仪表使用寿命？

实训工单3　三相异步电动机的拆装与检查

任务描述

熟悉三相异步电动机的基本结构、工作原理及机械特性，掌握其拆装步骤及工艺，掌握常见故障的检修方法。

任务目标

1）三相异步电动机的基本结构与工作原理。

2）三相异步电动机铭牌识读。

3）三相异步电动机常见故障检修。

4）三相异步电动机的拆装程序步骤。

5）理实一体动手实践，工完料净场地清洁。

任务调研

三相异步电动机是一种将电能转化为机械能的电力拖动装置。它主要由定子、转子和它们之间的气隙构成。对定子绕组通三相交流电源后，产生旋转磁场并切割转子，获得转矩。三相交流异步电动机具有结构简单、运行可靠、价格便宜、过载能力强及使用、安装、维护方便等优点，被广泛应用于各个领域。

根据现有的学习材料和网络学习互动平台，通过观看微课或者学生自己从网上、教材、课外辅导书或其他媒体收集项目资料，小组共同讨论，做出工作计划，并对任务实施进行决策。

『引导问题』三相异步电动机常见应用场合有哪些？

器材准备

	序号	器材名称	数量	规格型号
工具	1	螺钉旋具	1	
	2	撬棍	1	
	3	拉具	1	
	4	活扳手	1	
	5	油盘	1	
	6	锤子	1	
	7	纯铜棒	1	
	8	钢套筒	1	
	9	毛刷	1	
仪表	10	万用表	1	
	11	绝缘电阻表	1	
电动机	12	三相笼型异步电动机	1	

任务实施

准备好拆卸电动机的工具和器材，将三相异步电动机的电源线路断开，做好拆卸前的相关记录工作，按照正确的拆卸步骤拆卸电动机，如实训图6-4所示。仔细观察各组成部件的结构，检查各组成部件的质量；认真做好各组成部件的装配准备工作，按照与拆卸相反的顺序装配电动机，通电试车，检查装配质量。

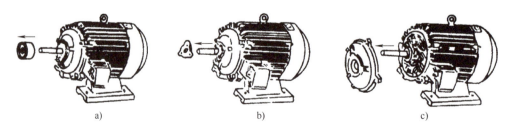

实训图 6-4　三相异步电动机的拆卸步骤

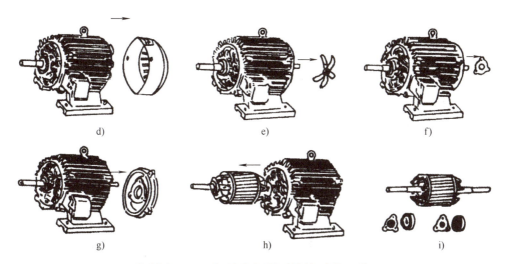

实训图 6-4 三相异步电动机的拆卸步骤（续）

1. 拆卸前的准备工作

1）准备好拆卸工具，特别是拉具、套筒等专用工具。
2）选择和清理拆卸现场。
3）熟悉待拆电动机的结构及故障情况。
4）做好标记。
5）拆除电源线和保护接地线，测定并记录绕组对地绝缘电阻。
6）把电动机拆离基础，搬至修理拆卸现场。

2. 拆卸步骤

1）用拉具从电动机轴上拆下带轮或联轴器。
2）用螺钉旋具等工具卸掉前轴承（负载侧）外盖。
3）用螺钉旋具和撬棍等工具拆下前端盖。
4）用螺钉旋具等工具拆下风罩。
5）用撬棍等工具拆下风扇。
6）用螺钉旋具等工具拆下后轴承（非负载侧）外盖。
7）用螺钉旋具和撬棍拆下后端盖。
8）抽出转子。不应划伤定子，不应损伤定子绕组端口，平稳地将转子抽出。
9）拆下转子上的前、后轴承和前、后轴承内盖。

3. 安装前的准备工作

1）认真检查装配工具、场地是否清洁、齐备。
2）彻底清扫定子、转子内部表面的尘垢，最后用汽油沾湿的棉布擦拭（汽油不能太多，以免浸入绕组内部破坏绝缘）。
3）用灯光检查气隙、通风沟、止口处和其他空隙有无杂质和漆瘤，若有则清除干净。
4）检查槽楔、绑扎带和绝缘材料是否松动脱落，有无高出定子铁心内表面的地方，如有应清除。
5）检查各相绕组冷态直流电阻是否基本相同，各相绕组对地绝缘电阻和相间绝缘电阻是否符合要求。

4. 装配步骤
原则上按与拆卸相反的步骤进行电动机的装配。
5. 通电试车
接通电动机电源电路，通电试车，检查装配质量。

为保证人身安全，在通电试车时，应认真执行安全操作规程的有关规定：一人监护，一人操作。

⚠ 问题思考

『思考问题1』三相异步电动机应用广泛，其结构有何优势？
『思考问题2』简述三相异步电动机的装配步骤。

项目7　常用低压电器的识别拆装与检测

实训工单1　接触器的检测与调试

📥 任务描述

本任务是接触器的检测与调试，目的是培养学生技能操作能力，通过本任务的学习，学生可以独立应用常用工具、仪表进行轨道交通运输装备典型接触器（交流、直流接触器）的检测与测试，达到能正确判断质量好坏的标准。

🎤 任务目标

1）掌握使用有关工具的方法，正确完成交流接触器的拆装，达到拆卸工艺要求。
2）能根据任务要求，使用有关工具、仪表，正确完成交流接触器的检测与调试，达到安装工艺和控制功能要求。
3）掌握接触器的使用方法及注意事项。
4）掌握一定的操作方法，树立安全用电意识，提升动手能力，培养良好的行为习惯和自我管理能力。

🔍 任务调研

接触器是电力拖动与自动控制系统中一种重要的低压电器，用来频繁地接通和分断带有负载的主电路或大容量的控制电路，并可实现远距离的自动控制。接触器的种类很多，按照电压等级分为高压与低压接触器；按照电流种类分为交流与直流接触器；按照操作机构分为电磁式、液压式和气动式等。本次学习主要掌握交流接触器的拆装及检测。

根据现有的学习材料和网络学习互动平台，通过观看微课视频或者学生自己从网上、教材、课外辅导书或其他媒体收集项目资料，小组共同讨论，做出工作计划，并对任务实施进行决策。

『引导问题1』接触器的结构主要分为哪几部分？
『引导问题2』接触器的工作原理是什么？

器材准备

	序号	名称	数量	规格型号
器件	1	交流接触器	1	
工具	2	螺钉旋具	1	
	3	尖嘴钳	1	
仪表	4	万用表	1	
	5	绝缘电阻表	10	

任务分析

交流接触器主要由电磁系统、触头系统、灭弧系统和辅助部件构成，结构如实训图 7-1 所示。

当线圈通电时，静铁心产生的电磁力将动铁心吸合，进而带动三条动触片动作，使得主触头呈闭合状态，辅助常闭触头呈断开状态，辅助常开触头呈闭合状态，电源接通；当线圈断电时，静铁心产生的电磁力消失，动铁心在弹簧作用下与静铁心分离，三条动触片产生动作，使得主触头呈断开状态，辅助常闭触头呈闭合状态，辅助常开触头呈断开状态，电源切断。

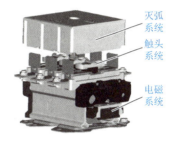

实训图 7-1 交流接触器的结构图

1. 交流接触器的拆装

按照实训图 7-2 交流接触器的结构示意图进行交流接触器的拆装。

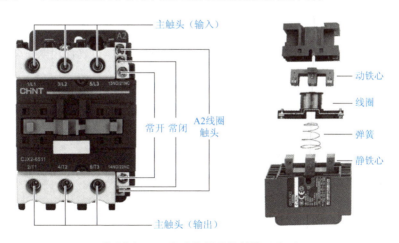

实训图 7-2 交流接触器的结构示意图

具体步骤如下：

1）卸下灭弧罩紧固螺钉，取下灭弧罩（如无灭弧罩，此步骤省略）。

2）拉紧主触头定位弹簧夹，取下主触头及主触头压力弹簧片。拆卸主触头时，必须将主触头侧转 45°后取下。

3）松开辅助常开触头的线装螺钉，取下常开静触头。

4）松开接触器底部的盖板螺钉，取下盖板。在松盖板螺钉时，要用手按住螺钉并慢慢放松。

5）取下静铁心缓冲绝缘纸片及静铁心。

6）取下静铁心支架及缓冲弹簧。

7）拔出线圈接线端的弹簧夹片，取下线圈。

8）取下反作用弹簧。

9）取下衔铁和支架。

10）从支架上取下动铁心定位销。

11）取下动铁心及缓冲绝缘纸片。

2. 交流接触器的检测

1）检查灭弧罩是否有破裂或烧损，清除灭弧罩内的金属飞溅物和颗粒。

2）检查触头磨损程度，如严重应更换触头。如不需要更换，则清除触头表面上电弧喷溅的颗粒。

3）清除铁心端面的油垢，检查铁心是否变形、是否平整。

4）检查触头压力弹簧反作用弹簧是否变形或者弹力不足。如有需要应更换弹簧。检查电磁线圈是否有短路、断路及发热现象。

5）使用前应检查接触器的技术数据（如额定电压、电流等）是否符合要求。

6）用万用表欧姆档检查线圈、各触头是否良好。

7）用绝缘电阻表测量各触头对地电阻是否符合要求。

8）用手按住触头检查运动部分是否灵活，以防接触不良、振动和噪声。

3. 接触器拆卸、检测的注意事项

1）拆卸过程中，应备有盛放零件的容器，以免丢失零件。

2）拆卸过程中，要文明生产，不允许硬撬，以免损坏电器。

3）调整触头压力时，不得损坏主触头。

4）通电校验时，接触器应固定在控制板上，要有教师监督，以确保用电安全。

📝 任务实施

1）观看交流接触器的拆卸、检测视频或者现场观看。

2）按照人员分工及实训步骤进行交流接触器的拆卸、检测的实操。

3）每三名同学一组，其中一人为主操作者，一人为辅助者，一人观察操作是否规范、适当并做记录。三名同学轮流换位，认真体会操作要领，直至全部掌握交流接触器的拆卸、检测的实操。

4）人员分工见实训表7-1。

实训表7-1 人员分工

分工	人数	要求	作业内容
主操作者	1人	掌握交流接触器拆装及检测步骤	按照步骤要求进行交流接触器的拆装及检测
辅助者	1人	掌握交流接触器拆装及检测步骤	配合完成交流接触器的拆装及检测
记录评价员	1人	掌握交流接触器拆装及检测步骤、注意事项	按照评分标准进行全程考核

⚠️ 问题思考

『思考问题 1』简述交流接触器的拆卸步骤。
『思考问题 2』如果接触器不释放或释放缓慢，一般如何处理？

实训工单 2 主令电器（按钮、转换开关）的检测与调试

🛈 任务描述

本任务是主令电器的检测与调试，目的是培养学生的技能操作能力，通过本任务的学习，学生可以独立应用常用工具、仪表进行主令电器的检测与测试，达到能正确判断质量好坏的标准。

🎤 任务目标

1）能使用有关工具正确完成主令电器的拆装，达到拆卸工艺要求。
2）能根据任务要求，使用有关工具、仪表，正确完成主令电器的检测与调试，达到安装工艺和控制功能要求。
3）掌握主令电器的使用方法及注意事项。
4）掌握一定的操作方法，树立安全用电意识，提升动手能力，培养良好的行为习惯和自我管理能力。

🔍 任务调研

主令电器是用于自动控制系统中发出控制指令或信号的电器。其信号指令通过接触器、继电器或其他电器，使电路接通或分断来实现生产机械的自动控制。常用的主令电器有按钮、行程开关、万能转换开关、主令控制器和凸轮控制器等。本次学习任务主要是掌握按钮及转换开关的安装及检测。

根据现有的学习材料和网络学习互动平台，通过观看微课视频或者学生自己从网上、教材、课外辅导书或其他媒体收集项目资料，小组共同讨论，做出工作计划，并对任务实施进行决策。

『引导问题 1』什么是主令电器？你学习过哪些主令电器？
『引导问题 2』主令电器的作用是什么？

☑ 任务分析

1. 按钮

按钮是一种手动且可以自动复位的主令电器，在控制电路中用作短时间接通和断开小电流（5A 及以下）控制电路。按钮的结构种类很多，可分为普通揿钮式、蘑菇头式、自锁式、自复位式、旋柄式、带指示灯式、带灯符号式及钥匙式等，有单钮、双钮、三钮及不同组合形式，一般是采用积木式结构，主要由按钮帽、复位弹簧、桥式动触头和外壳等组成。通常做成复合式，即具有常闭触头和常开触头。

当按下按钮帽时，桥式动触头向下移动，使常闭触头先行断开，常开触头随后闭合；松开按钮，在复位弹簧作用下，各触头恢复原始状态。

（1）按钮的选用

1）根据使用场合和具体用途选择按钮的种类。例如：嵌装在操作面板上的选用开启式，防止无关人员误操作的选用钥匙式，防止潮湿的选用防水式。

2）根据工作状态和工作情况选择按钮的颜色。例如：危险或紧急情况时操作的选用红色，异常情况时操作的选用黄色，安全情况时操作的选用绿色。

3）根据控制电路的需要选择按钮的数量。例如：单钮、双钮和三钮等。

（2）按钮的安装与维护

1）按钮安装在面板上时，应布置整齐，排列合理，可根据电动机起动顺序，从上到下或从左到右排列。

2）同一机床运动部件有几种不同的工作状态时（如上下、前后和松紧等），应使每一对相反状态的按钮安装在一组。

3）按钮的安装应牢固，安装按钮的金属板或者金属按钮盒必须可靠接地。

4）由于按钮的触头间距较小，应注意保持触头间的清洁。

5）光标按钮一般不宜用于需长期通电的显示处，以免塑料外壳过度受热而变形，使更换灯泡困难。

（3）按钮的检测

1）使用前，检查按钮帽弹性是否正常，动作是否自如，触头接触是否良好。

2）使用前，检查按钮的触头对数，用万用表电阻挡测量各触头之间的接触电阻（常开触头最大、最小值，常闭触头最大、最小值）。

3）使用时，触头接触不良，检查触头表面是否有污垢，触头弹簧是否失效。

2. 转换开关

转换开关又称为组合开关，属于手动控制电器，可作为电源引入开关，或作为 5.5kW 以下电动机的直接起动、停止、反转和调速等之用，多用于机床控制电路，其额定电压为 380V，额定电流有 6A、10A、15A、25A、60A 和 100A 等多种。

转换开关由动触头、静触头、绝缘杆、手柄和凸轮等主要部分组成，是一种由多节触头组合而成的刀开关，其动、静触头分别叠装于数层绝缘壳内，转动手柄可完成对应动、静触头之间的接通或分断。开关内装有速断弹簧，用以加快开关的分断速度。

（1）转换开关的选用

1）根据用电设备的耐压等级、容量和极数综合考虑。

2）用于控制照明或者电热设备时，其额定电流应大于或等于被控制电路中各负载电流之和。

3）用于控制小型电动机不频繁的全压起动时，其容量大于电动机额定电流的 1.5~2.5 倍，每小时切换次数不宜超过 15 次。

（2）转换开关的安装与维护

1）转换开关一般应水平安装在平板上。

2）转换开关所控制的用电设备功率因数较低时，应按照容量等级降级使用，以延长其使用寿命。

3）转换开关可以按照电路的要求组成不同接法的开关，以适应不同电路的要求。

4）由于转换开关本身不带过载和短路保护装置，不能分断故障电路，为了保证电路和设备安全，在所控制的电路中必须加装保护设备。

5）当转换开关有故障时，应切断电路检查相关部件。

（3）转换开关的检查

1）检查触头磨损程度，磨损严重时应更换触头。若不需更换，则清除触头表面上电弧喷溅的颗粒。

2）清除凸轮端面的油垢，检查凸轮有无变形及是否平整。

3）检查触头压力弹簧及反作用弹簧是否变形或弹力不足。如有，则更换弹簧。

4）检查转换开关手柄是否正常，动作是否自如，触头接触是否良好。

5）用万用表电阻挡测量各触头之间的接触电阻（常开触头最大、最小值，常闭触头最大、最小值）。

（4）转换开关的拆卸　拆卸手柄、正面板和防尘罩；取下后侧紧固螺钉、铭牌和面板；取下凸轮，静、动触头，反作用弹簧等；每层依次按上面操作。

（5）转换开关的装配

1）检查开关芯杆灵活度，按拆卸的逆顺序进行装配。

2）测量静、动触头接触电阻，应小于 $50\text{m}\Omega$。

任务实施

1）观看按钮（转换开关）的拆卸、检测视频或者现场观看。

2）按照人员分工及实训步骤进行按钮（转换开关）的拆卸、检测的实操。

3）每三名同学一组，其中一人为主操作者，一人为辅助者，一人观察操作是否规范、适当并做记录。三名同学轮流换位，认真体会操作要领，直至全部掌握按钮（转换开关）的拆卸、检测的实操。

4）人员分工见实训表 7-2。

实训表 7-2　人员分工

分工	人数	要求	作业内容
主操作者	1人	掌握按钮（转换开关）拆装及检测内容	按照内容要求进行按钮（转换开关）的拆装及检测
辅助者	1人	掌握按钮（转换开关）拆装及检测内容	配合完成按钮（转换开关）的拆装及检测
记录评价员	1人	掌握按钮（转换开关）拆装及检测内容	按照评分标准进行全程考核

问题思考

『思考问题1』如果按钮触头接触不良，一般如何处理？

『思考问题2』转换开关是否具有短路保护作用？

实训工单3　继电器的检测与调试

任务描述

本任务是继电器的检测与调试，目的是培养学生的技能操作能力，通过本任务的学习，学生可以独立应用常用工具、仪表进行继电器的检测与测试，达到能正确判断质量好坏的标准。

电工技术与技能训练

🎤 任务目标

1）能使用有关工具正确完成继电器的拆装，达到拆卸工艺要求。

2）能根据任务要求，使用有关工具、仪表，正确完成继电器的检测与调试，达到安装工艺和控制功能要求。

3）掌握继电器的使用方法及注意事项。

4）掌握一定的操作方法，树立安全用电意识，提升动手能力，培养良好的行为习惯和自我管理能力。

🔍 任务调研

继电器是根据某一输入信号来接通或者断开小电流电路和电器的控制元件，广泛用于电动机或线路的保护以及生产过程自动化的控制。继电器一般不用于直接控制主电路，而是通过控制接触器或者其他电器对主电路进行控制。继电器的触点流过电流很小，无须灭弧装置，结构简单，体积较小。常用的控制继电器有电压继电器、电流继电器、中间继电器、热继电器、时间继电器和温度继电器等。本次学习任务主要掌握热继电器、时间继电器的拆装及检测。

根据现有的学习材料和网络学习互动平台，通过观看微课视频或者学生自己从网上、教材、课外辅导书或其他媒体收集项目资料，小组共同讨论，做出工作计划，并对任务实施进行决策。

『引导问题』继电器的结构主要包含哪几部分？

🔩 器材准备

	序号	名称	数量	规格型号
元件	1	热继电器	1	
	2	时间继电器	1	
工具	3	十字螺钉旋具	1	
	4	剥线钳	1	
	5	镊子	1	
仪表	6	万用表	1	

☑ 工作原理

1. 热继电器

热继电器是依靠电流通过发热元器件时产生的热量，使金属片受热变形，通过导板动作推动触点运作的电器，它用来保护电动机使之免受长期过载的危害。热继电器的热元件与被保护电动机的主电路相串联，其触点串接在接触器线圈所在的控制回路中。

热继电器根据热元件的形式可以分为双金属片式、热敏电阻式和易熔合金式。目前应用比较多的是双金属片热继电器。

当电动机过载时，流过热元件的电流增大，产生的热量使主双金属片受热弯曲推动导板，并通过补偿双金属片与推杆将动触点和静触点分开，以切断电路保护电动机。

（1）热继电器的选用　热继电器在保护形式上分为两相保护和三相保护两类。其选择主要根据电动机的额定电流来确定热继电器的型号及热元件的额定电流等级。对星形联结的电动机可选两相保护的热继电器和三相保护的热继电器,对三角形联结的电动机应选带断电保护的热继电器。热继电器的额定电流应略大于电动机的额定电流。

(2) 热继电器的拆装与检测　使用前,检查热继电器外壳有无损伤,热继电器的热元件及动静触点螺钉是否齐全、牢固,动静触点是否活动灵活。

打开热继电器外盖,观察内部的结构,用万用表电阻挡检测各热元件电阻值,检测热继电器不动作时,常闭触点输入端和输出端是否接通,常开触点输入端和输出端是否断开,如果不是,则说明热继电器已坏。

2. 时间继电器

时间继电器是一种按照时间原则工作的继电器,根据预定时间来接通或分断电路。时间继电器的延时类型有通电延时型和断电延时型两种形式;按结构分为空气阻尼式、电动式、电磁式和电子式(晶体管、数字式)等类型。

(1) 时间继电器的选用　时间继电器的选择在延时方式、延时触头和瞬时触头的数量、延时时间、线圈电压等方面应满足电路的要求。精度不高的场合可以选用空气阻尼式时间继电器,精度要求很高或延时很长的场合可以选用电动式。

(2) 时间继电器的检测

1) 使用前,检查时间继电器外壳有无损伤,时间继电器的动静触点及机械部分螺钉是否齐全、牢固,动静触点是否活动灵活。

2) 打开时间继电器外盖,观察内部的结构,用万用表电阻挡检测时间继电器不动作时,常闭触点输入端和输出端是否接通,常开触点输入端和输出端是否断开,用螺钉旋具旋转调节杆看时间继电器人为动作后有无延时作用,如果不是,则说明时间继电器已坏。

任务实施

1) 观看热继电器(时间继电器)的拆卸、检测视频或者现场观看。

2) 按照人员分工及实训步骤进行热继电器(时间继电器)的拆卸、检测的实操。

3) 每三名同学一组,其中一人为主操作者,一人为辅助者,一人观察操作是否规范、适当并做记录。三名同学轮流换位,认真体会操作要领,直至全部掌握热继电器(时间继电器)的拆卸、检测的实操。

4) 人员分工见实训表7-3。

实训表7-3　人员分工

分工	人数	要求	作业内容
主操作者	1人	掌握热继电器(时间继电器)拆装及检测内容	按照内容要求进行热继电器(时间继电器)的拆装及检测
辅助者	1人	掌握热继电器(时间继电器)拆装及检测内容	配合完成热继电器(时间继电器)的拆装及检测
记录评价员	1人	掌握热继电器(时间继电器)拆装及检测内容	按照评分标准进行全程考核

问题思考

『思考问题1』如何调整时间继电器的延时时间?

『思考问题 2』热继电器是否可作短路保护？为什么？

项目 8　电动机典型控制电路分析

实训工单 1　三相交流异步电动机典型起动控制电路装调

任务描述

通过对三相交流异步电动机单向运行控制电路的实际安装接线训练，能够掌握电动机控制电路的安装、接线与调试的方法。

任务目标

1）掌握三相交流异步电动机单向运行控制电路的原理。
2）会选用并检查交流接触器、按钮、热继电器和熔断器。
3）会安装调试三相交流异步电动机控制电路。
4）树立安全操作意识，培养良好的职业道德和职业习惯。

任务调研

三相异步电动机的控制原则：
1）行程控制原则。根据生产机械运动部件的行程或位置，利用位置开关来控制电动机的工作状态，称为行程控制原则。
2）时间控制原则。利用时间继电器按一定时间间隔来控制电动机的工作状态，称为时间控制原则。
3）速度控制原则。根据电动机的速度变化，利用速度继电器等电器来控制电动机的工作状态，称为速度控制原则。
4）电流控制原则。根据电动机主回路电流的大小，利用电流继电器来控制电动机的工作状态称为电流控制原则。

根据现有的学习材料和网络学习互动平台，通过观看微课或者学生自己从网上、教材、课外辅导书或其他媒体收集项目资料，小组共同讨论，做出工作计划，并对任务实施进行决策。

器材准备

电工工具 1 套，配电板 1 块，导线若干，万用表 1 块，绝缘电阻表 1 块。元件明细表见实训表 8-1。

实训表 8-1　元件明细表

代号	名称	型号	规格	数量
M	三相异步电动机	Y-112M-4	4kW，380V，三角形联结，8.8A，1440r/min	1
QS	组合开关	HZ10-25/3	三极，25A	1
FU1	熔断器	RL1-60/25	500V，60A，配 25A 熔体	3
FU2	熔断器	RL1-15/2	500V，15A，配 2A 熔体	2

(续)

代号	名称	型号	规格	数量
KM	交流接触器	CJ10-20	20A，线圈电压为380V	2
FR	热继电器	JR16-20/3	三极，20A，整定电流为8.8A	1
SB	按钮	LA4-3H	保护式，500V，5A，钮数为3个	1
XT	端子板	JX2-1015	10A，15节	1

☑ 电路分析

单向点动控制电路原理图如实训图8-1所示，单向连续运转控制电路原理图如实训图8-2所示。

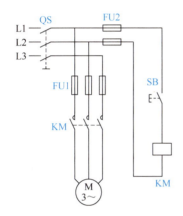

实训图8-1 单向点动控制电路原理图

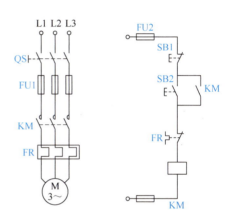

实训图8-2 单向连续运转控制电路原理图

1. 电动机基本控制电路故障检修的一般步骤

（1）故障调查 故障调查的目的是搜集故障的原始信息，以便对现有实际情况进行分析，并从中推导出最有可能存在故障区域的线索，作为下一步设备检查的参考。

可用试验法观察故障现象，初步判定故障范围。试验法是在不扩大故障范围，不损坏电气设备和机械设备的前提下，对线路进行通电试验，通过观察电气设备和电气元件的动作，看其是否正常，各控制环节的动作程序是否符合要求，找出故障发生的部位或回路。

（2）电路分析 用逻辑分析法缩小故障范围。逻辑分析法是根据电气控制电路的工作原理、控制环节的动作顺序及它们之间的联系，结合故障现象做具体的分析，迅速缩小故障范围，从而判断出故障所在。这种方法是一种以准确为前提，以快为目的的检查方法，特别适用于对复杂电路的故障检查。

（3）用测量法确定故障点 主要通过对电路进行带电或断电时的有关参数（如电压、电阻和电流等）的测量，来判断电气元件的好坏、电路的通断情况，常用的故障检查方法有分段电压测量法、分段电阻测量法等。

（4）故障排除 根据故障点的不同情况，采取正确的维修方法排除故障。

（5）校验 维修完毕，进行通电空载校验或局部空载校验，直到试车运行正常。故障检修完毕后，应整理现场，做好检修记录。

2. 电动机基本控制电路故障检修的方法

（1）电压测量法　电压测量法是指利用万用表测量机床电气线路上某两点间的电压值来判断故障点的范围或故障元件的方法。

1）电压分阶测量法。测量检查时，先把万用表的转换开关置于交流电压为 500V 的档位上，然后按实训图 8-3 所示的方法进行测量。

断开主电路，接通控制电路的电源。若按下起动按钮 SB2 时，接触器 KM 不吸合，则说明电路有故障。

先用万用表测量 0 和 1 两点之间的电压，若电压为 380V，则说明控制电路的电源电压正常。然后按下 SB2 不放，把黑表笔接到 0 点上，红表笔依次接到 2、3、4 各点上，分别测出 0-2、0-3、0-4 两点间的电压，根据其测量结果即可找出故障点（见实训表 8-2）。

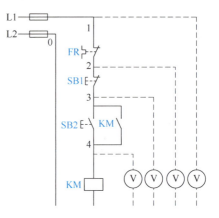

实训图 8-3　电压分阶测量法

实训表 8-2　用电压分阶测量法查找故障点

故障现象	测试状态	0-2	0-3	0-4	故障点
按下 SB2 时，KM 不吸合	按下 SB2 不放	0	0	0	FR 常闭触头接触不良
		380V	0	0	SB1 常闭触头接触不良
		380V	380V	0	SB2 接触不良
		380V	380V	380V	KM 线圈断路

这种测量方法像上（或下）台阶一样地依次测量电压，所以称为电压分阶测量法。

2）电压分段测量法。如实训图 8-4 所示，先用万用表测试 1、0 两点，电压值为 380V，说明电源电压正常。然后将红、黑两表笔逐段测量相邻两标号点 1-2、2-3、3-4、4-0 的电压。

若按下 SB2，KM 不吸合，则说明发生断路故障，此时可用电压表逐段测试各相邻两点间的电压。若测量到某相邻两点间的电压为 380V，则说明这两点间所包含的触头、连接导线接触不良或有断路故障。例如，标号 2-3 的电压为 380V，说明 SB1 的常闭触头接触不良。

（2）电阻测量法　电阻测量法是指利用万用表测量机床电气线路上某两点间的电阻值来判断故障点的范围或故障元件的方法。

1）电阻分阶测量法。测量检查时，先把万用表的转换开关置于倍率适当的电阻档上，然后按实训图 8-5 所示方法进行测量。

断开主电路，接通控制电路电源，若按下起动按钮 SB2 时，接触器 KM 不吸合，则说明控制电路有故障。

检测时，先切断控制电路电源，然后按下 SB2 不放，用万用表测出 0-2、0-3、0-4 两点间的电阻值。根据测量结果可找出故障点，见实训表 8-3。

2）电阻分段测量法。电阻分段测量法如实训图 8-6 所示。检查时，先切断电源，按下 SB2，然后依次逐段测量相邻两标号点 1-2、2-3、3-4、4-0 的电阻。若测得某两点间的电阻为无穷大，则说明这两点间的触头或连接导线断路。例如，当测得 2-3 的电阻为无穷大时，则说明停止按钮 SB1 接触不良或连接 SB1 的导线断路。

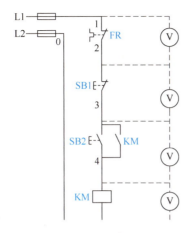
实训图 8-4　电压分段测量法

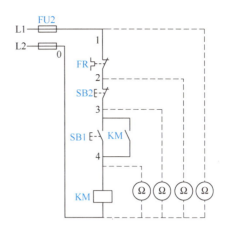
实训图 8-5　电阻分阶测量法

实训表 8-3　用电阻分阶测量法查找故障点

故障现象	测试状态	0-1	0-2	0-3	0-4	故障点
按下 SB2 时，KM 不吸合	按下 SB2 不放	∞	R	R	R	FR 常闭触头接触不良
		∞	∞	R	R	SB2 常闭触头接触不良
		∞	∞	∞	R	SB1 接触不良
		∞	∞	∞	∞	KM 线圈断路

电阻测量法的注意事项：

① 用电阻测量法检查故障时一定要断开电源。

② 若被测电路与其他电路并联，则必须将该电路与其他电路断开，否则所得的电阻值是不准确的。

③ 在测量高电阻值的电气元件时，应把万用表的选择开关旋转至合适电阻档。

（3）短接法

1）局部短接法。按下起动按钮 SB2 时，接触器 KM1 不吸合，说明该电路有故障。检查前先用万用表测量 1-0 的电压值，若电压正常，可按下 SB2 不放，然后用一根绝缘良好的导线分别短接标号相邻的两点，如短接 1-2、2-3、3-4。当短接到某两点时，KM1 吸合，说明断路故障就在这两点之间，如实训图 8-7 所示。

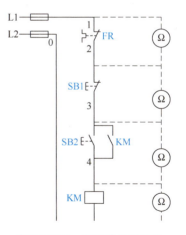
实训图 8-6　电阻分段测量法

2）长短接法。长短接法是指一次短接两个或多个触头检查故障的方法，如实训图 8-8 所示。当热继电器 FR 的常闭触头和停止按钮 SB1 的常闭触头同时接触不良，若用上述局部短接法短接 1-2，按下 SB2，KM1 仍然不会吸合，故可能会造成判断错误。而采用长短接法将 1-4 短接，如 KM1 吸合，则说明 1-4 这段电路中有断路故障，然后再短接 1-3 和 3-4，若短接 1-3 时 KM1 吸合，则说明故障在 1-3。再用局部短接法短接 1-2 和 2-3，能很快排除电路的断路故障。

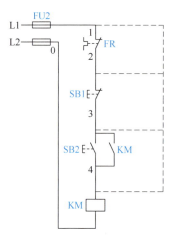
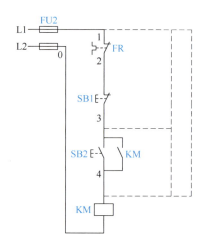

实训图 8-7　局部短接法　　　　　　实训图 8-8　长短接法

短接法检查时的注意事项：
① 短接法是用手拿绝缘导线带电操作的，所以一定要注意安全，避免触电事故发生。
② 短接法只适用于检查压降极小的导线和触头之类的断路故障。对于压降较大的电器，如电阻、线圈和绕组等的断路故障，不能采用短接法，否则会出现短路故障。
③ 对于机床的某些关键部位，必须在保障电气设备或机械部位不会出现事故的情况下才能使用短接法。

任务实施

1. 配齐所用电气元件，并进行校验

1）电气元件的技术数据（如型号、规格、额定电压和额定电流等）应完整并符合要求，外观无损伤，备件、附件齐全完好。

2）电气元件的电磁机构动作是否灵活，有无衔铁卡阻等不正常现象。用万用表检查电磁线圈的通断情况及各触点的分合情况。

3）接触器线圈的额定电压与电源电压是否一致。

4）对电动机的质量进行常规检查。

2. 电气元件安装

根据实训图 8-9 固定元器件。在控制板上按布置图安装电气元件，并贴上醒目的文字符号。

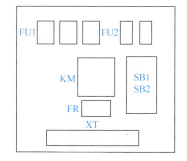

实训图 8-9　单向连续运转控制电路的模拟配电盘及布置图

3. 配线安装

单向连续运转控制电路的接线图如实训图 8-10 所示。先进行控制电路的配线，再安装主电路，最后接上按钮线。安装电气元件及板前明线布线的工艺要求见实训表 8-4。

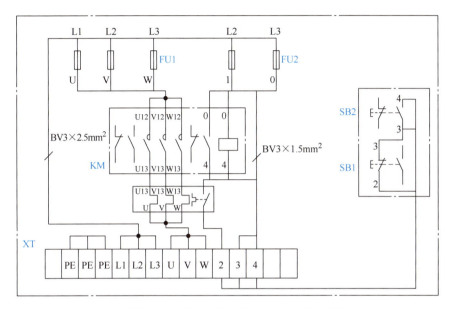

实训图 8-10　单向连续运转控制电路的接线图

实训表 8-4　安装电气元件及板前明线布线的工艺要求

项目	安装电气元件	板前明线布线
工艺要求	1）组合开关、熔断器的受电端应安装在控制板的外侧，并使熔断器的受电端为底座的中心端 2）各元器件的安装位置应整齐、匀称，间距合理，便于元件的更换 3）紧固各元器件时要用力匀称，紧固程度适当。在紧固熔断器、接触器等易碎元器件时，应用手按住元器件一边轻轻摇动，一边用螺钉旋具轮换旋紧对角线上的螺钉，直到手摇不动后再适当旋紧些即可	1）布线通道尽可能少，同时并行导线按主、控制电路分类集中，单层密排，紧贴安装面布线 2）同一平面的导线应高低一致或前后一致，不能交叉。必须交叉时，该根导线应在接线端子引出，水平架空跨越，但必须走线合理 3）布线应横平竖直、分布均匀，变换走向时应垂直 4）布线时严禁损伤线芯和导线绝缘层 5）布线顺序一般以接触器为中心，由里向外，由低至高，先控制电路、后主电路进行，以不妨碍后续布线为原则 6）在每根剥去绝缘层导线的两端套上编码套管。所有从一个接线端子（或接线桩）到另一个接线端子（或接线桩）的导线必须连续，中间无接头 7）导线与接线端子或接线桩连接时，不能压绝缘层、不反圈及不露铜过长 8）同一元器件、同一回路的不同接点的导线间距离应保持一致 9）一个电气元件的接线端子上的连接导线不得多于两根，每个接线端子板上的连接导线一般只允许连接一根

4. 线路检查

安装完毕的控制电路板，必须经过认真检查后才能通电试车，以防止错接、漏接而造成控制功能不能实现或短路事故。安装完毕的控制电路板的检查见实训表 8-5。

215

实训表 8-5　安装完毕的控制电路板的检查

检查项目	检查内容	检查工具
接线检查	按电气原理图或电气接线图从电源端开始，逐段核对接线 1) 有无漏接、错接 2) 导线压接是否牢固、接触良好	电工常用工具
电路通断检查	1) 主回路有无短路现象（断开控制回路） 2) 控制回路有无开路或短路现象（断开主回路），可将表笔分别搭在 U11、V11 线端上，读数应为∞；按下 SB2 时，读数应为接触器线圈的直流电阻值 3) 控制回路自锁、联锁装置的动作及可靠性	万用表
电路绝缘检查	电路的绝缘电阻不应小于 1MΩ	500V 绝缘电阻表

5. 通电试车

为保证人身安全，在通电试车时，应认真执行安全操作规程的有关规定：一人监护，一人操作。通电试车的步骤见实训表 8-6。

实训表 8-6　通电试车的步骤

项目	操作步骤	观察现象
空载试车 （不接电动机）	先合上电源开关，按下起动按钮，看电动机是否起动；再按下停止按钮，观察电动机是否停车	1) 接触器动作情况是否正常，是否符合电路功能要求 2) 电气元件动作是否灵活，有无卡阻或噪声过大等现象 3) 有无异味 4) 检查负载接线端子三相电源是否正常
负载试车 （连接电动机）	合上电源开关	—
	按下起动按钮	接触器动作情况是否正常，电动机是否正常起动
	按下停止按钮	接触器动作情况是否正常，电动机是否停止
	电流测量	电动机平稳运行时，用钳形电流表测量三相电流是否平衡
	断开电源	先拆除三相电源线，再拆除电动机线，完成通电试车

6. 清理工位

排故成功后，停车，关闭电源，经指导教师同意后，拆线并维护实训设备及元件，清点工具，清理工作台位，去掉配电盘上的标记。

7. 完成项目实训报告

⚠ 问题思考

『思考问题 1』三相交流异步电动机起动电路的工作原理是什么？

『思考问题 2』三相交流异步电动机控制线路的安装流程是什么？

『思考问题 3』电路中的自锁触头起什么作用？

实训工单 2　三相交流异步电动机典型正反转控制电路装调

🛈 任务描述

通过对三相异步电动机接触器联锁正反转控制电路的实际安装接线训练，掌握接触器联锁正反转控制电路的安装、接线与调试的方法。

🎤 任务目标

1）掌握三相交流异步电动机正反转控制电路的原理。
2）会安装三相交流异步电动机正反转控制电路。
3）会调试三相交流异步电动机正反转控制电路。
4）树立安全操作意识，培养良好的职业道德和职业习惯。

🔍 任务调研

在生产加工过程中，往往要求运动部件能正、反两个方向运动，如机床工作台的前进与后退、主轴的正转与反转等，这就要求电动机可以实现正反转。

根据现有的学习材料和网络学习互动平台，通过观看微课视频或者学生自己从网上、教材、课外辅导书或其他媒体收集项目资料，小组共同讨论，做出工作计划，并对任务实施进行决策。

🔧 器材准备

电工工具 1 套，配电板 1 块，导线若干，万用表 1 块，绝缘电阻表 1 块。元件明细表见实训表 8-7。

实训表 8-7　元件明细表

代号	名称	型号	规格	数量
M	三相异步电动机	Y-112M-4	4kW，380V，三角形联结，8.8A，1440r/min	1
QS	组合开关	HZ10-25/3	三极，25A	1
FU1	熔断器	RL1-60/25	500V，60A，配 25A 熔体	3
FU2	熔断器	RL1-15/2	500V，15A，配 2A 熔体	2
KM	交流接触器	CJ10-20	20A，线圈电压为 380V	2
FR	热继电器	JR16-20/3	三极，20A，整定电流为 8.8A	1
SB	按钮	LA4-3H	保护式，500V，5A，钮数为 3 个	1
XT	端子板	JX2-1015	10A，15 节	1

☑ 电路分析

实训图 8-11 为接触器互锁电动机正反转控制电路。

接触器互锁正反转控制电路安全可靠，但是操作不便，当电动机从正转变为反转时，由于接

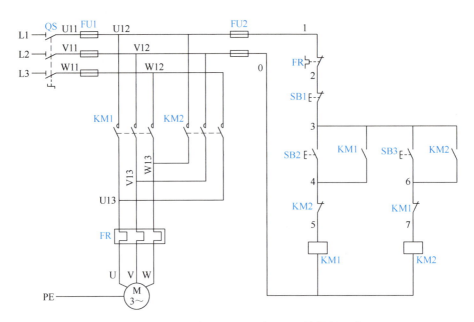

实训图 8-11　接触器互锁电动机正反转控制电路

触器的互锁作用，必须先按下停车按钮，才能再按反转起动按钮。为了改善这一不足，可采用按钮、接触器双重联锁的正反转控制电路，如实训图 8-12 所示。

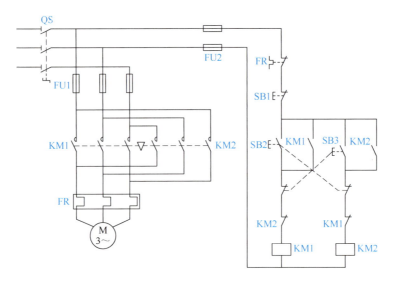

实训图 8-12　按钮、接触器双重联锁的正反转控制电路

任务实施

1. 安装步骤

安装步骤见实训表 8-8。

实训表 8-8　安装步骤

安装步骤	内容	工艺要求
分析线路图	明确电路的控制要求、工作原理、操作方法、结构特点及所用电气元件的规格	画出电路的接线图与元件位置图（见实训图 8-13）
列出元件清单	按电气原理图及负载电动机功率的大小配齐电气元件及导线	电气元件的型号、规格、电压等级及电流容量等符合要求
检查电气元件	外观检查	外壳无裂纹，接线桩无锈，零部件齐全
	动作机构检查	动作灵活，不卡阻
	元件线圈、触头等检查	线圈无断路、短路，无熔焊、变形或严重氧化锈蚀现象
安装元器件	安装固定电源开关、熔断器、接触器、热继电器和按钮等元器件	1）元器件布置要整齐、合理，做到安装时便于布线，便于故障检修 2）安装紧固，用力均匀，紧固程度适当，防止电气元件的外壳被压裂损坏
布线	按电气接线图确定走线方向并进行布线	1）连线紧固、无毛刺 2）布线平直、整齐且紧贴敷设面，走线合理 3）尽量避免交叉，中间不能有接头 4）电源和电动机配线、按钮接线要接到端子排上，进出线槽的导线要有端子标号

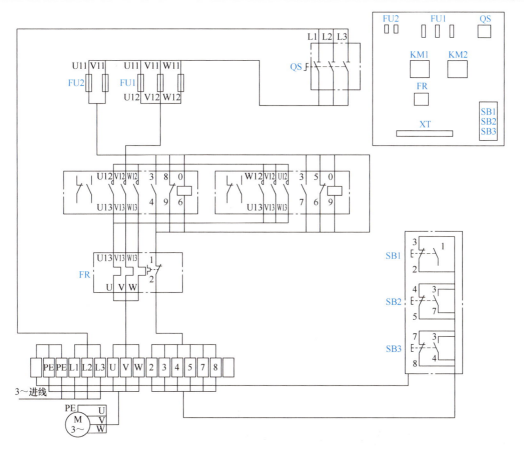

实训图 8-13　双重联锁正反转控制电路的接线图与元件位置图

2. 通电前的检查

安装完毕的控制电路板，必须经过认真检查后才能通电试车，以防止错接、漏接而造成控制功能不能实现或短路事故。安装完毕的控制电路板的检查见实训表 8-9。

实训表 8-9　安装完毕的控制电路板的检查

检查项目	检查内容	检查工具
接线检查	按电气原理图或电气接线图从电源端开始，逐段核对接线 1）有无漏接、错接 2）导线压接是否牢固、接触良好	电工常用工具
检查电路通断	1）主回路有无短路现象（断开控制回路） 2）控制回路有无开路或短路现象（断开主回路） 3）控制回路自锁、联锁装置的动作及可靠性	万用表
检查电路绝缘	电路的绝缘电阻不应小于 $1M\Omega$	500V 绝缘电阻表

3. 通电试车

为保证人身安全，在通电试车时，应认真执行安全操作规程的有关规定：一人监护，一人操作。通电试车步骤见实训表 8-10。

实训表 8-10　通电试车步骤

项目	操作步骤	观察现象
空载试车 （不接电动机）	先合上电源开关，再按下按钮 SB2（或 SB3）及 SB1，看正转、反转和停止控制是否正常，并按下 SB2 后再按下 SB3，观察有无联锁作用	1）接触器动作情况是否正常，是否符合电路功能要求 2）电气元件动作是否灵活，有无卡阻或噪声过大等现象 3）有无异味 4）检查负载接线端子三相电源是否正常
负载试车 （连接电动机）	合上电源开关	
	按正转按钮	接触器动作情况是否正常，电动机是否正转
	按反转按钮	接触器动作情况是否正常，电动机是否反转
	按停止按钮	接触器动作情况是否正常，电动机是否停止
	电流测量	电动机平稳运行时，用钳形电流表测量三相电流是否平衡
	断开电源	先拆除三相电源，再拆除电动机线，完成通电试车

4. 清理工位

排故成功后，停车，关闭电源，经指导教师同意后，拆线并维护实训设备及元件，清点工具，清理工作台位，去掉配电盘上的标记。

5. 完成项目实训报告

⚠ 问题思考

『思考问题 1』如何实现三相异步电动机正反转控制？

『思考问题 2』通电试车前需要做哪些常规检查？

『思考问题 3』按下按钮 SB2 后，接触器不动作，试分析故障原因，写出检修过程。

实训工单3　三相交流异步电动机典型行程原则控制电路装调

任务描述

通过对三相异步电动机典型行程原则控制电路的实际安装接线与维修训练，熟练掌握控制电路的安装、接线与调试的方法与工艺，初步掌握控制电路的维修方法与步骤。

任务目标

1）掌握三相异步电动机典型行程原则控制电路的原理。
2）能识读三相异步电动机典型行程原则控制电路图。
3）能依照安全操作规程按图布线。
4）会调试三相异步电动机典型行程原则控制电路。
5）树立安全操作意识，培养团结合作、按规操作的职业道德和职业习惯。

任务调研

在生产实践中，有些生产机械的工作台需要自动往复工作，如龙门刨床、导轨磨床等。

在自动往复控制电路中，为防止工作台超过限定位置而造成事故，经常需要设置限位保护，常用的限位保护电器是行程开关。

根据现有的学习资料和网络学习互动平台，通过观看微课或者学生自己从网上、教材、课外辅导书或其他媒体收集项目资料，小组共同讨论，做出工作计划，并对任务实施进行决策。

器材准备

电工工具1套，配电板1块，导线若干，万用表1块，绝缘电阻表1块。元件明细表见实训表8-11。

实训表8-11　元件明细表

代号	名称	型号	规格	数量
M	三相异步电动机	Y-112M-4	4kW，380V，三角形联结，8.8A，1440r/min	1
QF	空气断路器	DZ47-60 D16	3P，额定电流16A，电动机专用	1
FU1～FU3	主电路熔断器	RL1-60-25	60A，配25A熔体	3
FU4	控制电路熔断器	RL1-15-4	15A，配4A熔体	1
KM	交流接触器	CJ10-20	20A，线圈电压为380V	2
FR	热继电器	JR16-20/3	三极，20A，整定电流为8.8A	1
SB1	按钮	LA4-2H	红色，保护式，500V，5A	1
SB2	按钮	LA4-2H	绿色，保护式，500V，5A	1
SB3	按钮	LA4-2H	黄色，保护式，500V，5A	1
SQ	行程开关	YBLX-K1/111	380V，直动式单滚轮	1
XT	接线端子排	JD0-1020	380V，10A，20节	1

电路分析

最基本的自动往复循环控制电路，是利用行程开关实现往复运动控制的，如实训图 8-14 所示，通常被叫作行程控制原则。

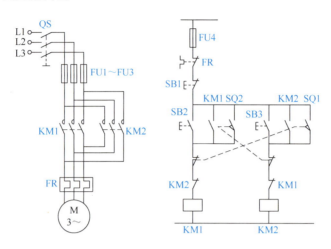

实训图 8-14　自动往复循环控制电路

在工作台的两边装有两个限位开关，其中限位开关 SQ1 放在左端需要反向的位置，SQ2 放在右端需要反向的位置，机械挡铁装在运动部件上。

按正转按钮 SB2，KM1 通电吸合并自锁，电动机做正向旋转带动机床运动部件左移。当运动部件移至左端并碰到 SQ1 时，将 SQ1 压下，SQ1 常闭触头先断开，切断 KM1 接触器线圈电路；然后其常开触头闭合，接通反转接触器 KM2 线圈电路，电动机由正向旋转变为反向旋转。电动机再带动运动部件向右移动，直到压下 SQ2 限位开关，电动机由反转又变成正转，驱动运动部件进行往复循环运动。需要停止时，按停止按钮 SB1 即可停止运转。

任务实施

1. 识读电路实训图 8-14
明确电路的控制要求、工作原理、操作方法、结构特点及所用电气元件的规格。

2. 绘制安装接线图
画出线路的接线图与元件位置图。

3. 清点器材
按电气原理图及负载电动机功率的大小配齐电气元件及导线。

4. 检查电气元件
1）外观检查：外壳无裂纹，接线桩无锈，零部件齐全。
2）动作机构检查：动作灵活，不卡阻。
3）元件线圈、触点等检查：线圈无断路、短路，无熔焊、变形或严重氧化锈蚀现象。

5. 安装元器件
安装固定电源开关、熔断器、接触器、热继电器和按钮等元器件。要求：
1）元器件布置要整齐、合理，做到安装时便于布线，便于故障检修。

2）安装紧固，用力均匀，紧固程度适当，防止电气元件的外壳被压裂损坏。

6. 按图布线

1）依据先主后辅、从上到下和从左到右的顺序按图接线，注意连线紧固、无毛刺，布线平直、整齐且紧贴敷设面，尽量避免交叉，中间不能有接头。

2）主电路的接线注意事项：通过改变通入电动机定子绕组三相电源中的任意两相相序来实现电动机正反转。比如：接触器主触头进线不改变相序，出线 1、3 对调。

3）控制电路的接线注意事项：行程开关 SQ1 的常闭触点与 KM2 辅助常闭触头及 KM1 线圈串联，其常开触头与 KM2 的辅助常开触点并联；行程开关 SQ2 的常闭触头与 KM1 辅助常闭触头及 KM2 线圈串联，其常开触头与 KM1 的辅助常开触头并联。

4）选用的三相异步电动机 U、V、W 三根引线通过端子排与主电路连接。

7. 整定电器

调整热继电器处于复位状态。绿色动作指示键凸出热继电器面板为过载状态（实训图 8-15a），调整复位键为手动复位方式，按下复位键，将绿色动作指示键调整到复位状态，如实训图 8-15b 所示。测试热继电器的常闭触头是否连通。如果未连通，则说明热继电器状态不正常，需调试。

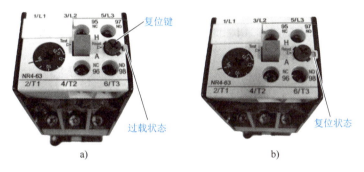

实训图 8-15 热继电器

8. 常规检查

通电试车前用万用表对主电路和控制电路进行常规检查，检查步骤如实训图 8-16 所示。

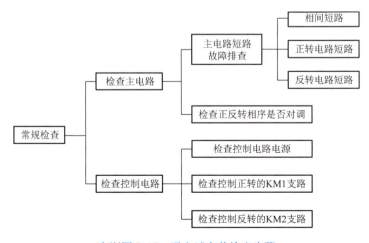

实训图 8-16 通电试车前检查步骤

(1) 检查主电路——主电路短路故障排查

1) 相间短路检查。合上主断路器，使用数字万用表的二极管档或者指针万用表的欧姆档（×1k档），并将红、黑表笔分别接在三根相线（L1、L2、L3）中的任意两根（如L1、L2两相），两相间应该是断开的，万用表显示"1"或指向"∞"为正常；如果万用表指示为"0"，说明两相存在短路故障，需要检查电路。

2) 正转电路短路检查。万用表两表笔位置保持不变，手动按下正转接触器KM1，KM1主触头闭合，正转主电路连通，如果万用表显示电动机绕组内阻，说明正常；如果万用表显示为"0"，说明主电路中KM1支路有短路故障，需要检查排除之后返回步骤2)。

3) 反转电路短路检查。万用表两表笔位置保持不变，手动按下反转接触器KM2，KM2主触头闭合，反转主电路连通，如果万用表显示电动机绕组内阻，则说明正常；如果万用表显示为"0"，则说明主电路中KM2支路有短路故障，需要检查排除之后返回步骤3)。

4) 其他两相检查。同理检查L2、L3两相和L1、L3两相，分别手动按下KM1、KM2，万用表显示分别从"1"或"∞"变为电动机绕组内阻为正常。

(2) 检查主电路——检查正反转相序是否对调

1) 进线相序检查。检查接触器KM1、KM2主触头的进线，进线应该没有相序对调。

把万用表一支表笔放在KM1主触头L1相的进线端，另一表笔分别接KM2主触头L1、L2、L3相进线端，只有当接KM2主触头L1时，万用表显示"0"，其余两相万用表显示为"1"是正确的，否则需检查排除后返回步骤1)。

同理，检查KM1主触点L2、L3相的进线端，应分别与KM2主触头L2、L3相的进线端相连。

2) 出线相序检查。检查接触器KM1、KM2主触头的出线，L1、L3相序应对调。

把万用表一支表笔放在KM1主触头L1相的出线端，另一表笔分别接KM2主触头L1、L2、L3相出线端，只有当另一表笔接KM2主触头L3相出线端时，万用表显示"0"，其余两相万用表显示为"1"，表示KM1的L1相序换相正确，否则需检查排除后返回步骤2)。

同理，KM1主触头L2相的出线端应与KM2主触头L2相的出线端相连，KM1主触头L3相的出线端应与KM2主触点L1相的出线端相连。

(3) 检查控制电路——检查控制电路电源 将万用表一支表笔接控制电路相线，另一表笔接中性线，电路此时是断的，万用表应显示"1"；如果万用表显示为"0"，则说明存在短路故障，需要检查电路。

(4) 检查控制电路检查控制正转的KM1支路 控制正转的KM1支路如实训图8-17所示。

1) 检查KM1线圈支路。万用表一支表笔接控制电路相线，另一表笔接中性线，万用表显示"1"。按下起动按钮SB2，如果万用表显示数值等于接触器KM1线圈内阻（一般为400~600Ω），说明正常；如果万用表显示"1"，说明KM1线圈电路断路；如果万用表显示"0"，说明KM1线圈电路短路，断路、短路均需检修电路后，重新检查KM1线圈支路。

同时按下SB2和SB1，万用表显示数值从KM1线圈内阻变为"1"，说明KM1支路没有问题；如果仍显示KM1线圈内

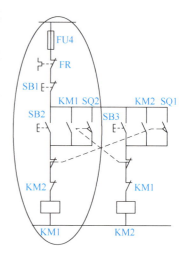

实训图8-17 控制正转的KM1支路

阻，说明 SB1 常闭触头接触不良或者接错线。

2）检查 KM1 自锁电路。万用表一支表笔接控制电路相线，另一表笔接中性线，万用表显示"1"。手动按下接触器 KM1，接触器辅助常开触头闭合，如果万用表显示数值等于接触器 KM1 线圈内阻（一般为 400~600Ω），则说明正常；再按下 SB1，万用表显示"1"，说明 KM1 自锁接得没有问题，进行步骤 3），否则检查 KM1 辅助常开触头的两条连线。

3）检查 KM1 互锁电路。万用表一支表笔接控制电路相线，另一表笔接中性线，万用表显示"1"。手动按下接触器 KM1，接触器 KM1 辅助常开触头闭合，如果万用表显示数值等于接触器 KM1 线圈内阻（一般为 400~600Ω），说明正常；再同时手动按下接触器 KM2，万用表显示数值从 KM1 线圈内阻变为"1"，说明 KM1 互锁接的没有问题，进行步骤 4），否则检查 KM2 辅助常闭触头的两条连线。

4）检查用 SQ2 是否能起动正转。万用表一支表笔接控制电路相线，另一支表笔接中性线，万用表显示"1"。向任意方向拨动 SQ2 摇臂，如果万用表显示数值等于接触器 KM1 线圈内阻（一般为 400~600Ω），则说明正常；保持 SQ2 摇臂位置不动，再按下 SB1，万用表显示"1"，说明行程开关 SQ2 起动正转没问题，否则检查 SQ2 常开触头的两条连线。

5）检查行程开关互锁。万用表一支表笔接控制电路相线，另一表笔接中性线，万用表显示"1"。向任意方向拨动 SQ2 摇臂，如果万用表显示数值等于接触器 KM1 线圈内阻（一般为 400~600Ω），说明正常；再向任意方向拨动 SQ1，万用表显示"1"，说明行程开关互锁没问题，否则检查 SQ1 常闭触头的两条连线。

（5）检查控制电路检查控制反转的 KM2 支路 控制反转的 KM2 支路如实训图 8-18 所示。

将 SQ1、SQ2 拨回原位，检查方法与步骤（4）中类似。

1）检查 KM2 线圈支路。万用表一支表笔接控制电路相线，另一表笔接中性线，万用表显示"1"。按下起动按钮 SB3，如果万用表显示数值等于接触器 KM2 线圈内阻（一般为 400~600Ω），则说明正常；如果按下 SB3 后，万用表显示"1"，则说明 KM2 线圈电路断路；如果万用表显示"0"，则说明 KM2 线圈电路短路，断路、短路均需检修电路后，重新进行步骤 1）。

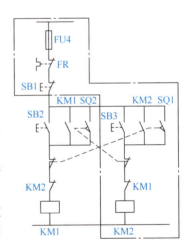

实训图 8-18 控制反转的 KM2 支路

同时按下 SB3、SB1，万用表显示"1"，说明 KM2 线圈支路没有问题；如果依然显示 KM1 线圈内阻，则说明 SB1 常闭触头接触不良或者接错线。

2）检查 KM2 自锁电路。万用表一支表笔接控制电路相线，另一表笔接中性线，万用表显示"1"。手动按下接触器 KM2，接触器辅助常开触头闭合，如果万用表显示数值等于接触器 KM1 线圈内阻（一般为 400~600Ω），则说明正常；再按下 SB1，万用表显示"1"，说明 KM2 自锁接得没有问题，进行步骤 3），否则检查 KM2 辅助常开触头的两条连线。

3）检查 KM2 互锁电路。万用表一支表笔接控制电路相线，另一表笔接中性线，万用表显示"1"。手动按下接触器 KM2，接触器 KM2 辅助常开触头闭合，如果万用表显示数值等于接触器 KM2 线圈内阻（一般为 400~600Ω），说明正常；再同时手动按下接触器 KM1，万用表显示数值从 KM2 线圈内阻变为"1"，说明 KM2 互锁接得没有问题，进行步骤 4），否则检查 KM1 辅助常闭触头的两条连线。

4）检查用 SQ1 是否能起动反转。万用表一支表笔接控制电路相线，另一表笔接中性线，万用表显示"1"。向任意方向拨动 SQ1 摇臂，如果万用表显示数值等于接触器 KM2 线圈内阻（一般为 400~600Ω），则说明正常；保持 SQ1 摇臂位置不动，再按下 SB1，万用表显示"1"，则说明行程开关 SQ1 起动反转没问题；否则检查 SQ1 常开触头的两条连线。

5）检查行程开关互锁。万用表一支表笔接控制电路相线，另一表笔接中性线，万用表显示"1"。向任意方向拨动 SQ1 摇臂，如果万用表显示数值等于接触器 KM2 线圈内阻（一般为 400~600Ω），则说明正常；再向任意方向拨动 SQ2，万用表显示"1"，则说明行程开关互锁没问题；否则检查 SQ2 常闭触头的两条连线。

9. 试车

1）先按下起动按钮 SB2 让电动机正转，松开 SB2，电动机依旧正转为正常，否则说明自锁接错；如发现电器动作异常、电动机不能正常运转时，必须马上按下 SB1 停车，断电后检修。

2）按下 SB3，由于互锁，正常情况下，没有电器动作；如果有电器动作，则说明互锁接错。

3）拨动 SQ1 摇臂，KM2 接触器线圈得电，KM1 线圈失电，电动机由正转变为反转；如果电动机仍然正转，则说明 SQ1 常闭触头或主电路相序对调有错，断电后检修。

4）按下 SB2，由于互锁，正常情况下，没有电器动作；如果有电器动作，则说明互锁接错。

5）拨动 SQ2 摇臂，KM1 接触器线圈得电，KM2 线圈失电，电动机由反转变为正转；如果电动机仍然反转，则说明 SQ2 常闭触头或主电路相序对调有错，断电后检修。

6）按下 SB1 电动机停车，再按下 SB3 电动机反转，拨动 SQ2 摇臂电动机由反转变为正转，拨动 SQ1 摇臂，电动机由正转变为反转，则说明电路正常。否则，按下 SB1，电动机停车后，断电检修电路。

10. 故障检修训练

在通电试车成功的电路上人为地设置故障，通电运行，在实训表 8-12 中记录故障现象并分析原因、排除故障。

实训表 8-12　故障的检查及排除

故障设置	故障现象	检查方法及排除
按下 SB2 后，接触器不动作		
松开 SB2 后，接触器 KM1 即失电		
电动机正向起动后，按下 SB1 不能停车		

11. 清理工位

排故成功后，停车，关闭电源，经指导教师同意后，拆线并维护实训设备及元件，清点工具，清理工作台位，去掉配电盘上的标记。

12. 完成项目实训报告

 问题思考

『思考问题 1』电路中，互锁保护是如何实现的？作用是什么？

『思考问题 2』电动机反向起动后，拨动 SQ2 摇臂，电动机不能正转。试分析故障原因，写出检修过程。

实训工单4　三相交流异步电动机减压起动控制电路装调

任务描述

通过对三相交流异步电动机Y-△减压起动控制电路的实际安装接线与维修训练，熟练掌握控制电路的安装、接线与调试的方法与工艺，初步掌握控制电路的维修方法与步骤。

任务目标

1）掌握三相交流异步电动机Y-△减压起动控制电路的原理。
2）学会三相交流异步电动机Y-△减压起动控制电路的安装。
3）学会三相交流异步电动机Y-△减压起动控制电路的调试方法。
4）树立安全操作意识，培养良好的职业道德和职业习惯。

任务调研

Y-△减压起动是指电动机起动时，把定子绕组接成星形联结，以降低起动电压，减小起动电流；待电动机起动后，再把定子绕组改接成三角形联结，使电动机全压运行。定子绕组星形联结状态下的起动转矩为三角形联结直接起动的1/3，起动电流也为三角形联结直接起动电流的1/3。与其他减压起动相比，减压起动投资少，线路简单，但起动转矩小。这种起动方法适用于空载或轻载状态下起动，而且只能用于正常运转时定子绕组接成三角形联结的异步电动机。

根据现有的学习材料和网络学习互动平台，通过观看微课或者学生自己从网上、教材、课外辅导书或其他媒体收集项目资料，小组共同讨论，做出工作计划，并对任务实施进行决策。

器材准备

电工工具1套，配电板1块，导线若干，万用表1块，绝缘电阻表1块。元件明细表见实训表8-13。

实训表8-13　元件明细表

代号	名称	型号	规格	数量
M	三相异步电动机	Y-112M-4	4kW，380V，三角形联结，8.8A，1440r/min	1
QS	组合开关	HZ10-25/3	三极，25A	1
FU1	熔断器	RL1-60/25	500V，60A，配25A熔体	3
FU2	熔断器	RL1-15/2	500V，15A，配2A熔体	2
KM	交流接触器	CJ10-20	20A，线圈电压为380V	3
FR	热继电器	JR16-20/3	三极，20A，整定电流为8.8A	1
KT	时间继电器	JS7-2A	线圈电压为380V	1
SB	按钮	LA4-3H	保护式，500V，5A，钮数为3个	1
XT	端子板	JX2-1015	10A，20节	1

✅ 电路分析

实训图 8-19 为时间继电器转换的 Y-△减压起动控制电路。

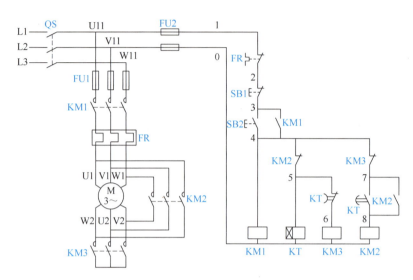

实训图 8-19　时间继电器转换的 Y-△减压起动控制电路

📝 任务实施

按照电气线路布局、布线的基本原则，在给定的电气线路板上固定好电气元件并进行布线，通电调试好笼型异步电动机 Y-△减压起动控制电路以后，对电路的故障进行分析与检修。

1. 安装步骤

Y-△减压起动控制电路的安装接线步骤同实训表 8-8。电路的安装接线图与元件位置图见实训图 8-20。

2. 通电前的检查

通电前的检查项目同实训表 8-9。

3. 通电试车

为保证人身安全，在通电试车时，应认真执行安全操作规程的有关规定：一人监护，一人操作。通电试车的步骤见实训表 8-14。

4. 故障检修训练

在通电试车成功的电路上人为地设置故障，通电运行，在实训表 8-15 中记录故障现象并分析原因、排除故障。

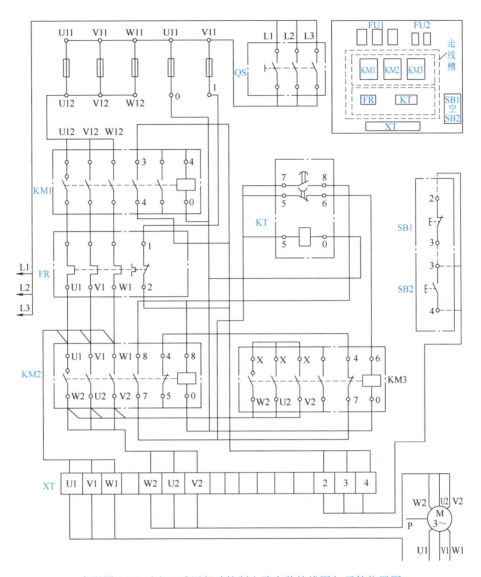

实训图 8-20　Y-△减压起动控制电路安装接线图与元件位置图

实训表 8-14　通电试车的步骤

项目	操作步骤	观察现象
空载试车 （不接电动机）	先合上电源开关，再按下按钮 SB1 和 SB2，检查 Y-△减压起动、停止控制是否正常	1）接触器动作情况是否正常，是否符合电路功能要求 2）电气元件动作是否灵活，有无卡阻或噪声过大等现象 3）延时的时间是否准确 4）检查负载接线端子三相电源是否正常
负载试车 （连接电动机）	合上电源开关	
	按起动按钮	仔细观察 Y-△减压起动是否正常，时间继电器是否起作用
	按停止按钮	接触器动作情况是否正常，电动机是否停止
	电流测量	电动机平稳运行时，用钳形电流表测量三相电流是否平衡
	断开电源	先拆除三相电源线，再拆除电动机线，完成通电试车

实训表 8-15　故障的检查及排除

故障设置	故障现象	检查方法及排除
熔断器 FU2 熔断		
时间继电器损坏		
接触器 KM2 自锁触头接触不良		
主电路一相熔断器熔断		
热继电器常闭触头接触不良		

⚠ 问题思考

『**思考问题 1**』某车间要控制两台 30kW 的电动机起动，其中一台电动机配电盘上配有电阻和时间继电器，另外一台电动机配电盘上只有时间继电器，如何实现起动？

『**思考问题 2**』如何调整延时的时间？

实训工单 5　三相异步电动机能耗制动控制电路的装调

🎤 任务描述

通过对三相异步电动机能耗制动控制电路的实际安装接线与维修训练，熟练掌握控制电路的安装、接线与调试的方法与工艺，初步掌握控制电路的维修方法与步骤。

🎤 任务目标

1）掌握三相异步电动机能耗制动控制电路的原理。
2）能识读不同控制原则的制动控制电路图。
3）能依照安全操作规程按图布线。
4）会调试三相异步电动机能耗制动控制电路。
5）树立安全操作意识，培养团结合作、按规操作的职业道德和职业习惯。

🔍 任务调研

三相笼型异步电动机从切除电源到完全停止旋转，由于惯性的关系，总要经过一段时间，这往往不能适应某些生产机械工艺的要求。采取一定措施使三相异步电动机在切断电源后迅速准确地停车，称为三相电动机的制动。制动方法一般有两大类：机械制动和电气制动。机械制动是用机械装置来强迫电动机迅速停车；电气制动实质上是在电动机停车时，产生一个与原来旋转方向相反的制动转矩，迫使电动机转速迅速下降。电气制动控制电路包括反接制动和能耗制动。

根据现有的学习资料和网络学习互动平台，通过观看微课或者学生自己从网上、教材、课外辅导书或其他媒体收集项目资料，小组共同讨论，做出工作计划，并对任务实施进行决策。

器材准备

电工工具 1 套,配电板 1 块,导线若干,万用表 1 块,绝缘电阻表 1 块。元件明细表见实训表 8-16。

实训表 8-16　元件明细表

代号	名称	型号	规格	数量
M	三相异步电动机	Y-112M-4	4kW,380V,三角形联结,8.8A,1440r/min	1
QF	空气断路器	DZ47-60　D6	3P,额定电流6A,电动机专用	1
FU1	主电路熔断器	RL1-60-25	60A,配25A熔体	3
FU2	控制电路熔断器	RL1-15-4	15A,配4A熔体	2
KM	交流接触器	CJ10-20	20A,线圈电压为380V	2
FR	热继电器	JR16-20/3	三极,20A,整定电流为8.8A	1
SB1	按钮	LA4-2H	红色,保护式,500V,5A	1
SB2	按钮	LA4-2H	绿色,保护式,500V,5A	1
KT	时间继电器	JS7-2A	线圈电压380V	1
XT	接线端子排	JD0-1020	380V,10A,20节	1
TC	控制变压器	JBK2-100	380V/110V	1
VC	桥式整流器	KBPC10A	10A,1000V	1
R	制动电阻		2Ω、50W(外接)	1

电路分析

所谓能耗制动,就是电动机脱离三相交流电源之后,在定子绕组上加一个直流电压,产生一个静止磁场。当电动机转子在惯性作用下继续旋转时将产生感应电流,该感应电流与静止磁场相互作用产生一个与电动机旋转方向相反的电磁转矩,起制动作用。因为这种方法是将转子动能转化为电能,并消耗在转子电路的电阻上,动能耗尽,系统停车,所以称之为能耗制动。能耗制动时,制动转矩的大小与通入定子绕组的直流电流的大小有关。电流大,产生的恒定磁场强,制动转矩就大,电流可以通过电阻 R 进行调节,但通入的直流电流不能太大,一般为空载电流的 3~5 倍,否则会烧坏定子绕组。

可以根据能耗制动时间控制原则用时间继电器进行控制,也可以根据能耗制动速度原则用速度继电器进行控制。

1. 时间原则控制的单向能耗制动

实训图 8-21 为时间原则控制的单向能耗制动控制电路。图中,KM1 为单向运行的接触器,KM2 为能耗制动的接触器,TC 为整流变压器,VC 为桥式整流电路,KT 为通电延时型时间继电器,复合按钮 SB1 为停止按钮,SB2 为起动按钮。

按下起动按钮 SB2,接触器 KM1 线圈得电,KM1 主触头闭合,电动机全压起动运行。停车时,按下按钮 SB1,SB1 常闭触头断开 KM1 线圈电路,电动机定子绕组脱离三相交流电源。SB1 常开触头闭合使时间继电器 KT 线圈与 KM2 线圈同时通电并自锁,接触器 KM2 主触头闭合,将直流电源加入定子绕组,于是电动机进入能耗制动状态。当电动机转子的惯性速度接近于 0 时,时间继电器延时断开的常闭触头断开接触器 KM2 线圈电路，KM2 辅助常开触头复位，时间继电器 KT 线圈的电源也被断开，电动机能耗制动结束。

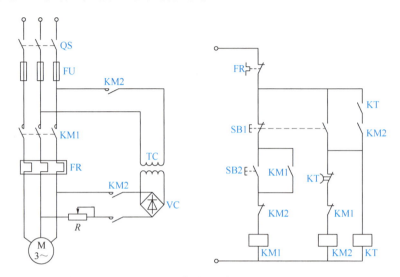

实训图 8-21　时间原则控制的单向能耗制动控制电路

2. 速度原则控制的单向能耗制动控制

实训图 8-22 为速度原则控制的单向能耗制动控制电路，它与按时间原则控制的电动机单向运行的能耗制动控制电路基本相同，只是在主电路中增加了速度继电器，在控制电路中不再使用时间继电器，而是用速度继电器的常开触头代替了时间继电器延时断开的常闭触头。

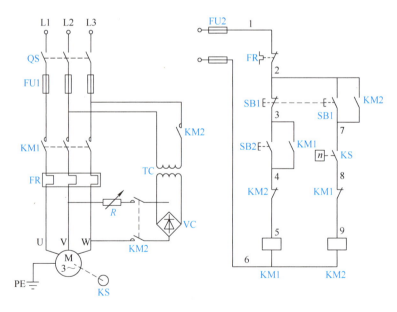

实训图 8-22　速度原则控制的单向能耗制动控制电路

按下起动按钮 SB2，接触器 KM1 线圈得电，其辅助触头进行互锁、自锁，主触头闭合，电动机全压起动运行。当电动机转速高于 120r/min，速度继电器 KS 动作，其常开触头闭合。

停车时，按下 SB1，接触器 KM1 线圈失电，电动机脱离三相交流电源，由于电动机转子的惯性速度仍然很高，速度继电器 KS 的常开触头仍然处于闭合状态，所以接触器 KM2 线圈通电自锁。于是，两相定子绕组获得直流电源，电动机进入能耗制动。当电动机转子的惯性速度小于 100r/min 时，KS 常开触头复位，接触器 KM2 线圈断电而释放，能耗制动结束。

注意：

1）在电动机制动控制电路中，无论哪种制动方法，最关键的问题在于当转速下降接近于零时，能自动将电源切除。

2）无论哪种制动控制电路，起动接触器和制动接触器应该互锁。

任务实施

1. 识读电路图
明确电路的控制要求、工作原理、操作方法、结构特点及所用电气元件的规格。

2. 绘制安装接线图
画出电路的接线图与元件位置图。

3. 清点器材
按电气原理图及负载电动机功率的大小配齐电气元件及导线。

4. 检查电气元件
1）外观检查：外壳无裂纹，接线桩无锈，零部件齐全。

2）动作机构检查：动作灵活，不卡阻。

3）元件线圈、触头等检查：线圈无断路、短路，无熔焊、变形或严重氧化锈蚀现象。

5. 安装元器件
安装固定电源开关、熔断器、接触器、热继电器和按钮等元器件。要求：

1）元器件布置要整齐、合理，做到安装时便于布线，便于故障检修。

2）安装紧固，用力均匀，紧固程度适当，防止电气元件的外壳被压裂损坏。

6. 按图布线
1）依据先主后辅、从上到下和从左到右的顺序按实训图 8-21 接线，注意连线紧固、无毛刺，布线平直、整齐且紧贴敷设面，尽量避免交叉，中间不能有接头。

2）电源和电动机配线、按钮接线要接到端子排上，进出线槽的导线要有端子标号。电动机的 6 个出线端 U1、V1、W1、U2、V2、W2，这里接成三角形联结，接法示意如实训图 8-23 所示。

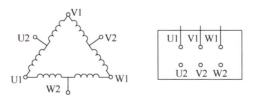

实训图 8-23　电动机△联结

7. 整定电器
1）将时间继电器延时时间调为 5s。

2）将热继电器复位，如实训图 8-15b 所示。

8. 常规检查

（1）检查主电路

1）合上主断路器，使用数字万用表的二极管档或者指针万用表的欧姆档（×1k 档），并将红、黑表笔分别接在三根相线（L1、L2、L3）中的任意两根（如 L1、L2 两相），两相间应该是断开的，万用表显示"1"或指向"∞"为正常；如果万用表指示为"0"，则说明两相存在短路故障，需要检查电路。

2）万用表两表笔位置保持不变，手动按下接触器 KM1，KM1 主触头闭合，主电路连通，如果万用表显示电动机绕组内阻为正常，继续到步骤3）；如果万用表显示为"0"，则说明主电路中 KM1 支路有短路故障，需要检查排除之后返回步骤2）。

3）万用表两表笔位置保持不变，手动按下接触器 KM2，KM2 主触头闭合，主电路连通，如果万用表显示电动机绕组内阻与电阻 R 总阻值为正常，继续到步骤4）；如果万用表显示为"0"，则说明主电路中 KM2 支路有短路故障，需要检查排除之后返回步骤3）。

4）同理检查 L2、L3 两相和 L1、L3 两相，分别手动按下 KM1、KM2，万用表显示分别从"1"或"∞"变为电动机绕组内阻为正常。

（2）检查控制电路

1）检查控制电路电源。将万用表一支表笔接控制电路相线，另一表笔接中性线，电路此时应该是断路，万用表显示"1"为正常，继续步骤2）检查；如果万用表显示为"0"，说明存在短路故障，需要检查电路之后返回步骤1）检查。

2）万用表两表笔位置保持不动，一支表笔接控制电路相线，另一表笔接中性线，万用表显示"1"。按下起动按钮 SB2，如果万用表显示数值等于接触器 KM1 线圈内阻（400~600Ω），说明正常，继续步骤3）的检查；如果万用表显示"1"，说明 KM1 线圈电路断路；如果万用表显示"0"，说明 KM1 线圈电路短路，需要检修电路后返回步骤2）。

3）按住 SB2 并轻按下 SB1 不到底，万用表显示数值从 KM1 线圈内阻变为"1"，说明 KM1 线圈电路没有问题，如果依然显示线圈内阻，说明 SB1 常闭触头接触不良或者接错线。再继续向下按 SB1，万用表重新显示线圈内阻，说明 KM2 线圈电路没问题。如果万用表显示"1"，则说明 KM2 线圈电路断路；如果万用表显示"0"，则说明 KM2 线圈电路短路，需要检修电路后返回步骤3）。

4）万用表两表笔位置保持不动，手动按下接触器 KM1，接触器辅助常开触点闭合，如果万用表显示数值等于接触器 KM1 线圈内阻（400~600Ω），说明正常，再按下 SB1，万用表重新显示"1"，说明 KM1 自锁接地没问题。

9. 试车

1）空操作试验。合上 QS，按下 SB2，KM1 应立即得电动作并自锁。按 SB1 后接触器 KM1 释放；同时 KM2 和 KT 得电动作，KT 延时约2s动作，KM2 和 KT 同时释放。

2）带负载试车。断开 QS，接好电动机接线。先整定 KT 的延时时间。将 KT 线圈一端引线和 KM2 自锁触头一端引线断开，按下 SB1（不松开），电动机进入制动状态直至停车，观察并记录电动机制动所需时间；切断电源，按测定的时间调整 KT 的延时。然后接好 KT 线圈及 KM2 的自锁触头，按下 SB2 起动，达到额定转速后进行制动，观察电动机制动过程。

10. 故障检修训练

在通电试车成功的电路上人为地设置故障，通电运行，在实训表 8-17 中记录故障现象并分析原因、排除故障。

实训表 8-17　故障的检查及排除

故障设置	故障现象	检查方法及排除
起动按钮触头接触不良		
接触器 KM2 线圈断路		
主电路一相熔断器熔断		
常闭触头 KT 内部短路		

11. 清理工位

排故成功后，停车，关闭电源，经指导教师同意后，拆线并维护实训设备及元件，清点工具，清理工作台位，去掉配电盘上的标记。

12. 完成项目实训报告

 问题思考

『思考问题 1』能耗制动电路中，互锁保护是如何实现的？作用是什么？

『思考问题 2』按下 SB2 正常起动。按下 SB1，KT 得电，但延时时间到，并没有切断 KM2 线圈，导致直流电源一直通电。试分析故障原因，写出检修过程。

—— 任务展示 ——

学生小组派代表进行成果展示，在此环节中教师提出与任务实施相关的问题，根据学生的回答及展示成果，由教师和各组学生分别对方案进行考核评分，最后教师对每组进行点评，并总结成果及不足。

附录

附录A 国家职业技能鉴定维修电工（中级）理论模拟试卷

注意事项：

1. 考试时间：90min。
2. 请首先在试卷的标封处填写姓名、准考证号和单位名称。
3. 请仔细阅读各种题目，在规定的位置填写答案。
4. 不要在试卷上乱写乱画，不要在标封区填写无关的内容。

题号	一	二	三	四	五	总分	统分人
得分							

一、填空题（请将正确答案填在横线空白处，每空1分，共20分）

1. 电力系统中一般以大地为参考点，参考点的电位为_____电位。
2. 电路中各点电位的数值与参考点的选择_____，但任意两点之间电压大小与参考点的选择_____。
3. _____、_____、_____被称为正弦量的三要素。
4. 已知：$u=30\sin(\omega t-80°)$V，$i=2\sin(\omega t+120°)$A，则 u _____（填入"超前"或"滞后"）i _____度角。
5. 一个电容器的耐压为250V，把它接入正弦交流电中使用，加在它两端的交流电压的有效值可以是_____V。
6. 变压器主要由电路和磁路两部分组成，其主要部件是_____和_____。
7. 触电的形式有_____、_____和_____三种。
8. 三相异步电动机的定子绕组连接方法有_____和_____两种。
9. 按钮是一种用来短时间接通或断开_____电路的手动主令电器。由于按钮的触头允许通过的电流较小，一般不超过_____。
10. 行程开关是将运动部件的_____变为电信号的自动切换电器；时间继电器是利用电磁、机械或电子电路的方法实现触点_____接通或断开的控制电器。

二、选择题（请将正确答案的代号填入括号内，每题1分，共20分）

1. 电阻元件，当其电流减为原来的一半时，其功率为原来的（　　）。
   A. 1/2　　　　B. 2倍　　　　C. 1/4　　　　D. 4倍

2. 一个额定值为 220V、40W 的白炽灯与一个额定值为 220V、60W 的白炽灯串联接在 220V 电源上,则（　　）。
   A. 40W 灯较亮　　　B. 60W 灯较亮　　　C. 两灯亮度相同　　　D. 不能确定

3. "12V、6W"的灯泡接入 6V 的电路中,通过灯丝的实际电流是（　　）。
   A. 1A　　　　　　B. 0.5A　　　　　　C. 0.25A　　　　　　D. 0.2A

4. 一个电池电动势内阻为 r,外接负载为两个并联电阻,阻值均为 R,当 R 为（　　）时,负载上消耗的功率最大。
   A. 0　　　　　　　B. r　　　　　　　C. $2r$　　　　　　　D. $r/2$

5. 某交流电 0.02s 变化了 50 个周期,其频率为（　　）。
   A. 100Hz　　　　　B. 200Hz　　　　　C. 2500Hz　　　　　D. 0.01Hz

6. 已知正弦交流电压 $u = 220\sin（314t - 30°）$ V,则其最大值为（　　）。
   A. 220V　　　　　B. $220\sqrt{2}$ V　　C. $220\sqrt{3}$ V　　D. $110\sqrt{2}$ V

7. 在以 ωt 为横轴的电流波形图中,取任一角度所对应的电流值叫作该电流的（　　）。
   A. 瞬时值　　　　　B. 有效值　　　　　C. 平均值　　　　　D. 最大值

8. 两个同频率正弦交流电流 i_1、i_2 的有效值分别为 40A 和 30A,当 $i_1 + i_2$ 的有效值为 50A 时,i_1 与 i_2 的相位差是（　　）。
   A. 0°　　　　　　B. 180°　　　　　　C. 90°　　　　　　D. 45°

9. 复阻抗 $Z = 50\angle-30°$ 可视为（　　）。
   A. R　　　　　　B. LC 串联　　　　C. RC 串联　　　　D. RL 串联

10. 在 RL 串联电路电压三角形中,功率因数 $\cos\phi = $（　　）。
    A. U_R/U　　　　B. U_L/U　　　　C. U_L/U_R　　　　D. U/U_R

11. 有功功率主要是（　　）元件消耗的功率。
    A. 电感　　　　　　B. 电容　　　　　　C. 电阻　　　　　　D. 感抗

12. 提高功率因数可提高（　　）。
    A. 负载功率　　　　B. 负载电流　　　　C. 电源电压　　　　D. 电源的输电效益

13. 用于输配电系统中的升压或降压变压器属于（　　）。
    A. 电力变压器　　　B. 试验变压器　　　C. 仪用变压器　　　D. 特殊用途变压器

14. 电动机的短路保护由（　　）来完成。
    A. 热继电器　　　　B. 熔断器　　　　　C. 过流保护　　　　D. 双金属片

15. 三相对称负载三角形联结于 380V 线电压的电源上,其三个相电流均为 10A,功率因数为 0.6,则其无功功率应为（　　）。
    A. 0.38kvar　　　　B. 9.12kvar　　　　C. 3800kvar　　　　D. 3.04kvar

16. 三相四线制对称电路中,中性线电流的值等于（　　）。
    A. 零　　　　　　　B. 三倍线电流　　　C. 三倍相电流　　　D. 各相电流的代数和

17. 中性点接地系统,设备外壳（　　）的运行方式叫保护接零。
    A. 接地　　　　　　B. 接地或接零　　　C. 接中性线　　　　D. 接负载

18. 下列（　　）阻值的电阻适用于直流开尔文电桥测量。
    A. 0.1Ω　　　　　　B. 100Ω　　　　　　C. 500kΩ　　　　　　D. 1MΩ

19. 三相四线制供电系统中,若某绝缘线颜色为红色,则该线为（　　）。
    A. 中性线　　　　　B. U 相线　　　　　C. V 相线　　　　　D. W 相线

20. 交流电流表标尺是按（　　）进行刻度的。
    A. 有效值　　　　　B. 平均值　　　　　C. 瞬时值　　　　　D. 最大值

三、判断题（正确的请在括号内打"√"，错误的打"×"，每题1分，共20分）

（　）1. 变压器可以变换直流电压。

（　）2. 对于螺口式灯座，电源的中性线要与灯座螺纹相连的接线柱相连，电源的相线要与灯座顶心铜弹簧片相连。

（　）3. 功率因数不同的负载不能并联使用。

（　）4. 正弦量的最大值不随时间变化。

（　）5. 纯电阻电路的功率因数为1。如果某电路的功率因数为1，则该电路一定是只含电阻的电路。

（　）6. 一定的有功功率下，提高用电企业的功率因数，可减小线路的损耗。

（　）7. 串联谐振电路选择性越好，通频带越宽。

（　）8. 普通变压器一、二次侧只有磁路联系，电路互相独立。

（　）9. 当负载做星形联结时，必须有中性线。

（　）10. 用绝缘电阻表测量绝缘电阻，摇动手柄时速度应由慢渐快，最后稳定在120r/min，然后读取数值。

（　）11. 当流过电感的电流为零时，电感两端电压必定为零。

（　）12. 异步是指旋转磁场的转速高于转子的转速。

（　）13. 笼型异步电动机转子绕组和定子绕组是由铜条或铝条焊接成的。

（　）14. 异步电动机旋转磁场的转向由三相电流的相序决定。

（　）15. 交流接触器有短路保护作用。

（　）16. 人体的不同部位分别接触到同一电源的两根不同的相线，电流由一根相线经人体流到另一根相线的触电现象称两相触电。

（　）17. 因为串联谐振时电路阻抗最小，谐振电流 I_0 很大，所以串联谐振又称电流谐振。

（　）18. RLC 串联电路各部分电压有效值之间的关系是：$U = U_R + U_L + U_C$。

（　）19. 选择万用表量程的原则是：在测量时，使万用表的指针尽可能在中心刻度线附近，因为这时的误差最小。

（　）20. 装熔丝时，一定要沿逆时针方向弯过来，压在垫圈下。

四、简答题（每题5分，共20分）

1. 三相四线制供电系统中，中性线的作用是什么？
2. 如何区分高压、低压和安全电压？
3. 简述交流接触器的工作原理。
4. 如图 A-1 所示交流电路，已知产生串联谐振，且 $Q = 100$，求未标数值电压表的读数。

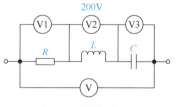

图 A-1　简答题 4 图

五、综合题（共20分）

1.（6分）电动机引出线端上的编号 U1、V1、W1、U2、V2、W2 有什么用处？画出星形联结和三角形联结示意图。

2.（6分）变压器一次绕组 $N_1 = 500$ 匝，二次绕组 $N_2 = 100$ 匝，把电阻 $R = 8\Omega$ 的扬声器接到变压器的二次侧。

（1）如果一次侧接10V、200Ω 的信号源，求输出到扬声器的功率。

（2）若不经变压器，直接将扬声器接到10V、200Ω 的信号源上，求输出到扬声器的功率。

3.（8分）试分析图 A-2 所示电路的工作过程并说明其功能。

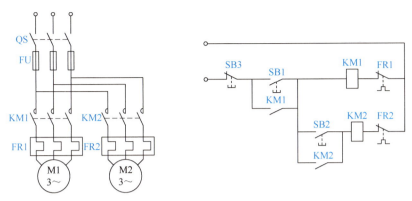

图 A-2 综合题 3 图

附录 B　国家职业技能鉴定维修电工（中级）理论模拟试卷

答案及评分标准

一、填空题

评分标准：每填对 1 空给 1 分，答错或不答不给分，也不倒扣分；每空 1 分，共 20 分。

1. 0
2. 有关，无关
3. 最大值（峰值），频率（角频率），初相位
4. 超前，160
5. $125\sqrt{2}$
6. 绕组，铁心
7. 单相触电，两相触电，跨步电压触电
8. 星形联结，三角形联结
9. 控制，5A
10. 机械位移，延时

二、选择题

评分标准：每题答对给分，错选不给分也不倒扣分；每题 1 分，共 20 分。答案见表 A-1。

表 A-1　选择题答案

1	2	3	4	5	6	7	8	9	10
C	A	C	C	C	A	A	C	C	A
11	12	13	14	15	16	17	18	19	20
C	D	A	B	B	A	C	A	D	A

三、判断题

评分标准：每题答对给 1 分，答错或不答不给分，也不倒扣分；每题 1 分，共 20 分。答案见表 A-2。

表 A-2　判断题答案

1	2	3	4	5	6	7	8	9	10
×	√	×	√	×	√	×	√	×	√
11	12	13	14	15	16	17	18	19	20
×	√	×	√	×	√	×	×	×	×

四、简答题

评分标准：每题 5 分，共 20 分。

1. 答：由单相负载组成的三相电路一般是不对称的，这时应该采用三相四线制供电。（1 分）

中性线的作用在于当负载不对称时，保证各相电压仍然对称，都能正常工作；如果一相发生断线，也只影响本相负载，而不影响其他两相负载。但如果中性线因故断开，当各相负载不对称时，势必引起各相电压的畸变，破坏各相负载的正常工作，所以在三相四线制供电系统中，中性线是不允许断路的。

2. 答：根据电力部门规定，凡对地电压在 250V 以上者为高压，对地电压在 250V 以下者为低压。对地电压低于 40V 为安全电压（在一般情况下对人体无危险）。在我国通常采用 36V、21V 和 12V 为安全电压。

3. 答：当电磁线圈接通电源时，线圈电流产生磁场，使静铁心产生足以克服弹簧反作用的吸力，将铁心向下吸合，使常开主触头和常开辅助触头闭合，常闭辅助触头断开。主触头将主电路接通，辅助触头则接通或分断与之相连的控制电路。当线圈断电时，静铁心吸力消失，动铁心在反作用力弹簧的作用下复位，各触头也随之复位，将有关的主电路和控制电路分断。

4. 答：电路发生串联谐振，则 $U_2 = U_3 = QU = QU_1$

∴ $U_3 = 200\text{V}$，$U = U_1 = 200\text{V}/100 = 2\text{V}$

五、综合题

评分标准：前两题各 6 分，第 3 题 8 分，共 20 分。

1. 答：三相异步电动机为了接线方便，在六个引出线端子上，分别用 U1、V1、W1、U2、V2、W2 编成代号来识别。每个引出线分别接到引线端子板上去，其中 U1、V1、W1 表示电动机接线的首端，U2、V2、W2 表示电动机接线的尾端。星形联结如图 A-3a 所示，三角形联结如图 A-3b 所示。

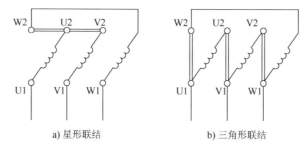

a) 星形联结　　　　b) 三角形联结

图 A-3　综合题 1 答案

2. 解：（1）$K = N_1/N_2 = 500/100 = 5$

经阻抗变换 $R' = K^2 R = 25 \times 8\Omega = 200\Omega$

所以 $P = I^2 R' = (10/(200+200))^2 \times 200W$

$= 1/8W = 0.125W$

(2) 若不经变压器，$P = I^2 R = (10/(200+8))^2 \times 8W = 0.0185W$

3. 答：图为三相电动机顺序起动控制电路。

因为 KM2 线圈电路中串接有 KM1 的常开触头，所以 M1 未起动时，即 KM1 线圈未通电时，KM2 线圈不可能通电，M2 不可能起动；只有当按下 SB1，KM1 线圈通电，M1 起动后，再按 SB2，KM2 线圈通电，M2 才起动。当按下 SB3 时，KM1、KM2 线圈同时断电，M1、M2 同时停止运转。

附录 C 国家职业技能鉴定模拟试卷

国家职业技能鉴定模拟试卷（一）

电工（中级）操作技能考核准备通知单

试题名称：

三相异步电动机（用时间继电器延时实现 Y-△ 转换）控制电路接线及试车

一、鉴定准备

1. 材料准备

序号	材料	型号规格	数量	备注
1	软线	$0.5mm^2$	适量	
2	接触器	380V	3	
3	按钮		3	
4	时间继电器	380V	1	
5	电动机	380V	1	
6	螺钉	25mm	20	
7	配电板	500mm×300mm×20mm	1	

2. 个人工具准备

序号	材料	型号规格	数量	备注
1	剥线钳		1	
2	偏口钳		1	
3	十字螺钉旋具		1	
4	一字螺钉旋具		1	

3. 考场准备

二、考生个人准备

序号	名称	规格	精度	数量	备注
1	工作服			1	
2	绝缘鞋			1	
3	安全帽			1	
4	线手套			1	

国家职业技能鉴定模拟试卷（一）

电工（中级）操作技能考核试卷

试题名称：

三相异步电动机（用时间继电器延时实现Y-△转换）控制电路接线及试车

一、技术要求

1. 正确绘图。
2. 正确识图。
3. 正确布线。

二、考核要求

1. 独立完成，布线合理整洁、线路清晰。
2. 工艺精细，各项数据功能符合要求，符合安全操作规程。

三、考核时限

1. 准备时间：5min。
2. 正式操作时间：20min。
3. 在规定时间内全部完成，不加分，也不扣分。每超时 5min，从总分扣 10 分，总超时 10min 停止作业。

四、考核评分

1. 2 名及以上考评员。
2. 按考核评分记录表中规定的评分点各自独立评分，取平均分为评定得分。
3. 满分为 100 分，60 分为及格。

五、否定项

若考生发生下列情况之一，则应及时终止其考试，考生该试题成绩记为零分。

1. 在考试过程中出现两违现象，且不听考评员劝阻。
2. 在考试过程中因违规操作发生安全事故。
3. 在考试过程中考评员一致认为考生体力或精神状态无法继续完成考试。

国家职业技能鉴定模拟试卷（一）

电工（中级）操作技能考核评分记录表

准考证号：　　　姓名：　　　性别：　　　班级：

试题名称：三相异步电动机（用时间继电器延时实现丫-△转换）控制电路接线及试车

考试时间：20min

操作开始时间：　　时　　分　　　　　结束时间：　　时　　分　　　　　用时：　　分

序号	评分要素	考核内容	配分	扣分	得分
1	元器件安装	各元器件安装规范，布局合理，牢固美观 错误一处扣5分 元器件损坏一处扣5分	30		
2	接线	布线合理，主电路与控制电路明显分开；走向清晰 布线不合理一处扣5分	30		
3	安全规范	按照电工安全规范进行操作 不安全因素一处扣10分	20		
4	调试	熟悉操作及逐项检查电路实现各功能 每少一项功能扣10分	20		
5	超时	每超时5min扣10分			
		合计			

考评员：　　　　　　　　总分人：　　　　　　　　　　　　年　　月　　日

国家职业技能鉴定模拟试卷（二）

电工（中级）操作技能考核准备通知单

试题名称：

三相异步电动机（用按钮实现丫-△转换）控制电路接线及试车

一、鉴定准备

1. 材料准备

序号	材料	型号规格	数量	备注
1	软线	$0.5mm^2$	适量	
2	接触器	380V	3	
3	按钮		3	
4	电动机	380V	1	
5	螺钉	25mm	20	
6	配电板	500mm×300mm×20mm	1	

2. 个人工具准备

序号	材料	型号规格	数量	备注
1	剥线钳		1	
2	偏口钳		1	
3	十字螺钉旋具		1	
4	一字螺钉旋具		1	

3. 考场准备

二、考生个人准备

序号	名称	规格	精度	数量	备注
1	工作服			1	
2	绝缘鞋			1	
3	安全帽			1	
4	线手套			1	

国家职业技能鉴定模拟试卷（二）

电工（中级）操作技能考核试卷

试题名称：

三相异步电动机（用按钮实现Y-△转换）控制电路接线及试车

一、技术要求

1. 正确绘图。
2. 正确识图。
3. 正确布线。

二、考核要求

1. 独立完成，布线合理整洁、线路清晰。
2. 工艺精细，各项数据功能符合要求，符合安全操作规程。

三、考核时限

1. 准备时间：5min。
2. 正式操作时间：20min。
3. 在规定时间内全部完成，不加分，也不扣分。每超时5min，从总分扣10分，总超时10min停止作业。

四、考核评分

1. 3名及以上考评员。
2. 按考核评分记录表中规定的评分点各自独立评分，取平均分为评定得分。
3. 满分为100分，60分为及格。

五、否定项

若考生发生下列情况之一，则应及时终止其考试，考生该试题成绩记为零分。

1. 在考试过程中出现两违现象，且不听考评员劝阻。

2. 在考试过程中因违规操作发生安全事故。
3. 在考试过程中考评员一致认为考生体力或精神状态无法继续完成考试。

国家职业技能鉴定模拟试卷（二）

电工（中级）操作技能考核评分记录表

准考证号：　　姓名：　　性别：　　班级：

试题名称：三相异步电动机（用按钮实现Y-△转换）控制电路接线及试车

考试时间：20min

操作开始时间：　时　分　　　结束时间：　时　分　　　　　　用时：　分

序号	评分要素	考核内容	配分	扣分	得分
1	元器件安装	各元器件安装规范，布局合理，牢固美观 错误一处扣5分 元器件损坏一处扣5分	30		
2	接线	布线合理，主电路与控制电路明显分开；走向清晰 布线不合理一处扣5分	30		
3	安全规范	按照电工安全规范进行操作 不安全因素一处扣10分	20		
4	调试	熟悉操作及逐项检查电路实现各功能 每少一项功能扣10分	20		
5	超时	每超时5min扣10分			
		合计			

考评员：　　　　　　　　总分人：　　　　　　　　　　　年　月　日

国家职业技能鉴定模拟试卷（三）

电工（中级）操作技能考核准备通知单

试题名称：

三相异步电动机（接触器和按钮双重联锁正反转）控制电路接线及试车

一、鉴定准备

1. 材料准备

序号	材料	型号规格	数量	备注
1	软线	$0.5mm^2$	适量	
2	接触器	380V	3	
3	按钮		3	

(续)

序号	材料	型号规格	数量	备注
4	电动机	380V	1	
5	螺钉	25mm	20	
6	配电板	500mm×300mm×20mm	1	

2. 个人工具准备

序号	材料	型号规格	数量	备注
1	剥线钳		1	
2	偏口钳		1	
3	十字螺钉旋具		1	
4	一字螺钉旋具		1	

3. 考场准备

二、考生个人准备

序号	名称	规格	精度	数量	备注
1	工作服			1	
2	绝缘鞋			1	
3	安全帽			1	
4	线手套			1	

国家职业技能鉴定模拟试卷(三)

电工(中级)操作技能考核试卷

试题名称:

三相异步电动机(接触器和按钮双重联锁正反转)控制电路接线及试车

一、技术要求
1. 正确绘图。
2. 正确识图。
3. 正确布线。

二、考核要求
1. 独立完成,布线合理整洁、线路清晰。
2. 工艺精细,各项数据功能符合要求,符合安全操作规程。

三、考核时限

1. 准备时间：5min。

2. 正式操作时间：20min。

3. 在规定时间内全部完成，不加分，也不扣分。每超时 5min，从总分扣 10 分，总超时 10min 停止作业。

四、考核评分

1. 3 名及以上考评员。

2. 按考核评分记录表中规定的评分点各自独立评分，取平均分为评定得分。

3. 满分为 100 分，60 分为及格。

五、否定项

若考生发生下列情况之一，则应及时终止其考试，考生该试题成绩记为零分。

1. 在考试过程中出现两违现象，且不听考评员劝阻。

2. 在考试过程中因违规操作发生安全事故。

3. 在考试过程中考评员一致认为考生体力或精神状态无法继续完成考试。

国家职业技能鉴定模拟试卷（三）

电工（中级）操作技能考核评分记录表

准考证号：　　　姓名：　　　性别：　　　班级：

试题名称：三相异步电动机（接触器和按钮双重联锁正反转）控制电路接线及试车

考试时间：20min

操作开始时间：　　时　　分　　　　结束时间：　　时　　分　　　　用时：　　分

序号	评分要素	考核内容	配分	扣分	得分
1	元器件安装	各元器件安装规范，布局合理，牢固美观 错误一处扣 5 分 元器件损坏一处扣 5 分	30		
2	接线	布线合理，主电路与控制电路明显分开；走向清晰 布线不合理一处扣 5 分	30		
3	安全规范	按照电工安全规范进行操作 不安全因素一处扣 10 分	20		
4	调试	熟悉操作及逐项检查电路实现各功能 每少一项功能扣 10 分	20		
5	超时	每超时 5min 扣 10 分			
		合计			

考评员：　　　　　　　　　　总分人：　　　　　　　　　　　　年　　月　　日

附录 D 常用电气图形符号

名　称	图形符号	文字符号	名　称	图形符号	文字符号
电阻器		R	电流表	(A)	
电位器		RP	电压表	(V)	
热敏电阻器		RT	功率表	(W)	
极性电容器		C	电阻表	(Ω)	
无极性电容器		C	电池		E
可调电容器		C	扬声器		SP
电感线圈		L	开关		S
耳机		B	天线		W
传声器		B	磁棒线圈		L
二极管		VD	接机壳或底板		E
稳压二极管		VS	中间继电器线圈		KA
光电二极管		VD	常开触头		相应继电器符号
发光二极管		VL			
晶体管（NPN）		VT	常闭触头		
晶体管（PNP）		VT			
熔断器		FU	三相笼型异步电动机	(M 3~)	M
接地		GND			
灯		HL，EL	变压器		T

（续）

名　　称	图形符号	文字符号	名　　称	图形符号	文字符号
常开按钮	E-\SB	SB	常闭按钮	E-/SB	SB
限位开关常开触头		SQ	限位开关常闭触头		SQ
直流发电机	Ⓖ	G	热继电器	热元件 ／ FR-/ FR 触头	FR
直流电动机	Ⓜ	M			
交流发电机	Ⓖ∼	G			
交流电动机	Ⓜ∼	M			
三相交流电动机	Ⓜ 3∼	M	交流接触器	线圈 KM ／主触头 KM ／辅助触头	KM
插座和插头	─◁─	XS			
三极单投刀开关符号	QS	QS			
复合按钮	E-/\SB	SB			
通电延时型时间继电器	线圈 KT ／KT ／KT 通电延时触头	KT	断电延时型时间继电器	线圈 KT ／KT ／KT 断电延时触头	KT

参 考 文 献

[1] 程继航，宋暖. 电工电子技术基础［M］. 2版. 北京：电子工业出版社，2022.
[2] 史仪凯，袁小庆. 电工电子技术［M］. 3版. 北京：科学出版社，2021.
[3] 战荫泽，张立东，李居尚. 电工电子技术实验［M］. 西安：西安电子科技大学出版社，2022.
[4] 徐秀平. 电工与电子技术基础［M］. 北京：机械工业出版社，2015.
[5] 赵京，熊莹. 电工电子技术实训教程［M］. 北京：电子工业出版社，2015.
[6] 林雪健，陈建国，吴传武，等. 电工电子技术实验教程［M］. 北京：机械工业出版社，2014.
[7] 王艳红. 电工电子学［M］. 西安：西安电子科技大学出版社，2015.
[8] 李晶皎，王文辉. 电路与电子学［M］. 5版. 北京：电子工业出版社，2018.
[9] 秦曾煌. 电工学［M］. 7版. 北京：高等教育出版社，2017.
[10] 申凤琴. 电工电子技术及应用［M］. 3版. 北京：机械工业出版社，2016.